重建全球草地畜牧业人文－自然耦合系统的弹性力
——交叉学科的视角

[中]董世魁
[美]卡里姆－阿里·S·卡萨姆
[法]让·弗朗索瓦·图兰
[美]兰德尔·B·布恩　著

温　璐　张　静　武晓宇　李　钰　编译

董世魁　校

中国林業出版社

Translation from the English language edition:
Building Resilience of Human-Natural Systems of Pastoralism in the Developing World: Interdisciplinary Perspectives by Shikui Dong, Karim-Aly S. Kassam, Jean François Tourrand, Randall B. Boone.

著作权合同登记号：01-2023-5089

图书在版编目（CIP）数据

重建全球草地畜牧业人文-自然耦合系统的弹性力：交叉学科的视角 / 董世魁等著；
温璐等编译. — 北京：中国林业出版社，2024.6
书名原文：Building Resilience of Human-Natural Systems of Pastoralism in the Developing World: Interdisciplinary Perspectives
ISBN 978-7-5219-2535-7

Ⅰ. ①重… Ⅱ. ①董… ②温… Ⅲ. ①草原-畜牧业-研究 Ⅳ. ①S812

中国国家版本馆CIP数据核字（2024）第009251号

策划编辑：刘先银 何 鹏
责任编辑：张 健
版式设计：北京钧鼎文化传媒有限公司

出版发行 中国林业出版社（100009，北京市西城区刘海胡同7号，电话 010-83143621）
电子邮箱 cfphzbs@163.com
网　　址 https://www.cfph.net
印　　刷 三河市双升印务有限公司
版　　次 2024年6月第1版
印　　次 2024年6月第1次印刷
开　　本 787mm×1092mm 1/16
印　　张 16
字　　数 330千字
定　　价 128.00元

译序

温璐教授主译的《重建全球草地畜牧业人文 - 自然耦合系统的弹性力——交叉学科的视角》一书出版在即，邀我作序，我倍感惶恐。一是因为自认学识浅薄，尚未达到作序的水平；二是作为英文版的原作者，为自己书稿译文作序，难免有“王婆卖瓜”之嫌。经过一番激烈的思想斗争之后，我还是欣然接受了这项艰巨的任务，主要是基于三方面的考虑：第一，学生编译老师的作品并让老师作序，这是学术传承和尊师重道的体现，我不应拒绝；第二，作为英文版的原作者，我对整个书稿表达的中心思想较为了解，能够给读者给以较为清晰的交代；第三，我翻阅了很多译著，确实不少都有原作者的序言或推介，让书稿更加丰富生动。基于以上考虑，我借此一角，对译著的成书过程、内容简介、写作意图以及主要价值等做一简要介绍，是为之序，以飨读者。

该译著的英文原作《*Building Resilience of Human-Natural Systems of Pastoralism in the Developing World*: *Interdisciplinary Perspectives*》由全球最大的出版集团之一——Springer 于 2016 年 10 月正式出版。根据 Springer 的统计，目前原作的纸版已经出售了 5000 余册，电子版（包括章节）出售了近 1 万册，书稿内容被国际学术杂志引用 50 多次。英文出版后，一直有人建议我翻译成中文，让更多中国学者了解相关内容。2018 年我与出版社和所有原作者联系，征得了他们的同意并得到了译文授权，我原本想自己翻译出版，但总觉得自己翻译自己的作品不合适，所以书稿中译出版一事便搁置下来了。直到 2022 年，我曾指导的博士生、内蒙古大学温璐教授提出愿意编译出版此书，恰好中国林业出版社版权管理部刘先银主任向中国林业出版社推荐了这本译著，并成功列入中国林业出版社的出版计划，温璐教授组织团队在半年之内完成了翻译工作，并提前给出版社交稿。在此特别感谢刘主任和温教授的辛勤付出，没有他们的努力和奉献，本书的中文版面世可能遥遥无期。

作为本书原作的发起人和第一主编，我组织美国康奈尔大学自然资源系教授 Karim-Aly S. Kassam 博士、法国农业科学院研究员 Jeans F. Tourrand 博士、美国科罗拉多州大学生态科学与可持续发展系教授 Randall B. Boone 博士共同收集、整理大量翔实可靠的数据资料和参考文献，重点介绍全球草地畜牧业的现状、威胁、问题、挑战及可持续草地畜牧业的发展途径，力图通过严谨的科学考证和深入的辩证分析，为全球草地畜牧业可持续发展研究提供了一个全新的视角。原作的主要内容包括四个方面：第一，总结草地畜牧业的起源、类型、结构及全球分布格局，阐明草地畜牧业的社会、经济和环境重要性，介绍全球不同区域草地畜牧业的环境和社会经济价值；第二，论述草地畜牧业的人文 - 自然耦合系统崩解导致草地牧业系统退化的基本原理，构建全球草地畜牧业脆弱性评估分析的框架体系，为深入剖析世界各大牧业区人文 - 自然耦合系统的变化和效应提供了方法论；第三，通过中亚和内蒙古、南亚和青藏高原、北非、东非、欧洲阿尔卑斯山地和南美安第斯山地等 20 多个地区的案例研究，汲取全球范围内草地畜牧业人文 - 自然耦合系统崩解的经验教训，辨析草地畜牧业人文 - 自然耦合系统可持续发展的模式；第四，厘清全球草地畜牧业人文 - 自然耦合系统恢复力构建的机制，构建了可持续发展的草地牧业人文 - 自然耦合系统模型，为全球草地畜牧业可持续发展提供了科学依据。

当前全球面临日益复杂的社会、经济和环境挑战的背景下，译著《重建全球草地畜牧业人文 - 自然耦合系统的弹性力——交叉学科的视角》将为未来草地畜牧业的可持续发展做出重要的学术和实践贡献。该书从全球视野出发，以人文 - 自然耦合系统的全新视角，揭示了草地畜牧业作为人类生计策略的丰富多样性及其与自然生态系统之间错综复杂的关系；通过对全球不同地区的案例研究，强调了草地畜牧业面临的挑战和压力，包括人口增长、土地利用变化、气候变化等诸多因素；提出了一系列创新性管理模式和政策建议，为学者、决策者和社区提供了可持续发展的策略和方向，以促进全球草地畜牧业的高质量可持续发展。希望本书的出版，进一步推动草地畜牧业领域的学术交流与研究合作，为促进全球生态环境的保护与可持续发展做出积极的贡献。

该译著内容丰富，观点新颖，不仅可以作为高等院校草业科学、生态学、环境科学、地理学和其他相关专业的教材或教参资料，同时可以作为从事草业科学、畜牧科学、生态科学、地理科学、环境科学等专业人才的文献资料。正如中国草业科学的奠基人、中国工程院院士任继周所说，“作为一个从事草业和牧业研究工作 70 多年的老科技工作者，我很高兴看到该书的顺利出版。据我所知，这是全球范围内第一部探讨草地畜牧业人文 - 自然生态系统恢复力的专著。我谨向各位作者表示祝贺和感谢，他们在全球草地畜牧业、人文 - 自然耦合系统及生态恢复力等方面开展的创新性研究工作，必将推动全球草地畜牧业规划和研究工作的更新与发展。我乐于将此书推荐给相关领域的科研工作者、教育工作者、规划工作者、政府官员以及其他关心草地畜牧业可持续发展的机构和公众”，特此向广大读者推荐。

该译著的出版得到了国家林业和草原局草原管理司、内蒙古大学草原生态安全省部共建教育部协同创新中心、国家自然科学基金委员会（31960249，32160279，32161143025）、内蒙古自治区科技厅（2022YFHH0017，2023YFHH0053）等单位提供的项目经费支持，在此深致谢忱。

北京林业大学草业与草原学院院长、教授
美国康奈尔大学自然资源系客座教授
世界自然保护联盟（IUCN）生态系统管理委员会（CEM）东北亚地区主席
中国草学会副理事长

致谢

首先，我们衷心感谢中国工程院院士任继周先生为本书作序，感谢康奈尔大学自然资源系保护学方向詹姆斯 · P · 拉索教授、科罗拉多州立大学自然资源和生态学实验室丹尼斯 · 奥岛教授、中国科学院成都生物研究所所长赵新全研究员撰写书评，感谢斯普林格（Springer）出版社的编辑塞尼 ·谢尔斯塔博士、扎卡里 ·罗马诺先生和萨斯瑞卡 ·库潘女士为本书出版作出的大量努力。其次，我们向在实地考察和书稿写作过程中提供帮助的所有合作者，包括农牧民、专业人员、从业人员、学生表示感谢。同时，感谢中华人民共和国科技部（项目编号：2016YFC0501906）、国家自然科学基金委员会和亚洲学者基金会等单位提供经费支持。最后，非常感激家人对我们实地研究和书稿写作过程中给予的支持、关爱和耐心。

原著序

草地畜牧业是以移动放牧为基础的生产体系和生计方式，这种生产体系和生计方式在全球草地分布区已经延续了几千年。目前，草地畜牧业的分布面积约占全球陆地面积的25%，主要分布在干旱、半干旱的非洲大陆、阿拉伯半岛、亚洲和南美洲高原的环境恶劣、土壤贫瘠而不能实行集约化农业生产的地区。另外，北美洲西部、澳大利亚、新西兰和其他草地面积较大的地区，正实行现代化草地畜牧业。全球草地畜牧业养育了2亿人口和10亿放牧家畜（包括骆驼、牛及其他小型家畜），提供了全球10%的肉类产品。

草地畜牧业在全球贫困地区的人口养育、食品和生态服务供给、社会经济发展等方面起到了极其重要的作用，同时传承和延续了全球悠久的草地牧业文明。然而，全球变化包括人口增长、经济发展、土地利用变化等，在全球尺度上威胁着草地畜牧业这一重要社会、文化、经济、生态资产的可持续性。在自然压力和人为干扰下，草地畜牧业系统提供的食品、原料、生物多样性保护等重要的生态服务将变得更加脆弱。全球变化背景下草地畜牧业面临危机已被草业科学领域的专家和学者广泛认同，而且大家普遍认为这些问题不能仅仅通过技术创新、政治改革或经济发展来解决。人文-自然耦合系统的提出提供了全新视角，有望克服从单一维度无法深刻理解或有效解决复杂草地生态系统管理问题的困境。全球变化背景下，找到草地畜牧业危机的解决途径亟须社会学家、生物学家和管理人员之间通力合作，组成一个跨学科、跨国界的国际网络，开展从局部到全球不同尺度的草地畜牧业研究，在自然-人文耦合系统模型框架下，设计新的草地畜牧业研究和监测项目，充分认识自然和社会经济因素对草地畜牧业的综合作用。

作为一个从事草业研究70多年的老科技工作者，我很高兴看到该书的顺利出版。据我所知，这是全球范围内第一部探讨草地畜牧业人文-自然生态系统弹性力的专著。我谨向各位作者表示祝贺和感谢！他们通过对全球不同草地牧业系统的研究，提出了新的研究结果和全球尺度草地畜牧业的综合调查报告。此书提出的学术见解和视角可以为全球草地畜牧业政策规划、研究项目设计或监测项目的实施提供科学参考和支撑。我很乐意将此书推荐给相关领域的科研工作者、教育工作者、规划工作者、政府官员以及其他关心草地畜牧业可持续发展的机构和公众。

任继周

中国工程院院士、兰州大学草地农业科技学院教授

中国，兰州

目录

Chapter 1

第一章

全球草地畜牧业概述

本章著者：董世魁

摘要：本章概述了草地畜牧业的定义、形式、结构、起源、发展、分布、价值及前景。草地畜牧业可理解为为了生产或生计而进行的移动放牧。无定居游牧或半定居游牧是草地畜牧业的两种基本形式，牧业农场是广义草地畜牧业的第三种形式。社区直接负责草地和放牧家畜的管理，是草地畜牧业群众组织的基本单元。在大部分牧区，多数牧业生产活动是由女性负担的，但是保障女性权益仍然是牧业系统的一项挑战。尽管关于草地畜牧业的起源有多种论断，但主流观点认为原始狩猎是草地畜牧业的主要起源。草地畜牧业的起源时间和地点可以追溯到公元前 6000 年的南美洲安第斯山脉，甚至可以溯源至公元前 9000 年的非洲东北部。与单中心起源说相比，草地畜牧业多中心起源说的观点更加可信。目前，草地畜牧业的分布面积约占全球陆地面积的 25%，大部分分布在干旱、半干旱的非洲大陆、阿拉伯半岛、亚洲及南美洲高原的偏远地区。从全球范围来看，草地畜牧业对维持贫困人口生计、提供生态服务、传承悠久牧业文化和推动欠发达地区社会经济可持续发展起到了十分重要的作用。然而近几十年来，全球变化背景下的农业扩张、经济发展和定居政策等压力，严重威胁着草地畜牧业的可持续发展，甚至影响着牧业群体的存续，草地畜牧业的未来亟待关注。

1.1 引言

草地畜牧业存在于除南极洲外的所有大陆上，大多位于不能实行集约化种植的干旱地区和高原地区（FAO，2001）。目前，全球 100 多个国家、25% 以上的土地都经营着草地畜牧业，承载着 2 亿牧业人口和 10 亿放牧家畜（包括骆驼、牛、小型家畜），提供了全球 10% 的肉类产品（FAO，2001）。草地畜牧业提供了非常重要的生态系统服务，如初级生产、生物多样性保护和土壤侵蚀控制等。然而，当前全球化背景下，草地畜牧业对社会、经济和环境的重要性却被忽视。因此，很有必要对全球（尤其是第三世界）草地畜牧业的历史、分布和重要性重新进行审视。借此，我们对全球草地畜牧业及其人文 - 自然耦合系统进行了概述。

1.2 草地畜牧业的定义和形式

1.2.1 草地畜牧业的定义

草地畜牧业的定义依据目的和对象的不同，其内涵、属性、范畴和边界不同。一般而言，草地畜牧业的定义主要由生产或生计方式两个维度推衍而来。在生产方式上，草地畜牧业可以定义为干旱和高寒草原地区农业生产的主要组成部分——草地牧业生产，即放牧家畜的牧养、管理和利用（Blench，2001）。在生计方式上，草地畜牧业可以定义为以草地家畜牧养为主的自给自足的生计方式，或在贫瘠土地上牧养家畜以维持生计的有效生活方式（IFAD，2008）。国际农业发展基金会将草地畜牧业总结为草场、家畜和牧民之间相互依存、相互影响的自然资源管理系统，具有移动性、适应性、灵活性、多样性、有效保护和共同支持等特点（图 1.1）。以传统的牧场管理为例，草地畜牧业呈现出了复杂的自然资源管理形式，包括区域内自然资源与其使用者之间的直接联系（Pratt et al.，1997）。因此，草地畜牧业可以理解为全球欠发达地区（包括发展中国家的偏远区和边缘区）自然资源管理的人文 - 自然耦合系统。

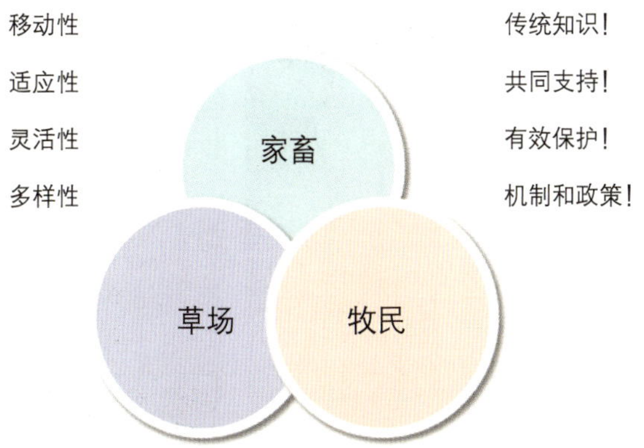

图 1.1 草地畜牧业：草地、家畜与牧民之间形成的可持续自然资源管理系统

（IFAD，2008；http：//www.ifad.org/lrkm/factsheet/pastoralists.pdf）

一般而言，大量文献中牧业系统常被用作草地畜牧业的替代词，牧业系统可被定义为以放牧为主的草地利用系统（FAO，2002）。牧业系统是与其自身的自然、政治、经济、环境相适应的系统。牧业系统分布在全球 100 多个国家，其中牧养家畜的人群被称为牧民（图 1.2）。

(a)
(b)
(c)
(d)
(e)
(f)
(g)
(h)
(i)
(j)
(k)
(l)
(m)
(n)
(o)
(p)
(q)
(r)
(t)

◀ **图 1.2　世界上的牧业群体：**（a）中国青海的藏族（Tibetan）牧民（苏旭坤 / 摄，2014）；（b）阿富汗巴达赫尚省的柯尔克孜族（Kirghiz）牧民（Aziz Ali/ 摄，2012）；（c）埃塞俄比亚博勒纳地区的博勒纳（Boran）牧民（Allan Degen/ 摄，2010）；（d）肯尼亚马赛马拉地区的马赛（Massai）牧民（许建初 / 摄，2012）；（e）中国内蒙古自治区的蒙古族（Mongol）牧民（沙威 / 摄，2014）；（f）阿富汗杨吉库拉的塔吉克族（Tajik）牧民（易绍良 / 摄，2012）；（g）以色列内盖夫的贝都因族（Bedouin）牧民（Allan Degen/ 摄，2010）；（h）巴基斯坦北部的俾路支族（Baloch）牧民（Abdul Wahid Jasra/ 摄，2010）；（i）印度喜马偕尔邦的卡内特族（Kanets）牧民（董世魁 / 摄，2010）；（j）印度喜马偕尔邦的嘎地族（Gaddi）牧民（董世魁 / 摄，2010）；（k）埃及的贝都因族（Bedouin）牧民（Jean François Tourrand/ 摄，2012）；（l）玻利维亚安第斯山区的艾马拉族（Aymara）牧民（Jean François Tourrand/ 摄，2013）；（m）尼泊尔拉苏瓦的达芒族（Tamang）牧民（董世魁 / 摄，2007）；（n）中国甘肃的裕固族（Yugur）牧民（Kiran Elana/ 摄，2010）；（o）中国新疆维吾尔自治区的哈萨克族（Kazak）牧民（汪玺 / 摄，2012）；（p）俄罗斯科拉半岛的萨米族（Sami）牧民（Karim-Aly Kassam/ 摄，1996）；（q）不丹帕罗的阿洛族（Ngalop）牧民（易绍良 / 摄，2010）；（r）阿富汗瓦罕的瓦罕族（Wakhi）牧民（易绍良 / 摄，2010）；（s）巴基斯坦的普什图族（Pashtun）牧民（Abdul Wahid Jasra/ 摄，2010）；（t）巴基斯坦的古杰拉尔族（Gujjar）牧民（Abdul Wahid Jasra/ 摄，2010）

牧业系统通过多种方式去适应其自身的自然、政治和经济环境，放牧形式依据气候、环境、水源、其他自然资源和地理区域的变化而变化。牛羊是常见的放牧家畜，在北美洲和澳大利亚农场主牧养牛羊，在非洲、欧洲和亚洲牧民也牧养牛羊（Blench，2001）。南美洲安第斯山区主要牧养美洲驼和羊驼，中亚地区主要牧养马，北非和西亚地区主要牧养驴和单峰驼，中亚、东北亚地区主要牧养双峰驼；西非和中西亚主要牧养山羊，中亚高原地区主要牧养牦牛，北极地区主要牧养驯鹿（表 1.1，图 1.3）。

表 1.1　全球草地畜牧业的畜种和管理策略

畜种	地区	饲养方式			
		游牧	半游牧	定居放牧	圈养
羊驼	安第斯山区	–	+	+	–
双峰驼	东亚 - 中亚	+	+	+	–
水牛	伊朗、印度	+	+	+	?
牛（黄牛）	欧洲、西非、亚洲	–	+	+	+
牛（瘤牛）	非洲、中亚	+	+	+	+
驴	非洲、亚洲	+	+	+	–
单峰驼	非洲、西亚	+	+	+	–
山羊	非洲、欧洲、亚洲	+	+	+	+
马	中亚	–	+	+	–
驯鹿	欧亚北极地区	+	+	–	?
绵羊	非洲、欧洲、亚洲	+	+	+	+
牦牛	中亚高山、青藏高原	–	+	–	–

引自：Blench（2001）。“+”表示有，“–”表示无，“?”表示尚未确定。

图 1.3　世界上的放牧家畜：（a）驴（易绍良 / 摄自阿富汗，2010）；（b）驯鹿（Karim Kassam/ 摄自俄罗斯，1996）；（c）水牛（Abdul Wahid Jasra/ 摄自巴基斯坦，2010）；（d）单峰驼（Jean François Tourrand/ 摄自埃及，2010）；（e）双峰驼（沙威 / 摄自中国，2012）；（f）瘤牛（许建初 / 摄自肯尼亚，2013）；（g）黄牛（王明玖 / 摄自中国，2010）；（h）牦牛（董世魁 / 摄自中国，2012）；（i）马（苏旭坤 / 摄自中国，2014）；（j）绵羊（易绍良 / 摄自阿富汗，2012）；（k）山羊（董世魁 / 摄自印度，2010）；（l）羊驼（Jean François Tourrand/ 摄自玻利维亚，2010）；（m）美洲驼（Jean François Tourrand/ 摄自玻利维亚，2010）

牧业系统的特征有牲畜规模较大、雌性动物比例较高及牛群中公牛比例较高等（FAO，2002）。牧业系统中的家畜管理旨在确保自给自足、避免风险，以及适应公共草场的放牧制度（FAO，2002）。此外，还有在农牧过渡带存在半农半牧区。生活在农牧过渡带的群众多为农牧民。农牧业可以定义为将农作物（谷子、高粱、玉米、蔬菜、一年生豆科植物）生产与家畜放牧相结合的生活生产方式，这是在干旱和半干旱地区极其重要并且普遍存在的土地利用形式（USAID，2011）。从直观概念来看，草地畜牧业和农牧业的主要区别在于草地畜牧业家庭的大部分收入（50%以上）来自家畜和畜产品；而农牧业家庭的收入大部分来自农作物，小部分来自家畜产品（IFAD，2008）。

1.2.2　草地畜牧业的形式

草地畜牧业的一个关键特征就是移动性，常用放牧移动方式来划分草地畜牧业的形式（Blench，2001）。一般来说，草地畜牧业有两种基本形式即无定居游牧和半定居游牧（O'Neil，2011）。广义上来说，牧业农场是草地畜牧业的第三种形式（Blench，2001）。无定居游牧是指无规律的移动放牧形式，半定居游牧是指在两个相对固定的地点之间有规律地循环放牧的形式，牧业农场是指几乎不移动或短距离移动的放牧形式。全球范围内，不同地区的农牧民在各类家畜牧养中实践着不同形式的草地畜牧业（表1.1）。

1.2.2.1　无定居游牧

无定居游牧是耕地稀少地区普遍的生计方式，尤其是在干旱区和高寒地区。在降水量较低的区域，如贝都因人所在的阿拉伯半岛和非洲东北部，以及气候恶劣的区域，如萨米人生活的欧洲北部和俄罗斯境内北极地区，无定居游牧是当地人群的主要生计方式。在这种草地畜牧业方式下，牧民根据放牧需要采取年复一年的季节性迁移模式，如在地处北半球的新疆阿尔泰地区，牧民的无定居游牧模式为：

- 春季（4~6 月）——迁移；
- 夏季（7~9 月）——高山放牧；
- 秋季（10~11 月）——迁移；
- 冬季（12 月至翌年 3 月）——干旱平原放牧。

整个游牧周期中的迁移距离可能从几十千米到几百千米不等，甚至上千千米（如中亚地区）。在长距离的迁移中，牧民有时候必须在拥挤的道路中为家畜找到一条迁移通道（图1.4）。游牧民全年居住在帐篷或其他易于流动的居所里（图1.5），牧民宿营地或临时居所通常会沿迁移路线搭建。

图 1.4　中国青海省共和县倒淌河镇藏族牧民沿着公路将羊群从一个牧场转移到另一个牧场（董世魁 / 摄，2014）

全球大约有 3000 万 ~4000 万游牧人口。历史上，蒙古国、俄罗斯和中国的蒙古族人，东欧的鞑靼人和土耳其人，中亚的哈萨克族人在欧亚草原上过着游牧生活，其中一些人现在依然过着游牧生活，如蒙古国约 40% 的人仍在无定居游牧。

在平均海拔高于 4000m 的喜马拉雅山区，由于低温和干旱限制不能发展集约化农业，一些以藏族（Tibetan）为渊源的族群也采用无定居游牧。在中亚干旱和半干旱地区，哈萨克族（Kazaks）、柯尔克孜族（Kyrgyzs）和塔吉克族（Tajiks）牧民也会迁移数百英里 * 放牧家畜，即使在冬季也是如此（图 1.6）。无定居游牧在其他区域也同样存在，如在北极地区，包括芬兰北部、瑞典、挪威和俄罗斯的科拉半岛，土著萨米人（Sammi）在寒冷和恶劣环境中牧养驯鹿；在非洲北部，札加瓦人（Zaghawa）、克里达人（Kreda）、咪咪人（Mimi）和贝都因人（Bedouins）在干旱和贫瘠的土地上进行游牧；在欧洲，西班牙梅斯塔牧羊人也仍然在草原地区维持着传统的游牧方式以抵制小规模农业生产（Caballero et al.，2009）。

* 1 英里 ≈ 1.61km。

图 1.5 游牧牧民使用的不同类型的营地：(a) 中国内蒙古自治区蒙古族牧民居住的圆顶帐篷（王明玖 / 摄，2009）；(b) 坦桑尼亚阿鲁沙马赛牧民居住的棚屋（董世魁 / 摄，2007）；(c) 阿富汗帕什通库奇牧民的帐篷（易绍良 / 摄，2011）；(d) 塔吉克斯坦阿里舒尔的柯尔克孜族牧民的毡房（易绍良 / 摄，2011）；(e) 尼泊尔拉苏瓦达芒牧民的营地（董世魁 / 摄，2007）；(f) 印度喜马偕尔邦嘎地牧民的营地（董世魁 / 摄，2011）；(g) 埃塞俄比亚波拉纳族牧民的棚屋（廖川 / 摄，2012）；(h) 中国青海省藏族牧民的帐篷（董世魁 / 摄，2010）

图 1.6　中国新疆维吾尔自治区阿尔泰山区的哈萨克族牧民为家畜寻找冬季牧场（赖以宁 / 摄，2011）

1.2.2.2　半定居游牧

在世界上的牧区范围内普遍存在半定居游牧，尤其是欧洲、亚洲、非洲和南美洲的牧区。半定居游牧的特点是每年夏季和冬季，牧民分别在固定的草场放牧，牧民一般在山谷和低海拔地区有固定的居所。半定居游牧有两种类型即垂直迁徙和水平迁徙。垂直迁徙主要存在于高山地区，牧民夏季在高海拔地区的草场放牧，冬季在低海拔地区的草场放牧。水平迁徙存在于平原和高原地区，如蒙古高原。蒙古高原的牧民在夏季游牧，冬季仅在居所周围放牧。与垂直迁徙相比，水平迁徙更容易受到气候变化和社会经济变化的影响。

在欧洲巴伐利亚地区、奥地利、瑞士阿尔卑斯山和其他欧洲高山地区，尽管旅游业和工业在当地经济发展中起着十分重要的作用，但山谷草场和高山草场之间垂直迁徙的半定居游牧依然存在。有些高山地区，牧养牛群的原住牧民依然坚持传统的半定居游牧；而有些高山地区采用牧业合作社雇佣牧民进行季节性迁移放牧。在比利牛斯山脉的大峡谷和伊比利亚半岛的坎塔布连山脉，垂直迁徙的半定居游牧是该地区唯一的经济来源。在奥地利高地，一些独特的牧业群体如坎塔布里亚地区的帕西亚人、纳瓦拉的阿戈特人以及阿尔萨达牧民仍延续着古老部落采用的半定居游牧。在斯坎德纳威亚半岛，夏季牧民将家畜迁移到作为夏季牧场（夏季居所）的公共山地和森林，冬季牧民将家畜迁回居所周围储备有干草的草场。然而，机动车的出现改变了这个地区原始的半定居游牧方式。在英国的高原地区，过去牧民夏季将家畜赶到山腰或山顶放牧，冬季将家畜赶到在山谷或低洼草场放牧；现在，大多数牧民夏季利用卡车将家畜运送到高山牧场放牧，冬季运回到低地牧场。

在亚洲，半定居游牧作为实现自给自足的生计方式，仍在喜马拉雅山脉南麓2000m的温带和高山地带、喜马拉雅山脉北麓3000m的高寒干旱半干旱地区、中国西部的青藏高原、中亚的欧亚草原区（包括中国北方和蒙古国）延续。沿着喜马拉雅山脉，以藏族为渊源的牧业群体，如印度西北部的赞斯卡人、尼泊尔北部的达芒人、不丹北部的布罗克帕人、中国青藏高原的藏族人，同样仍在进行垂直迁徙放牧，其中大部分牧民过着半定居游牧生活。在中亚的欧亚草原上，蒙古国和中国的蒙古族人、哈萨克斯坦和中国的哈萨克族人以及在吉尔吉斯斯坦的柯尔克孜族人几个世纪以来一直过着水平迁徙式半定居游牧和无定居游牧的生活。 在中亚和西南亚山区，牧民每年在位于山谷的定居点和位于半山腰的临时居所之间来回迁移。伊朗巴赫蒂亚里部落牧民的移动生活也是一个典型的例子，他们从阿塞拜疆的扎格罗斯高山牧场到阿拉伯海的低地牧场进行着垂直迁徙式游牧。

在南美洲，阿根廷、智利、秘鲁和玻利维亚等国的安第斯山区（Andaluz-Westreicher et al.，2007）以及巴西和阿根廷的潘塔纳尔地区（de Abreu et al.，2010），当地牧民也仍进行半定居游牧。南美洲的半定居游牧主要包括：巴西和阿根廷潘塔纳尔地区的牛群牧养、高原地区的骆驼牧养、内乌肯北部和门多萨南部主要的山羊牧养、巴塔哥尼亚平原的绵羊牧养。在南美洲，从事半定居游牧的族群主要是部分西班牙后裔和当地原住民。

1.2.2.3 牧业农场

牧业农场是现代化的非游牧草地畜牧业，主要进行家畜养殖（包括奶牛养殖、肉牛养殖、绵羊养殖）而非作物生产。牧业农场主要在发达国家如澳大利亚、英国、爱尔兰、新西兰、美国、加拿大及一些发展中国家的发达地区如阿根廷和巴西等地区实行。在多数地区，从事牧业农场的农牧民被称为牧场主（图1.7）。牧场主种植家畜所需的草料，或与农户购买或换取草料。牧业农场作为现代化的草地畜牧业，与传统的无定居或半定居游牧畜牧业对土地和家畜的投入有很大区别（Blench，2001）。

图 1.7 澳大利亚昆士兰地区的牧业农场：骑马的牧民正在转移牛群（左）；围栏草场中牧养的牛群（右）（董世魁 / 摄，2013）

1.3 草地畜牧业的起源和历史

草地畜牧业的出现是人类文明历程中的一大进步，但是几个世纪以来草地畜牧业的起源一直是学者们争论的焦点。根据 Khazanov（1984）总结，草地畜牧业的起源有三种观点：① 18~19 世纪，包括孟德斯鸠（Montesquieu）、赫德（Herder）、孔多塞（Condorcet）、莫蒂利特（Mortillet）、卢伯克（Lubbock）、摩根（Morgan）和恩格斯（Engels）在内的诸多学者支持"三分论（Tripartite theory）"，认为草地畜牧业是由原始狩猎进化而来的，而且其缘起早于农业；他们认为，当猎人开始在草地上驯养和牧养一些受伤、虚弱和年幼的野生动物时，他们就转变为了牧民。②维科（Vico）反对孟德斯鸠等人的理论，他认为农业的缘起早于草地畜牧业，然而他的观点在当时并没有得到广泛认可。直到 20 世纪后半叶，一些学者（Bacon，1954；Lattimore，1967；Vainshtein，1980）认为从事种植业的农夫首先开始饲养动物，而猎人从邻近的农夫借养被驯化的动物。因为居无定所的猎人无法跟上兽群的移动速度（Khazanov，1984），同时兽群组成变化不定也使猎人无法驯养野生动物（Khazanov，1984）。③与这两种观点不同，一些学者认为早期的人类必须维持生计多样性以应对气候变化（Toynbee，1935；Zeuner，1956）和人口增长（Lees et al.，1974；Spooner，1975；Gilbert，1975）的压力，比如一些猎人转变为游牧者去驯养和牧养动物。由此可见，牧民的出现是多种因素综合作用的结果，难以用单一因素去解释（Khazanov，1984）。尽管如此，草地畜牧业是由原始狩猎演化而来的观点被广泛接受（图 1.8）。

草地畜牧业起源的具体时间目前尚无定论。部分学者认为，公元前 9000 年左右非洲东北部最早出现草地畜牧业——牧养牛。但也有可靠证据表明，公元前 6000 年左右南美洲安第斯山脉最早出现了草地畜牧业——牧养美洲驼和羊驼（MacDonald et al.，

图 1.8　史前时期蒙古草原上狩猎的石刻（董世魁 / 摄，2010）

2000）。据文献记载，历史上最早的牧业族群是亚摩利（Amorites）人，公元前 2000 年上半叶，亚摩利人开始在地中海东部沿岸地区牧养牛、绵羊、山羊和驴（Cribb，1991）。非洲撒哈拉沙漠南部的草地畜牧牧业可以追溯到普林尼（Pliny）人时代，当时首次记载了在非洲之角地区把血液和牛奶作为饮品的习俗（大约在公元前一世纪统治地中海的非洲北部地区），实际上这个地区草地畜牧业的起源早于这个记录时间。尽管文献资料可以提供草地畜牧业起源的部分线索，但草地畜牧业缘起的确切时间只能从考古学得以实证，尤其是利用可以证明驯养动物和野生动物之间亲缘关系的考古学骨测量法进行实证。根据考古学结果分析，公元前 4500—公元前 4000 年东非和西非出现了草地畜牧业（Marshall，2000）。然而，根据考古学骨测量法获得的早期牧民掌握了家畜繁育技术的推断与牧民参与了野生动物驯化的证据之间相互矛盾，如现代驯鹿的饲养者掌握了繁育技术（发展畜牧业）与野生驯鹿驯化牧养（发展畜牧业）之间存在矛盾。

诸多学者开展研究分析草地畜牧业起源的中心和传播的路线（Khazanov，1984），但结论仍存在较大分歧。有些学者支持单中心起源说，认为草地畜牧业起源于 9000 年前亚洲西南部扎格罗斯山地区（伊拉克北部和伊朗西北部），那里当时出现了山羊和绵羊的牧养（Miller，1998），伴随着较早出现的谷类种植业（起源于亚洲西南部）的扩展，草地畜牧业以这个地区为中心分别向北方和东方发展。有些学者支持多中心起源说，认为 6000 年前在俄罗斯西南部肥沃的草原出现了马的牧养，之后游牧作为一种生活方式开始在中亚地区（包括蒙古国）逐渐扩展，一些古老的游牧民迁徙到喜马拉雅山西麓优良的高寒草地上牧养家畜，一些游牧民从中亚向西方和北方迁徙到青藏高原（Miller，1998）。大约4000年前，现代藏族人的祖先——羌族开始在青藏高原牧养家畜。中国古文献记载，夏朝时期牧人把动物的皮毛制成地毯献给皇帝（公元前2205—公元前1766年）。大约3500年前，起源于俄罗斯南部的库尔干游牧文化向印度次大陆扩展，不仅带去了草地畜牧业生产技术，也带去了印欧语言（Miller，1998）。起源于尼罗河流域和北非地区的牧业文化，可能通过现代柏柏尔人（Berders）的祖先传播到非洲大陆的其他地方（Blench，2001）。虽然草地畜牧业传入南非的确切路线和时间尚未形成统一观点（Bousman，1998），但该地区牧民普遍认为公元前2000年的铁器时代最先出现了羊的牧养，之后出现了牛的牧养（Blench，2001）。公元前6000年，南美的安第斯山脉出现了美洲驼和羊驼的牧养（MacDonald et al.，2000）。总体而言，不同牧业群体之间的社会文化特征（语言、传统习俗、放牧方式等）有很大的差别。我们认为，全球草地畜牧业的多中心起源说更加可信。

1.4 现代草地畜牧业的分布

世界可持续畜牧业倡议组织（World Initiative for Sustainable Pastoralism，WISP）的调查结果显示，全球草地畜牧业主要分布在撒哈拉沙漠以南地区（东非和西非）、南非、中亚（包括喜马拉雅山脉）、欧洲北部（包括俄罗斯北极地区）、南美洲中部、北美洲西部和澳大利亚。

在欧洲，草地畜牧业主要分布在拥有较高的生物多样性或独特的动植物资源，且土壤贫瘠、无法实行集约化种植业的干旱或高山地区（WISP，2007）。在欧洲的高山和高原地区，草地畜牧业是农业的重要组成部分（Biber，2006）。在奥地利，高山牧场占农业用地的1/4，12000多个牧场的近70000农牧民进行半定居游牧，牧养了50万头牛。在德国上巴伐利亚地区，通过半定居游牧1400个高山牧场牧养了近25000头牛，斯瓦比亚地区阿尔高（Allgau）高山牧场的牧民通过半定居游牧牧养了近25000头牛。瑞士高原上的高山牧场占地面积相当于全国耕地面积的35%，由当地牧民通过半定居游牧牧养牛38万头（包括13万头母牛）和羊20万只。大不列颠高原地区（包括威尔士、苏格兰、英国、爱尔兰的高原地区）也有半定居游牧，牧民利用卡车在高原和低地之间来回运载大量的牛羊。在斯堪的纳维亚半岛山区，除一些牧养驯鹿的地区外，地处瑞典的维尔姆兰、达拉纳、海里耶达伦、耶姆特兰、海尔辛兰、梅代尔帕德和翁厄曼兰等地区仍大面积实施季节性游牧，主要牧养绵羊和牛。

亚洲草原是欧亚大草原的重要组成部分，约占世界草原面积的25%（Kerven，2006）。中亚和远东的草原，夏季温暖、冬季寒冷，低温（中亚和亚洲内陆大约是-30℃，

西伯利亚大约是 -70℃）是限制这些地区草原植被生长的主要环境因子。这一地区的牧民主要牧养绵羊、山羊、马和牛等常见家畜和一些特定家畜，如牦牛、双峰驼和驯鹿（Kerven，2006）。从北方冻土苔原到南方炎热的沙漠、从中亚温带草原到喜马拉雅山地海拔 4000m 以上的高寒草甸都有草地畜牧业的存在，并且这些地区草地畜牧业的经济、社会、政治地位在各国之间存在很大差别。在中国，根据第三次全国国土调查，草地面积为 2.64 亿 hm^2，主要分布于北部和西部，包括内蒙古、西藏、新疆、青海、四川、甘肃等 6 个省份。根据 2007 年数据中国 13 亿人口中约有 15% 的人从事草地畜牧业（远远低于从事种植业的人口数量），一些特定的少数民族如藏族、蒙古族和哈萨克族的多数人口都从事传统的草地畜牧业。蒙古国的大部分人口（农业人口的 85%）都是牧民，草地畜牧业受到当地政策的大力扶持，是蒙古国国民经济的支柱产业。在哈萨克斯坦和土库曼斯坦，牧养家畜的农村人口比例较高（分别为 68% 和 43%），但在国民经济中牧业产品的价值远低于矿产。在塔吉克斯坦，牧民（约占农业人口的 4%）多居住在东部相对封闭、贸易困难的高山地区。在乌兹别克斯坦和吉尔吉斯斯坦，牧民（分别占农业人口的 6% 和 7%）主要以向城乡地区出售肉制品和乳制品为生。在俄罗斯的西伯利亚，牧场幅员辽阔（面积大于中国的牧场），但仅仅养育了 200 万头（只）左右的家畜，承载了不足 100 万的牧民人口（Kerven，2006）。

草地畜牧业是东亚和南亚附近干旱、半干旱地区的主要农业生产方式之一（Gura，2006）。伊朗和约旦 90% 以上的国土位于干旱区，阿富汗、巴基斯坦、伊拉克、叙利亚的干旱区分别占国土面积的 45%、60%、63% 和 55%。除草地畜牧业生产外，干旱条件限制了当地的其他经济发展方式（Gura，2006）。在南亚喜马拉雅地区，如不丹、尼泊尔、印度和巴基斯坦喜马拉雅山区，受高海拔、低温、山势陡峭等条件的限制，当地无法进行农作物生产，草地畜牧业仍是这些地区自给自足的主要经济支柱（Dong et al.，2009）。在印度西南部的赞斯卡、巴基斯坦北部的斯卡都、尼泊尔西部的康巴马戛尔地区，当地群众依然将游牧作为主要的生存方式。

草地畜牧业在整个非洲大陆也有广泛分布。北非地区有广阔的草场，主要是干草原和撒哈拉沙漠草原（Dutilly-Diane，2006）。在北非地区，摩洛哥和阿尔及利亚两国的草场面积最大，约有 2 亿 hm^2 的干草原，均占国土面积的 40% 以上；突尼斯的草原面积占国土面积的 25%，排名第三；两大沙漠王国即埃及和利比亚的草原面积约占国土面积的 1%~2%（Dutilly-Diane，2006）。这些草原上的主要产业就是家畜生产，因此北非的干草原又被称为“羊的家园”。在这些地区，牧养小型反刍动物（如绵羊、山羊）是草原利用的主要途径。资料显示，在阿尔及利亚、突尼斯（数据包括城市中心的动物）、摩洛哥的畜牧业生产系统中分别有 48%、62%、75% 的家畜为小型反刍动物（在某种程度上该估值可能偏高；Dutilly-Diane，2006）。

东非各个国家也均有草地畜牧业分布。尤其在干旱、半干旱地区为主的区域，草地畜牧业是当地的主要生产和生计策略（Odhiambo，2006）。在肯尼亚，干旱、半干旱区占国土面积的80%，这些地区以牧业和农牧业生产为主，承载了约400万牧民，超过国家总人口数量的10%（Pastoralist Thematic Group，2001）。在乌干达，有一条著名的草地畜牧业生产带，从西南地区的姆巴拉拉延伸至东北地区的卡邦，被称为“牛的走廊”，该生产带覆盖了42%的陆地面积及51%的国土面积。分布在“牛的走廊”沿线的大多数人口（超过60%）都是牧民（Odhiambo，2006），而“牛的走廊”沿线以外，在东非大裂谷西段的卡塞塞和本迪布焦地区，也分布了大量的牧业人口，占全国总人口的22%（Odhiambo，2006）。在坦桑尼亚，牧业经济支撑着全国10%人口的生计（Odhiambo，2006）。其中马尼亚拉、阿鲁沙、多多玛、辛吉达、希尼安加和姆万扎等干旱、半干旱区为主导的区域均以草地畜牧业为主，饲养着大约坦桑尼亚99%的家畜，是本国草地畜牧业的主产区（Odhiambo，2006）。在苏丹（包括南苏丹），从事草地畜牧业的人数占全国总人口的20%，主要是在干旱半干旱的荒漠和稀树草原地区，在这些区域草地畜牧业生产占本国养殖业总产值的80%（Sin，1998），并且畜产品出口创汇贡献了25%的外汇收入（Odhiambo，2006）。

在西非，草地畜牧业主要分布在布基纳法索、马里、毛里塔尼亚、尼日尔、塞内加尔和乍得等以气候灾害著称的辽阔的萨赫勒地区（Wane，2006）。尽管这些国家也有草地畜牧业生产，但由于牧民居所的流动性以及是否存在农业活动等因素，天然牧场上草地畜牧业生产方式存在多种不同的形式，包括游牧、季节性游牧、农牧业等（Wane，2006）。在辽阔的萨赫勒地区，多个族群包括富拉尼人（Fulani）和其他少数民族如图阿雷格人（Touareg）、图布人（Toubou）、沃洛夫人（Wolof）和塞雷雷人（Serere）都在从事草地畜牧业（Wane，2006）。这些人饲养单一或多种家畜，包括牛、绵羊、山羊、骆驼、驴和马（Wane，2006）。在萨赫勒地区，草地畜牧业通过游牧和自然资源（草地）的可持续利用促进了国民经济的发展。Wane（2006）在为世界可持续畜牧业倡议组织（WISP）撰写的报告中指出，2003年萨赫勒地区的主要国家，布基纳法索、马里、毛里塔尼亚、尼日尔、塞内加尔、乍得的农业产值分别占国内生产总值（GDP）的31.0%、38.0%、20.0%、39.9%、17.6%、45.6%，而这些地区的草地畜牧业产值分别占农业GDP的24.7%、41.6%、70.0%、29.8%、37.3%、11.0%。

在南非和非洲之角，草地畜牧业广泛分布于从好望角到开普敦的广大地区，包括索马里、埃塞俄比亚、博茨瓦纳、津巴布韦、南非、纳米比亚、马拉维和赞比亚等，都在从事传统的草地畜牧业。由于气候、自然资源条件、殖民地历史和当前经济发展水平的差异，这些国家的家畜生产和营销市场也不尽相同（Behnke，2006）。索马里将近98%的农业用地是牧场（主要是草地），全国（970万人）3/4的人口通过家畜生产维持生计。虽然埃塞俄比亚的牧业人口仅占全国人口总数的8%，但牧业人口分布广泛，占据着广阔的区域（超过国土面积的60%），并且对外输出了大量家畜产品，确切说，包括73%的山羊、25%的绵羊、20%的牛和100%的骆驼（Aklilu，2002）。在博茨瓦纳，草地占农业用地的99%，养育了牧区60万人口（占全国总人口数量的47%）。在津巴布韦，仅有6%的人口居住在牧区，依靠家畜生产维持生计。在南非，牧场占农业用地的84%，全国16%的人口（超过630万人）居住在牧区，依靠家畜生产维持生计。尽管与其他非洲国家相比，南非拥有相对发达的工业经济，但仍有很多牧民反对工业生产并坚持从事传统的草地畜牧业生产。在纳米比亚，反刍动物的平均生产总值位居非洲第一，该国草地面积占农业用地面积的84%，主要分布在半干旱草原区，有54%的人口依靠家畜生产维持生计。在马拉维，尽管42%的农业用地是草地，但仅有2%的人口依靠家畜生产维持生计，在所有非洲国家中，该国的肉制品和奶制品产量最低。在赞比亚，草地占农业用地面积的85%，主要分布在半干旱草原区，有14%的人口在牧区依靠家畜生产维持生计（Behnke，2006）。

在南美洲山区，尤其在安第斯山区，以牧养骆驼科动物（美洲驼、羊驼、小羊驼、原驼）为生计和生产方式的草地畜牧业具有悠久的历史（Westreicher et al.，2006）。当前，南美洲的草地畜牧业主要存在于海拔3700~5000m，即以“普那高原（puna）”和“阿尔蒂普拉诺高原（altiplano）”为代表的安第斯山脉的半干旱地区。沿着安第斯山脉，阿根廷、玻利维亚、智利和秘鲁代表了南美洲主要的四种草地畜牧业模式（Westreicher et al.，2007）。在安第斯山脉中段，由于历史、文化、地理等原因，玻利维亚和秘鲁是南美洲草地畜牧业的中心。牧业活动在这些国家国民经济中发挥着重要的作用（Westreicher et al.，2006）。玻利维亚的安第斯高原地区被称为“阿尔蒂普拉诺高原（Altiplano）”，羊驼的牧养是该地区（尤其在接近秘鲁边境的东科迪勒拉山区）的主要草地畜牧业形式。秘鲁的安第斯高原地区被称为“塞拉（Sierra）”，在这里草地畜牧业维持了全国41%人口的生计，向全国提供了所有的绵羊、美洲驼、羊驼和70%的牛等基础牧业产品。安第斯山脉南部边缘地区的草地畜牧业生产以阿根廷和智利为代表，智利北部和阿根廷南部牧养山羊，阿根廷北部牧养驼科动物，这些牧业生产活动对促进当地经济发展十分重要。

在北美洲，草地畜牧业是山地和部分北美大平原畜牧业生产的主要方式（Huntsinger et al.，2010）。此外，北美洲北极地区的畜牧业以牧养驯鹿为主。在美国西部，草地畜牧业主要涉及使用由美国林务局（森林管理局）和土地管理局等组织管理的公共土地资源，包括高原（山）草地、低地草原和荒漠等（Sulak et al.，2007）。在春夏季有草的时候，农场主将牲畜转移到绿草成茵的高原（山）牧场，然后在冬季将牲畜转移到低 原或荒漠放牧。在加利福尼亚州和得克萨斯州，由于西班牙移民的土地赠予制度，私有土地进行畜牧牧业生产的情况更为普遍。这些地区，负责管理牲畜的人，包括牧 家庭成员、雇佣的牧羊人和牛仔夏季都迁移到山区，在高山牧场营地放牧牛羊。此外 期使用拖车运输马匹（Huntsinger et al.，2010）。在阿巴拉契亚山脉南部，牧民主要 顶放牧（主要是养羊），山顶上是以野燕麦为主的稀疏草地植被，这些稀疏草地可能 早期美洲印第安人的野牛采食地。

自欧洲殖民以来，在大洋洲广阔的牧场上长期进行大面积的放牧（Earl et 1996），牧民允许牛羊在广阔的牧场上自由采食。在澳大利亚，除草场面积较小的 和沿海地区以外，这种传统的做法仍然在各地现代化牧场系统中保留下来（Earl et a 1996）。同样，在新西兰，草地畜牧业主要在高海拔地区开展，这些区域约占国土总 积的 1/3（Lambert et al.，2011）。

1.5 草地畜牧业的特征和结构

1.5.1 草地畜牧业的特征

草地畜牧业具有移动性，牧群经常需要为寻找新鲜的牧草和水源而迁徙（牧业农场生产方式除外，在牧业农场生产中农牧民通过种植作物以补充家畜所需饲草料）。这种流动性在传统草地畜牧业中尤为明显，牧民实施草地畜牧业以适应不断变化的环境条件（O'Neil，2011）。实质上，“牧民的选择具有灵活性和机会性，他们可以迅速改变管理制度，并在生产中采用多种策略”（Blench，2001）。例如，当牧区遭受干旱时，牧民可能会出售家畜或将牧群迁徙到新的牧场，以应对干旱带来的不利影响，而这往往是农业耕种者所不具备的选择。 在干旱和半干旱地区，草地畜牧业（尤其是游牧）往往是应对不规则气候变化的一种策略，以此来降低气候变化所造成的风险（O'Neil，2011）。在干旱和半干旱区，移动的牧群在广阔的草原（牧场）上进行放牧是草地畜牧业的一个关键特征（Blench，2001）。不同地区的草地畜牧业生产方式下牧养的家畜种类不同，但都是家畜化的食草动物，通常以牧草或者其他植物为食（Blench，2001）。牧民依靠传统的放牧形式牧养单一或多种家畜，有时牧民也会饲养非牧畜动物，如狗和鸡。在近东到中亚广阔的欧亚大陆地区的草地畜牧业生产中，狗（牧羊犬）是保护家畜免受狼群危害的重要防御动物（卫士）。在西欧部分地区，牧民依旧保留着利用狗来放牧羊群的传统（图 1.9）。这可以节省大量人力投入。在西非，富拉尼人在牧养牛羊时会带着鸡，让它们在牧场上觅食，这为牧户显著增加了牧业生产的价值（Blench，2001）。

图 1.9　法国南部的扎克高原上狗在牧养羊群（董世魁 / 摄，2011）

全球不同地区和种族的牧民在牧养家畜时都具有相似的移动特征。这些人除被称为“牧民”外，在不同文献中也被称为“游牧者”“牧人”“牧场主”（主要为澳大利亚的称谓）、“农场主”（美国、加拿大、巴西、阿根廷、南非等国的称谓）。从历史上看，游牧文化和流浪文化交织，一些流浪者群体也会搬到牧业群体周围为他们提供服务。从威尔士到印度等大部分欧亚大陆上，最著名的流浪者是被 Rao（1982；1987）称为“逍遥派（Peripatetics）”的吉普赛人。尽管流浪者不在草场上牧养家畜，但是他们在欧亚大陆悠久的草地畜牧业贸易史中扮演着重要的角色，尤其在印度和阿富汗，流浪者和游牧者通常被刻板地视为独特的群体，并被国家政府视为同一类别（Olesen，1994）。尽管游牧者和流浪者都采用类似的移动生活方式，但二者在特征上具有明显差别。例如，在阿富汗，游牧民居住在黑色羊毛帐篷中，而流浪者居住在白色帐篷中。

1.5.2　草地畜牧业的社会结构

在多数情况下，移动放牧的需求塑造了牧业社会的性质和结构。虽然也有特例，但是总体上世界各地的牧业组织均以部落为基础，部落的规模可能非常小且存在时间很短（Khazanov, 1984）。对最佳放牧区域的控制取决于牧草质量、环境变化和牧养家畜的种类。尽管非洲、亚洲和南美洲等传统牧区的草地畜牧业依然采用集体（部落）管理方式，但在全球范围内的草地畜牧业中家畜牧养正逐渐趋于单独个体管理。一般而言，家畜由部落中的个体牧养，但是如果牧群规模足够大时，可以雇佣部落外的其他人牧养家畜，例如，近代的尼日尔富勒牧民仍让奴隶牧养大量牛群。正如 Blench（2001）所言：“在 19 世纪的非洲和近东，牧业社会是在奴隶和非奴隶基础上发展出的复杂的等级制度。”在殖民地时代，奴隶获得自由后仍会在原来营地待一段时间，当部落体系逐渐被打破后会形成独立的家庭，尤其在权力部门鞭长莫及的边远地区，这种现象更加明显（Blench，2001）。

集体控制牧场资源是确保牧民移动性的一种理想的方式。在干旱地区，必须拥有大片土地才能应对干旱等恶劣天气造成的威胁。以索马里为例，该地区没有严格细化牧场的土地权属，这有助于牧民保持移动性，因为只有当所有的畜群都有充足的水源和牧草时，将水源和牧场明确划分给牧户或其他牧业群体才是可行的（Swift，1977）。牧户个体想要扩展畜群，而牧户集体希望平分牧场，两者之间总是存在着矛盾。在集体牧业生产中畜群的扩张导致了不公平的积累，威胁着牧户群体的团结和草地畜牧业的健康发展。牧户个体需要通过利用公共放牧地和其他牧民的援助，才能使自己的牧业生产免受外部因素的干扰（Swift，1977）。

各种牧业制度和信仰可以减缓牧业生产中的这些冲突。例如，“家畜崇拜教”制度可以减少不公平现象，促进牧业群体团结（Bonte，1981）。此外，祭祀、彩礼、待客习俗和牲畜借贷等传统不仅可以减少牧业群体之间的不公平问题，也可以通过畜群的优化组合和提供劳动力等方式来减少风险。在生活中，牧民的热情好客对促进游牧活动和帮助孤立牧民获得所需信息方面发挥着重要的作用。社会组织分工和相似的社会结构形式有助于牧业生产适应社会需求（Salzman，1978）。长期以来，在世界范围内的牧业生产体系中，通常由自我组织的实体（如畜牧业协会）、民选机构（如社区委员会）以及从传统和实践中总结出来的乡规民约和规章制度等规范管理。

1.5.3 牧业社会中的性别分工

女性在牧业社会中的作用存在着普遍争论。与其他生计系统相比，牧业社会主要以男性为主导（Blench，2001）。撒哈拉柏柏尔人的牧业社会是一个特例，他们以母亲（母系）和女性为主导。牧业社会的劳动投入具有明显的性别差异。在牧产品生产方面，女性通常比男性投入更多的劳动并且扮演更重要的角色。然而，在牧业社会的决策过程中，男性比女性更具权威性，女性的作用甚至被忽视。在以男性为主导的牧业社会中，通常由经验丰富的年老男性决定不同牧民群体间的牧群移动和转移计划、缓解冲突和社会关系等问题。传统的家庭中，一般男性拥有家畜并且控制牧业收入，而女性没有拥有家畜并制定财务规划的权利。

在大多牧业社会中，女性主要负责照顾孩子和老人、做饭和织布等家务（图 1.10）。此外，女性还要承担饲养和牧养家畜的责任。甚至在部分牧业社会中，虽然不允许女性挤奶或者仅允许给特定家畜挤奶（Blench，2001），但女性却是加工和销售牛奶及奶制品的主要劳动力（图 1.10）。当牧群移动到新的草场时，女性必须参与拆解和重建住所的劳动。大多数情况下，女性负责在住所周围牧养家畜，照顾幼畜、病畜，而男性负责放牧家畜和销售畜产品。一般情况下，出售家畜和畜产品的收入由男性掌管。在牧业社会中，虽然女性承担了大量工作，但男性在管理牧业收入和家庭消费中具有威望和权力。许多证据表明，在世界各地的牧区赋予女性权力仍然是一项巨大的挑战。

图 1.10 女性牧民的活动：（a）收集燃料（牦牛粪），中国青海（苏旭坤 / 摄，2014）;（b）牧养家畜，玻利维亚（Tourrand/ 摄，2010）;（c）收集并运送水，埃塞俄比亚（Allan Degen/ 摄，2010）;（d）加工牛奶，中国西藏（龙瑞军 / 摄，2008）;（e）制造生活资料（如帐篷），中国西藏（龙瑞军 / 摄，2008）;（f）照顾孩子，印度（董世魁 / 摄，2010）;（g）挤奶，阿富汗（易绍良 / 摄，2010）;（h）饲养牛犊，中国青海（苏旭坤 / 摄，2014）;（i）手工艺制造（如刺绣），中国新疆（汪玺 / 摄，2011）

1.6 草地畜牧业的重要性（价值）

在全球范围内，草地畜牧业的重要性体现在社会经济、生态和文化等多个角度。例如草地畜牧业养育了牧区大量的人口，提供了大量的食物和生态服务，使世界上一些贫困地区实现了自给自足，维持了悠久的牧业文明（Nori et al.，2007）。Davis 和 Hatfield（2007）的研究表明（图 1.11），草地畜牧业创造了存在价值（社会固有利益）、选择价值（未来机遇）、直接价值（社会、经济、环境效益）、间接价值（旅游业和农业）。从经济价值的角度看，Hatfield 和 Davies（2006）强调草地畜牧业为农业和国内生产总值（GDP）做出了巨大贡献，尤以草地畜牧业作为农业支柱产业的国家为甚，如蒙古国和苏丹等国。根据官方统计数据，蒙古国的草地畜牧业占全国 GDP 的 30%，苏丹的草地畜牧业占农业 GDP 的 80%（Hatfield et al.，2006）。尽管无法准确获得官方数据以证实草地畜牧业对所有区域国民经济的贡献，但塞内加尔、尼日尔和肯尼亚等非洲国家的资料显示，草地畜牧业在农业 GDP 中占很大份额（图 1.12）。在东非，几乎所有国家的马赛人的生计和生产方式都完全依靠草地畜牧业。有观点表明，在干旱的非洲地区，除草地畜牧业外，没有任何生产方式可以同时有效利用地理、气候、地形和植被条件。非洲的草地畜牧业

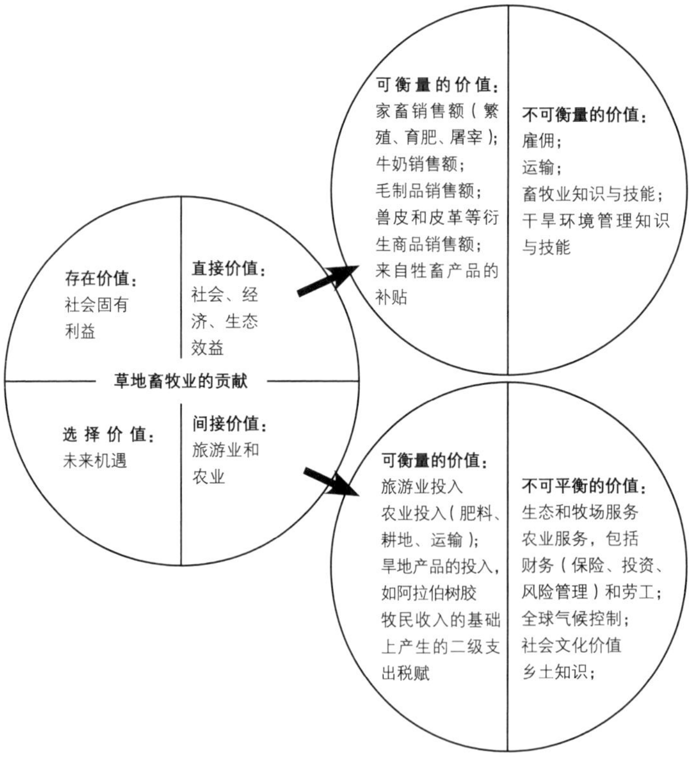

图 1.11 草地畜牧业的经济价值（引自 Davis et al.，2007）

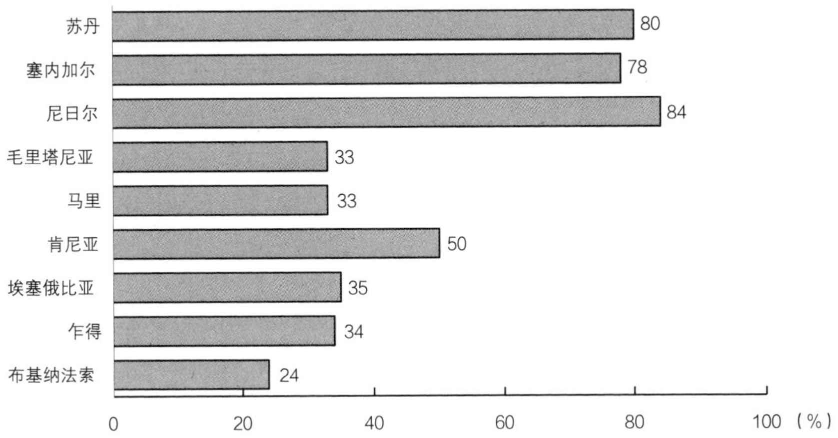

图 1.12　一些非洲国家草地畜牧业对农业 GDP 的贡献（引自：Davis et al.，2007）

每公顷的产量是农业生产系统的 2~10 倍（Scoones，1995）。这些事实彻底改变了人们的一贯看法，即草地畜牧业远低于舍饲畜牧业创造的社会经济价值。而新的观点认为，草地畜牧业是切实可行的经济系统，它可以通过推进市场介入和增强移动性的方式，改善数百万牧民的生活，减缓干旱区的贫困，有助于区域的环境管理。

除经济价值外，根据2003年千年生态系统评估框架（EMA，2003），草地畜牧业可以提供多种生态系统服务，包括供给服务（食物和纤维物质供给）、支持服务（成土过程和水土保持）、调节服务（气候调节）和文化服务（宗教和文化）。大量证据表明，合理放牧可以保持牧场健康，形成丰富的生物多样性，增加群落生物量，提高固碳能力，减少土壤侵蚀，保持水土（Voisin，1959；Savory，1999；Frank et al.，1998）。热带稀树草原和温带草原等大面积牧区都是巨大（实际和潜在）的碳汇，草地畜牧业可以有效地提高草场固碳潜力。据估计，全球草场大约可以储存全球34%的二氧化碳（CO_2）。虽然，在全球生态系统服务功能评估研究中，草地生态系统的气体调节功能只有7美元/（hm^2·年）（Costanza et al.，1997）。研究结果表明，通过对草地生态系统进行适宜的放牧管理，不仅可以提高生物多样性，也可以防止土地退化和沙漠化（Niamir-Fuller，1999）。据估测，维持不同地点草地生态系统的生物多样性的平均价值为7.5美元/（hm^2·年）（Yu et al.，2005），而且这个估值会随诸多因素的变化而变化，如草场上的植物、动物种类和外界保护草地生物多样性的支付意愿等因素。水源涵养（持水）服务是牧区草地畜牧业的基础功能，适宜的牧业管理（包括放牧管理）可以促进水的渗入并减少径流，从而增加地下水。尽管因数据缺乏无法在全球尺度上衡量草地畜牧业的水源涵养（持水）能力，但Yu等（2005）在中国青藏高原的草场（主要是放牧草场）开展案例研究，结果表明该区放牧草地的水源涵养（持水）价值约为 1524 美元/（hm^2·年），这为全球草地畜牧业的水源涵养（持水）功能价值估算提供了可借鉴的方法。大量研究表明，草地畜牧业可以维持草地生态系统的健康和弹性力，促进水分和矿质元素的循环。但是迄今为止，尚没有可靠的数据表明草地畜牧业在促进水分和矿质元素循环方面的具体价值。Yu等（2005）在中国草地上进行的案例研究表明，草地畜牧业的土壤固持价值约为3美元/（hm^2·年）。

文化服务是草地畜牧业的重要生态系统服务之一，包括牧业社会中的传统文化（如世代传承的基于土地承载力的游牧文化）、牧民的行为与景观之间的联系（如各种牧业活动）、各种牧民语言和宗教信仰的形成与传承等。蒙古族谚语说："草地畜牧业书写了一半的人类历史。"这一谚语意味着，牧业文明和农业文明在历史长河中同等重要。全球不同草地畜牧业分布区形成了不同的牧业文化，包含宗教（图1.13）、体育运动（图1.14）、民族艺术（图1.15）等领域。尽管研究者和决策者常常低估甚至忽视这些文化服务价值，但通过将这些文化资源用于旅游或教育等，仍然有为草地畜牧业带来附加值的巨大潜力。

图 1.13　草地畜牧业与宗教文化：（a）蒙古族敖包，草原上祈祷的场所（沙威 / 摄，2012）；（b）藏传佛教寺庙，正门两边各有一只羊（董世魁 / 摄，2013）；（c）黄河源的玛尼石碓，草原上的一种宗教仪式（董世魁 / 摄，2012）；（d）西藏米拉山口的牦牛雕像（董世魁 / 摄，2013）

图 1.14　草地畜牧业与体育运动：(a) 蒙古族牧民的赛马活动，中国内蒙古（沙威 / 摄，2013）；(b) 蒙古族牧民的套马活动，中国内蒙古（沙威 / 摄，2013）；(c) 蒙古族牧民的摔跤比赛，中国内蒙古（沙威 / 摄，2013）；(d) 蒙古族牧民的箭术比赛，中国内蒙古（沙威 / 摄，2013）

图 1.15　草地畜牧业与民族艺术：(a) 哈萨克族牧民的牧驴画作，中国新疆（汪玺 / 摄，2013）；(b) 哈萨克族牧民的刺绣，中国新疆（汪玺 / 摄，2013）；(c) 裕固族牧民的舞蹈，中国甘肃（赵成章 / 摄，2014）；(d) 哈萨克族牧民的冬不拉，中国新疆（汪玺 / 摄，2014）

1.7　草地畜牧业的未来

在历史长河中，草地畜牧业与农业共同进化，牧民甚至曾征服了农业社会。13 世纪，蒙古族牧民征服了中国和中亚以农业为主的社会。14 世纪，牧民控制了波斯、伊拉克、俄罗斯的大部分地区和南亚北部以农业为主的社会（O'Neil，2011）。大量证据表明，近几个世纪以来，在全球范围内，草地畜牧业作为移动放牧生产系统被广泛实践，并且在发展中国家和地区（包括发达国家的发展中地区，如澳大利亚的草原地带）将会继续存在。在偏远地区和环境脆弱地区，由于草地畜牧业是一种以高效率、低消耗为基础的生计方式，因此它将继续作为这些区域社会经济发展和生态环境保护的支柱产业，一直保留下去。

目前，草地畜牧业受到社会经济发展的影响（表 1.2），不可能回到理想中的黄金时期。20 世纪以来，世界各地的牧业社会经历着相似的变化，非洲的草地畜牧业已开始使用卡车，在中亚和其他牧业地区，汽车也已成为重要工具。近几十年来，由于农

表 1.2　20 世纪影响草地畜牧业的主要因素（Blench，2001）

因素	影响
现代兽医学	生产率增加，畜群数量增加
现代武器	降低了捕食者的危险，增加了冲突，安全性降低
圈地或占地	在面对极端气候时，长距离迁徙的传统“安全网”崩溃
国际间关于肉制品和乳制品卫生的要求	畜产品市场下滑
乳制品声誉下降	贸易条款对牧民生计造成一定不利影响
畜产品的世界市场	进口廉价的肉类、牛奶等产品以满足城市人口的需求，本土草地畜牧业受到冲击
政策措施	不恰当的草地畜牧业管理策略造成一定负面影响
牧区劳动力	儿童失学和年轻人外出打工
现代交通设施	取代了以牧业运输为重要支柱的经济生产系统
高投入、高产出外来种的引入	使牧民依赖投入供给不稳定的基础设施，导致周期性危机
紧急救济、补给和恢复项目	将无法维持生计的家庭留在牧区，加速了贫困的恶性循环
生态环保项目	与旅游业的收入相适应，将牧区土地还原为野生动物、生物多样性高的地区
草原侵占	水利或灌溉系统侵占草原，草原面积减少

业扩张、工业发展、舍饲畜牧业发展等方面的影响，草地畜牧业已经开始衰退。许多牧业为主地区通过安置牧民居所、降低家畜数量等方式，防止过度放牧。定居的牧户日益增加，并开始发展小规模的种植业，但是初期牧民所经营的种植业的质量和成功率很低。随着定居牧户数量的增加，放牧和饲养家畜的劳动力减少，导致多元化草地畜牧业向单一的农场养殖或农牧业转变，这也预示着草地畜牧业多样性的丧失，传统草地畜牧业实践受到严重威胁。如果这种情况继续下去，全球牧业社会的未来不容乐观。

尽管草地畜牧业正在努力改变以适应自然和社会经济压力，但仍面临诸多挑战。在亚洲高原地区（包括中亚高山、“世界屋脊”喜马拉雅和青藏高原），牧业“现代化”对传统草地畜牧业的可持续发展带来了挑战（Kreutzmann，2013）。在哈萨克斯坦、土库曼斯坦、乌兹别克斯坦、吉尔吉斯斯坦等中亚各国，由于苏联解体带来的草地畜牧业生产的非集体化和经济补贴的消失，可能会使牧民回归到传统的游牧生产体系。然而，公共医疗服务体系的丧失、牧区交通的不便、畜产品市场价格的波动等问题，给大部分牧区的草地畜牧业发展带来了严重影响。中国通过草地围封和牧民定居工程，旨在实现牧业资源的有效利用和牧区生产生活方式的现代化，因而在牧区大力推动城镇化进程（Kreutzmann，2013），这些政策措施的推行改变了牧区传统草地畜牧业的土地利用方式。在中国北方和西部牧区，超载过牧带来了草场退化和土地荒漠化的严重后果，而放牧不足和气候变化则导致了草地灌木化和生物多样性丧失的问题。在非洲和近东地区，随着降水量的增加，农业生产扩张加剧，草地畜牧业逐渐边缘化，放牧压力的增加导致了脆弱草场的退化，一些牧民被迫离开他们的家园。在美国中部大平原和地中海周围地区，与区域发展战略相关的基础设施建设和舍饲畜牧业生产，迫使从事草地畜牧业的牧民离开家园转而从事其他行业，牧民原有的牧场和家园周边的生物多样性逐渐增加。这些结果体现了社会发展对不同地区传统草地畜牧业的影响。

无论草地畜牧业的未来如何发展，不同牧区的经验教训可以纳入可持续草地畜牧业的决策制定之中。无论全社会能否意识到草地畜牧业的重要性，都需要意识到其所具有的生态功能，牧区也应该采取有效的行动来保护或恢复草地畜牧业的各项生态功能。无论新兴的经济领域能否从草地畜牧业以往的失败经验中获益，但这些经验对于维护草地畜牧业的环境效益极具重要性。正如 Davis 和 Hatfield（2007）所说：“未来应加大宣传让大众更好地了解牧区社会的重要性，以更好地指导牧业系统的政策制定和有效管理。”同时，McAllister 等（2006）也强调：“对于规划和指导草地畜牧业的未来来说，理解草地畜牧业的适应性至关重要。”因此，未来制定可持续草地畜牧业的决策时应该考虑过去获得的经验教训。

致谢：著者对中华人民共和国科技部、国家自然科学基金委员会、亚洲学者基金会，新学校印中研究所、北京师范大学的财政支持表示感谢。同时感谢提供阅读材料、照片、图表等用以丰富本章内容的众多学者以及本章中引用的文章、图表等的原作者。

参考文献

AKLILU Y, 2002. An audit of the livestock marketing status in Kenya, Ethiopia and Sudan, vol I and II[J]. Institutional & Policy Support Team Au.

ANDALUZ-WESTREICHER C, MÉREGA J L, Y-PALMILI G, 2007. The economics of pastoralism: study on current practices in South America[J]. Nomadic Peoples, 11(2): 87-105.

BACON E, 1954. Types of pastoral nomadismin Central and Southwest Asia[J]. SJA, 10(1): 44-68.

BEHNKE R, 2006. Review of the literature on Pastoral Economics and Marketing: the horn of Africa and southern Africa[R]. Report prepared for the World Initiative for Sustainable Pastoralism, IUCN EARO.

BIBER J P, 2006. Review of the literature on pastoral economics and marketing: Europe[R]. Report prepared for the World Initiative for Sustainable Pastoralism, IUCN EARO.

BLENCH R, 2001. 'You can't go home again': pastoralismin the new millennium[R]. FAO report.

BONTE P, 1981. Ecological and economic factors in the determination of pastoral specialization[J]. J Asian Afr Stud, 16(1-2): 33-49.

BOUSMAN C B, 1998. The chronological evidence for the introduction of domestic stock into south-ern Africa[J]. Afr Archaeol Rev, 15: 133-150.

CABALLERO R, Fernández-González F, Badia R P, et al., 2009. Grazing systems and biodiversity in Mediterranean areas: Spain, Italy and Greece[J]. PASTOS, 39(1): 9-152.

COSTANZA R, d'Arge R, de Groot R, et al., 1997. The value of the world's ecosystem services and natural capital[J]. Nature, 387: 253-260.

CRIBB R, 1991. Nomads in archaeology[M]. Cambridge University Press, Cambridge.

Davis J, Hatfield J, 2007. The economics of mobile pastoralism: a global summary[J]. Nomadic Peoples, 11(1): 91-116.

DE ABREU UGP, MCMANUS C, SANTOS S A, 2010. Cattle ranching, conservation and transhumance in the Brazilian Pantanal[J]. Pastoralism, 1(1): 99-114.

DONG S K, WEN L, ZHU L, et al., 2009. Indigenous yak and yak-cattle crossbreed management in high altitude areas of northern Nepal: a case study from Rasuwa district[J]. Afr JAgric Res, 4(10): 957-967.

DUTILLY-DIANE C, 2006. Review of the literature on pastoral economics and marketing: North Africa[R]. Report prepared for the World Initiative for Sustainable Pastoralism, IUCN EARO.

EARL J, JONES C, 1996. The need for a new approach to grazing management—is cell grazing the answer?[J]. Rangelands J, 18: 327-350.

FAO, 2002. Cattle and small ruminant systems in sub-Saharan Africa: a systematic review[R/OL]. [2016-01-09] ftp: //ftp.fao.org/docrep/fao/005/y4176E/y4176E00.pdf

FAO, 2001. Pastoralism in the new millennium. Animal production and health paper no 150[R]. UN Food and Agriculture Organization, Rome.

FRANK D A, McNaughton S J, Tracy B F, 1998. The ecology of earth's grazing ecosystems[J]. Bioscience, 48(7): 629-34.

GILBERT A S, 1975. Modern nomads and prehistoric pastoralists: the limits of analogy[J]. JANES, 7: 54-71.

GURA S, 2006. Review of the literature on pastoral economics and marketing: Afghanistan, India, Iran, Iraq, Israel, Jordan, Pakistan, Palestine, Syria, and Turkey[R]. Report prepared for the World Initiative for Sustainable Pastoralism, IUCN EARO.

HATFIELD R, DAVIS J, 2006. Global Review of the economics of pastoralism[R]. Report prepared for the World Initiative for Sustainable Pastoralism, IUCN, Nairobi.

HUNTSINGER L, FORERO L, SULAK A, 2010. Transhumance and pastoralist resilience in the western United States[J]. Pastoralism, 1: 10-37.

IFAD, 2008. Livestock and pastoralists[R/OL]. [2016-01-09] http://www.ifad.org/lrkm/factsheet/pastoral-ists.pdf.

KERVEN C, 2006. Review of the literature on pastoral economics and marketing: Central Asian, China, Mongolia and Siberia[R]. Report prepared for the World Initiative for Sustainable Pastoralism, IUCN EARO.

KHAZANOV A, 1984. Nomads and the outside world[M]. Cambridge University Press, New York.

KREUTZMANN H, 2013. The tragedy of responsibility in high Asia: modernizing traditional pastoral practices and preserving modernist worldviews[J/OL]. Pastoralism, 3: 7 [2016-01-09]. http://www.pastoralismjour-nal.com/content/3/1/7.

LAMBERT M G, SNOW V O, 2011. Management of grazing system in New Zealand and environmen-tal impacts[M]// Lemaire G, Hodgson J, Chabbi A (ed). Grassland productivity and ecosystem services. CAB International, London: 188-197.

LATTIMORE O, 1967. Inner Asian frontiers of China[M]. Beacon, Boston (first published in 1940).

LEES S H, BATES D G, 1974. The origins of specialized pastoralism: a systemic model[J]. Am Antiq, 39(2): 187-193.

MACDONALD K C, MACDONALD R H, 2000. The origins and development of domesticated animals in arid West Africa[M]// Blench R M, MacDonald K C (ed). The origin and development of African livestock. University College Press, London: 127-162.

MARSHALL F, 2000. The origins and spread of domestic animals in East Africa[M]// Blench R M, MacDonald K C (ed). The origin and development of African livestock. University College Press, London: 191-221.

MCALLISTER R R J, ABEL N, STOKES C J, et al., 2006. Australian pastoralists in time and space: the evolution of a complex adaptive system[J/OL]. Ecol Soc 11(2): 41 [2016-01-09]. http://www. ecologyandsociety. org/vol11/iss2/art41/.

MILLER D J, 1998. Fields of grass: portraits of the pastoral landscape and nomads of the Tibetan Plateau and Himalayas[M]. International Centre for Integrated Mountain Development, Kathmandu.

MILLENNIUM ECOSYSTEM ASSESSMENT, 2003. Ecosystems and Human Wellbeing: A Framework for Assessment [M]. Washington DC, Island Press.

NIAMIR-FULLER M, 1999. International aid for rangeland development: trends and challenges[M]// Eldridge D, Freudenberger D (ed). Proceedings of the 6th international rangeland congress, Townsville, Australia: 147-152.

NORI M, DAVIES J, 2007. Change of wind or wind of change? Climate change, adaptation and pastoralism[R/OL]. The World Initiative for Sustainable Pastoralism, International Union for Conservation of Nature, Nairobi, Kenya [2016-01-09]. http://cmsdata.iucn.org/downloads/c__documents_ and_settings_hps_local_settings_application_data_mozilla_firefox_profile.pdf

ODHIAMBO M, 2006. Review of the literature on Pastoral Economics and Marketing: Kenya, Tanzania, Uganda and the Sudan[R]. Report prepared for the World Initiative for Sustainable Pastoralism, IUCN EARO.

OLESEN A, 1994. Afghan craftsmen[M]. Thames & Hudson, London.

O’NEIL D, 2011. Pastoralism. http://anthro.palomar.edu/subsistence/sub_3.htm.

PASTORALIST THEMATIC GROUP, 2001. Pastoralist poverty reduction strategy[R]. Unpublished report.

PRATT D J, LE GALL F, DE HAAN C, 1997. Investing in pastoralism: sustainable natural resource use in arid Africa and the Middle East[M]. World Bank Technical Paper 365, World Bank, Washington, DC, USA.

RAO A, 1982. Non-food-producing nomads and the problem of their classification[J]. East Anthropol, 35(2): 115-134.

RAO A, 1987. The other nomads[M]. Bohlau, Cologne.

ROUHOLLAH R, 1966. The northern tier: Afghanistan, Iran and Turkey[M]. Van Nostrand , Princeton: 85.

SALZMAN P C, 1978. Does complementary opposition exist?[J]. AmAnthropol, 80: 53-70.

SAVORY A, 1999. Holistic management: A new framework for decision making[M]. Island, Washington.

SCOONES I, 1995. ‘New directions in pastoral development in Africa’, in living with uncertainty[M]. IT Publications, London.

SIN M A, 1998. ‘SUDAN’ in lane. In: Charles R (ed) Custodians of the commons: pastoral land tenure in East and West Africa[M]. IIED, London: Chapter 6.

SPOONER B, 1975. Nomadism in Baluchistan[M]// Leshnik dans L. S. & Sontheimer G. D. (ed). Pastoralists and Nomads in South Asia, Weisbaden: 171-182.

SULAK A, HUNTSINGER L, 2007. Public lands grazing in California: untapped conservation potential for private lands?[J]. Rangelands, 23(3): 9-13.

SWIFT J J, 1977. Pastoral development in Somalia: herding cooperatives as a strategy against desertification and famine[M]// Glantz M H (ed). Desertification: environmental degradation in and around arid lands. Westview, Boulder: 275-305.

TOYNBEE A, 1935. A study of history, vol 1[M]. Oxford University Press, London.

USAID, 2011. Comprehensive Africa Agriculture Development Programme (CAADP) climate-smart agriculture workshop: pastoral and agro-pastoral systems factsheet[R/OL]. [2016-01-09] http:// www. caadp.net/pdf/1a.%20Pastoral%20and%20Agropastoral%20systems%20facthseet.pdf.

VAINSHTEIN S, 1980. Nomads of South Siberia: the pastoral economies of Tuva[M]. Cambridge University Press, Cambridge.

VOISIN A, 1959. Grassland productivity[M]. Island, Washington.

WANE A, 2006. Review of the literature on pastoral economics and marketing: West Africa[R]. Report prepared for the World Initiative for Sustainable Pastoralism, IUCN EARO.

WESTREICHER C A, MÉREGA J L, PALMILI G, 2006. Review of the literature on pastoral economics and marketing: South America[R]. Report prepared for the World Initiative for Sustainable Pastoralism, IUCN EARO.

WORLD INITIATIVE FOR SUSTAINABLE PASTORALISM, 2007. Pastoralists' species and ecosystems knowl-edge as the basis for land management[J]. WISP Policy Brief, 5: 1-4.

YU G, LU C X, XIE G D, et al., 2005. Grassland ecosystem services and their economic evaluation in Qinghai-Tibetan plateau based on RS and GIS[J]. IEEE Int, 4: 2961-2964.

ZEUNER F E, 1956. The domestication of animals. Scientia vol xci[J]. N-DXXV, series VI: 23-28.

Chapter 2

第二章

全球草地畜牧业的人文-自然耦合系统的脆弱性和弹性力

本章著者：董世魁
刘世梁
温　璐

摘要： 本章描述了弹性力、脆弱性和人文－自然耦合系统的定义，提出了草地畜牧业弹性力和脆弱性的科学观点以及草地畜牧业弹性力和脆弱性的评估框架，明确提出了全球草地畜牧业人文－自然耦合系统存在的问题。弹性力是指系统、群体、组织承受损失或伤害后从意外或灾害中得以恢复的能力。脆弱性是指人、地、生态系统和物种应对突发事件和压力的敏感性。人文－自然系统是指人文与自然组分相联系的耦合系统，包括人文－环境系统、社会－生态系统、生态－经济系统和人口－环境系统。人文－自然系统的弹性力和脆弱性关注人文和自然相互依存的弹性力和脆弱性。当前，全球草地畜牧业人文－自然系统的变化导致草地畜牧业应对自然压力和人为冲击的弹性力下降、脆弱性增加。本章提出农牧生态系统－牧民生计－体制机制三维“脆弱性和弹性力”框架体系，结合压力－状态－响应模型，可以用于全球草地畜牧业脆弱性和弹性力的评估。全球六大洲七大牧区的10个案例研究表明，世界上不同地区草地畜牧业的脆弱性是不同的。在北美洲大平原，气候变化和极端气候使原本脆弱的农牧生态系统变得更加脆弱。在中亚、南美洲安第斯山脉、欧洲阿尔卑斯山、澳大利亚昆士兰州和北欧极地等地区，社会经济发展驱动土地使用权变更、农业政策改革、人口和家畜数量增长，而这些都使得地区和国家水平上的草地畜牧业体制机制逐渐弱化。在非洲荒漠草原区和亚洲高原地区，自然与人的共同变化驱动农牧业生态系统和体制机制更加脆弱。社会－生态耦合理论技术和管理创新、社会－生态耦合系统重建和机构重组，是减缓草地畜牧业脆弱性负面影响和结果的主要途径。

2.1 引言

发展中国家的草地畜牧业可持续发展面临着巨大的威胁和压力。人口增长、经济发展、城市化、土地利用变化、政策变化和气候变化给草地畜牧业的社会、文化、经济、生态资产带来了巨大压力（Nori et al.，2007）。通过草地畜牧业，草地生态系统实现了生物多样性保护、粮食产品供给等生态系统功能。在发展中国家，由于自然和人文变化等因素，使得草地畜牧业变得更加脆弱（Schröter et al.，2005；Abildtrup et al.，2006）。

明确草地畜牧业衰退的原因和驱动力，创建适用于评估全球草地畜牧业脆弱性的体系极其重要。本章运用全面的评估体系对各大洲草地畜牧业的弹性力和脆弱性进行评估，明确草地畜牧业转型的驱动力。

2.2 弹性力和脆弱性的定义

弹性力和脆弱性的定义因应用领域不同而存在差异。弹性力的概念首次出现于生态学中，被定义为生态系统受到其他因素的扰动恢复到初始状态的能力（Hollings，1973）。这一概念表明，干扰使得生态系统超出原始状态的稳定域，但并不意味着生态系统可以完全恢复到原始状态。这一概念作为“生态弹性力”被许多学者用于生态学领域中（Hollings，1996；Gunderson，2000；Folke，2006；Scheffer，2009）。现在，弹性力这一概念已经广泛用于其他领域。在工程学领域，弹性力被定义为工程弹性力，狭义上指系统受到干扰后达到原始平衡的恢复率（Holling，1996）。在心理学领域，弹性力指防止个人暴露在压力或逆境中出现严重问题的能力（Luthar，2006）。在社会科学领域，弹性力被认为是人类群体或团体应对与社会、政治、环境变化相关的外部压力和干扰的能力（Adger，2000）。总而言之，弹性力是指一个系统、社区、组织承受损失或伤害，并从意外或灾难的影响中恢复过来的能力。相似地，脆弱性在不同领域的定义也不同。作为一个综合术语，Millennium Ecosystem Assessment（2005）将脆弱性定义为“人、地、生态系统和物种对突发事件和压力的敏感性及其应对能力”。

普遍认为，弹性力和脆弱性是相互联系而不是对立的，弹性力是脆弱性的响应（Kassam，2010）。弹性力越高，损害越小，恢复越快且效果越好；脆弱性越高，损失和伤害越大（图 2.1）。弹性力和脆弱性的定义多种多样，因此对这两个术语的理解往往也依情况而变：如哪些因素会影响脆弱性和弹性力，脆弱性和弹性力处于什么级别，脆弱性和弹性力的时间动态怎样，不同地区的脆弱性和弹性力有何区别。Maguire 和

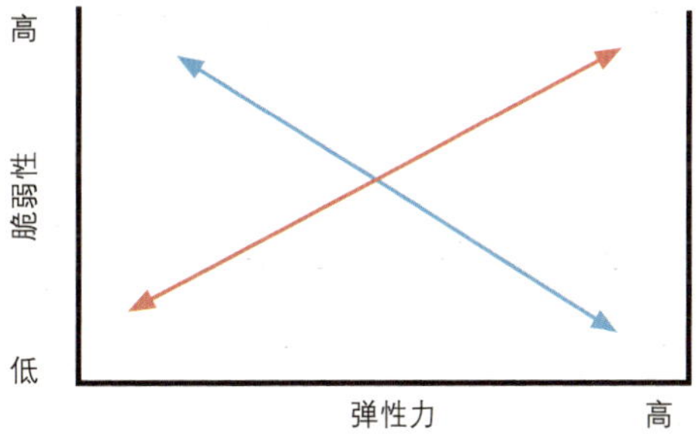

图 2.1 弹性力和脆弱性之间是相互联系而不是对立的（引自 Maguire et al.，2008）

Cartwright（2008）总结出了三种关于弹性力的主要观点：弹性力是一种稳定性（缓冲能力），弹性力是一种恢复力（反弹力），弹性力是一种转换性（创造力）。关于脆弱性，也有三种主要观点：脆弱性是一种灾害，脆弱性是一种状态，脆弱性是群落的组成部分。

2.2.1 弹性力的观点

综合多学科的研究，有关弹性力的主要观点可以归纳为三点（Adger，2000；Folke，2006；Maguire et al.，2007）。而在诸多观点中，被广泛认同的观点是承受压力或变化和积极响应的能力（Maguire et al.，2008）。

2.2.1.1 弹性力是一种稳定性

这一观点最先出现于生态学研究中，弹性力被定义为群落或生态系统未经扰动状态的能力。这个观点认为，弹性力可以衡量群落或生态系统转化为其他状态之前所能承受的干扰量，即“阈值”。超过“阈值”，群落或生态系统回到其原本的功能状态的可能性极低（Folke，2006）。一个可恢复的群落或生态系统具有很高的阈值则表明在达到阈值前该群落或生态系统可以承受很大压力。

2.2.1.2 弹性力是一种恢复力

这一观点将弹性力定义为群落或生态系统在压力下恢复到原始状态的能力，可以用来衡量群落在压力下恢复的时间（Maguire et al.，2007；Pimm，1984）。也就是说，恢复到原始状态所需的时间越短，群落的弹性力越强；恢复到原始状态所需的时间越长，群落的弹性力越弱。

2.2.1.3 弹性力是一种转换性

这一观点认为弹性力是群落响应变化的适应能力，即应对干扰时群落会转为一个新的稳定状态而不是回到原始状态。根据这一观点，一个可恢复的群落或系统可以通过从根本上改变群落或系统来应对变化。例如，以放牧为主的牧业群体可以发展除牧业生产以外的经济活动（如旅游业）或探索创新性放牧方式来减缓草地退化。这一观点认为可恢复的群落能够认识到自身组成与结构的变化并努力缓解变化造成的影响，这有助于理解可恢复的群落如何积极地应对变化（Herreria et al.，2006）。

2.2.2 脆弱性的观点

与弹性力相比，脆弱性更加难以定义（Schoon，2005）。综合诸多学科的研究结果，目前有关脆弱性的主要观点主要可以归纳为三类。

2.2.2.1 脆弱性是一种灾害

在自然灾害研究领域，脆弱性被普遍定义为一个群落面临灾害的频率、等级、时间和强度（Fenton et al.，2007）。这一观点认为，群落的脆弱性是灾害事件的结果，源于压力本身的物理作用。这一观点强调了群落对灾害或其他压力的响应，却忽视了群落自身的特性。

2.2.2.2　脆弱性是一种状态

这一观点通常用于评价群落在本质上是否具有脆弱性。按照这个观点，群落（或群落的一部分）本质上是脆弱的，其应对压力、冲击和变化的能力较低（Brooks，2003）。这一观点主要研究导致脆弱性的群落特性，如贫穷、不平等、住房质量低和服务不完善等。然而，这一观点完全没有考虑群落应对压力、冲击、变化的能力及它们的重要性（Brooks，2003）。

2.2.2.3　脆弱性是群落的组成部分

这一观点认为脆弱性是群落的组成部分，并认识到群落的脆弱性、资源和适应性能力是动态和复杂的。该观点认为弹性力和脆弱性不是对立的（Fenton et al.，2007）。例如，在粮草短缺的干旱年份，干旱或半干旱区的牧业群体是脆弱的，然而这个群体也具有适应能力，他们可以通过从外部购买食物或出售更多家畜克服粮草短缺的问题。

2.3　认识人文 - 自然耦合系统的脆弱性和弹性力

2.3.1　人文 - 自然耦合系统的定义和类型

人文 - 自然耦合系统（CHANS），又称为人文 - 自然系统，是人与自然相互联系的综合系统（Liu et al.,2007）。人文 - 自然系统存在于相互联系的不同时空和组织尺度中，随着阈值、反馈循环、时间间隔、弹性力、异质性和意外情况等呈现出非线性动态（Liu et al.，2007）。

2007 年，美国国家自然科学基金委员会设立了人文 - 自然耦合系统研究专项，旨在提高公众对人文 - 自然耦合系统的理解。该计划支持“不同尺度上的人与自然系统过程以及人与自然系统之间复杂联系的跨学科研究。”这一举措使美国科学界处理跨学科和应用环境问题的方式发生了重大调整。现在，生态学和社会学跨学科综合研究项目的数量持续增加，使人们更好地理解人文 - 自然耦合系统。许多学者认为孤立地研究人类和自然系统不能够解决长期的社会 - 生态和人类 - 环境之间相互作用问题（Gunderson et al.，2002；Redman，1999；Walker et al.，2004；Walker et al.，2006）。目前，人文 - 自然耦合系统研究正在成为跨学科研究中非常重要的领域，项目涵盖了全球多种耦合系统。该领域的研究项目涉及处理人类和自然系统之间的复杂联系和反馈机制。这些项目汇集了生物、物理和社会科学领域的专家，利用各种工具和技术共同解释特定环境中人文 - 自然耦合系统的时空动态（Liu et al.，2007）。

人文 - 自然耦合系统有不同的形式，包括人文 - 环境耦合系统、社会 - 生态耦合系统、生态 - 经济耦合系统、人口 - 环境耦合系统等。其中，社会 - 生态耦合系统的研究最多。根据 Anderies 等（2004）给出的定义，社会 - 生态耦合系统是生态系统与一个或多个社会系统通过错综复杂的联系形成的协调系统，生态系统和社会系统的子系统相互依存相互影响（图 2.2）。这一概念强调人与自然的耦合关系，但是生态系统和社会系统之间的划分具有人为性和随意性。

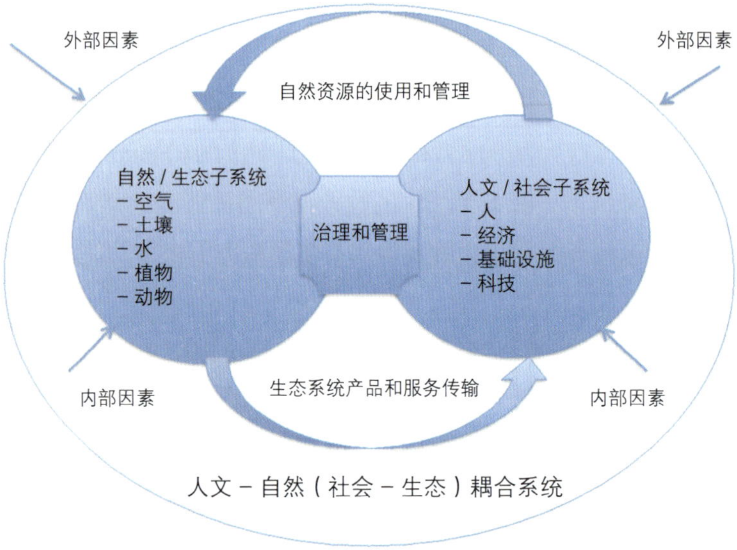

图 2.2　人文 – 自然（社会 – 生态）耦合系统框架

社会 - 生态耦合系统是人文 - 自然耦合系统中最常见的形式，是受生态和社会系统共同调节的重要资源（Redman et al., 2004）。它包括四个组分，即资源本身、资源使用者、公共基础设施提供者和公共基础设施。这些组成部分与材料、能源和资本等的内部流动有着错综复杂的联系（包括物质流和能量流、社会和物质资本），同时还受到环境变化和社会经济冲击（如经济萧条或通货膨胀）等外部因素的影响（Anderies et al.，2004）。草地畜牧业是社会 - 生态耦合系统的一个最好例证（表 2.1）。在草地畜牧业的社会 - 生态系统中，牧场是被不同的资源使用者（如牧民和农场主）利用的资源。公共基础设施提供者可能是当地使用者协会，抑或是政府部门。公共基础设施是整合物质资本和社会资本的系统工程（Costanza et al.，2001）。但是，源于外部或内部因素，社会 - 生态耦合系统的各组分都存在各类潜在问题（表 2.1）。

表 2.1　社会－生态系统的组分及其潜在问题

实体类型	例证	潜在问题
资源	草原	复杂性和不确定性
资源使用者	牧民利用草原放牧、农民利用草原种植作物	过度放牧、过度种植
公共基础设施提供者	本地用户协会委员会、政府部门	内部冲突或政策失当、信息流失
公共基础设施	工程设施	随着时间推移而部分损坏
制度规则	政府政策、习惯、传统规范	随着时间推移丧失
外部环境	气候、经济、政治体系	意识不到的快速或缓慢变化

修正自：Anderies 等（2004）。

2.3.2　人文 - 自然耦合系统的弹性力

人文 - 自然耦合系统的特征是人与自然之间的动态相互作用，人文 - 自然耦合系统的弹性力关系到人与自然相互依存的系统的弹性力。作为人文 - 自然耦合系统最主要的形式，社会 - 生态耦合系统的弹性力受到了广泛关注。人类活动对地球的影响不断加强，使社会 - 生态耦合系统的弹性力成为全球关注的问题（Steffen et al.，2007）。在畜牧业等严重依赖环境资源维持生计的人文 - 自然耦合系统中，社会弹性力和生态弹性力存在着明显的联系，将生态弹性力和社会弹性力分开很难实现（Folke et al.，2010）。例如草地畜牧业实践中，牧业社会群体必须依靠牧场的生态和环境资源维持生计（图 2.3），社会弹性力和生态弹性力相互联系并且协同进化（Norgaard，1994；Adger，2000），它们之间的关系常受到生态系统、制度结构和经济活动的影响，比如牧业社会的行为习惯、规则和标准等关系到是否能够实现牧场的可持续利用。

社会 - 生态耦合系统的弹性力包含三个关键要素：系统在不丧失其功能的前提下能承受的变化量、系统在应对变化时自我修复的程度、系统通过学习形成适应性能力的程度（Carpenter et al., 2001；Folke et al., 2002；Kassam, 2010）。这可以从三个维度来理解，即持续性、适应性和转换性（Walker et al.，2009；Folke et al.，2010）。Folke 等（2010）认为："持续性是指社会 - 生态耦合系统在临界阈值内不断变化和适应而保持稳定趋势的能力；适应性是指社会 - 生态耦合系统针对不断变化的外部动力和内部过程而调整其应对措施的能力。转换性是指社会 - 生态耦合系统创造新的稳定域的能力，即超过临界值后形成新的发展轨迹从而产生新的稳定景观。"这三个方面相互联系，相互影响。Folke 等（2010）认为，"这是理解持续性和变化性、适应性和转换性之间的相互作用的基础。"因此，学者们往往将持续性、适应性、转换性整合为社会 - 生态耦合系统中弹性力研究的关键要素（表 2.2）。

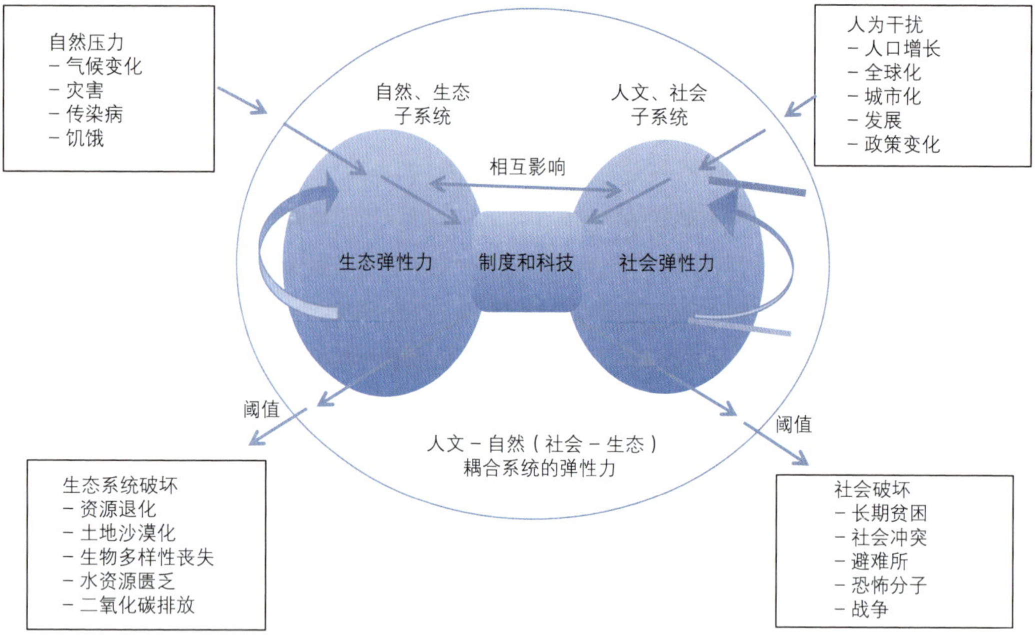

图 2.3　人文－自然（社会－生态）耦合系统的弹性力

表 2.2　社会－生态耦合系统弹性思维的要素

术语	定义
主动转型	在小尺度上有意识地引入一个或多个新的状态变量（一种新的谋生方式），同时保持系统在大尺度上的弹性力
适应性（适应能力）	系统中的各因子影响弹性力的能力
适应性循环	描述社会 - 生态耦合系统和其他复杂适应性系统由内部驱动的 4- 阶段循环启发式模型。具体为资源充足和弹性力高的快速增长阶段（r 阶段），通过资本积累进入逐渐僵化阶段，大部分资源被固定，具有较小的灵活性或新颖性以及低弹性力（k 阶段），然后通过突然崩溃进入无序的释放阶段，关系和结构消失（Ω），最后进入以新颖性为主导的更新重组阶段（α）。r-k 动力学反映了或多或少的可预测性，相对于较慢的“前环”，Ω–α 动力学表示一个无序、快速的“后环”，高度影响着下一个“前环”的性质。外部或更高尺度的影响会导致系统从任一阶段向其他任一阶段转变
被动转型	社会 - 生态耦合系统的强制转型，而不是有意引入
一般弹性力	系统的任一部分或所有部分对所有冲击（包括新颖性）的弹性力
扰沌	反映适应性循环嵌套性的交互动力
稳态	具有稳定性景观的一系列状态
稳态转化	系统从一个稳态或稳定域到另一个稳态或稳定域的转化
弹性力	系统在发生变化时吸收干扰和重组的能力，从而保持功能、结构、反馈和特性在本质上不发生变化，即通过变化保持相同特性的能力
社会 - 生态系统	生态系统和人类社会相互反馈和相互依存的综合系统，强调了人处于自然之中的观点
特定弹性力	“弹性力是什么，其作用是什么？”；与特定控制变量相关的系统某个特定部分对一种或多种冲击的弹性力

续表

术语	定义
稳定域	吸引系统的状态范围，维度由一系列具有阈值水平（相当于系统稳态）的控制变量来定义
稳定性景观	系统空间的可能状态，由嵌入稳定域的一组控制变量定义
临界值（临界转换）	控制的水平或数量，在重要反馈中发生的变化通常是缓慢的，导致系统沿不同的轨迹发生自组织，也就是朝着不同的引力方向发展
转换性	转变稳定性景观成为多种系统格局的能力，在生态、经济或社会结构不能维持现状系统的情况下创造一个全新的系统

引自：Folke 等（2010）。

在社会 - 生态耦合系统中，常会被问到“弹性力是什么？其作用是什么？”等诸如此类的问题（Carpenter et al.，2001）。然而，过于强调系统某一特定的弹性力可能会弱化其他方面的弹性力（Cifdaloz et al.，2010）。例如，如果过分强调过度放牧牧场的弹性力而要求禁牧或生态移民，可能会导致牧业社会系统应对环境变化（气候变化和土地退化）的弹性力降低。相反，社会 - 生态耦合系统的弹性力并不适用于超过临界值的系统或必须承受超荷冲击的系统。应该综合考虑社会和生态两个维度上的不确定性，为评估现状、社会流动、重组经验和知识资源、推动原创和革新等活动创造机会。对于草地畜牧业，牧民具有独特的文化和民族特征，他们利用传统知识和技术对草地资源进行可持续管理，通过社会学习以提升应对环境变化和危机的适应能力，通过社会流动和转换增强对多变环境的适应能力。因此，持续性、适应性和转换性是提升草地畜牧业人文 - 自然耦合系统多维弹性力的关键所在。

2.3.3　人文 - 自然耦合系统的脆弱性

与人文 - 自然耦合系统的弹性力相同，人文 - 自然耦合系统的脆弱性也被学术界广泛研究。社会 - 生态耦合系统也是研究人文 - 自然耦合系统脆弱性的主要形式。千年生态系统评估（Millennium Ecosystem Assessment，2005）将脆弱性定义为“人、地、生态系统和物种对意外和压力的敏感性及其应对改变和压力的适应能力”。社会 - 生态耦合系统的脆弱性可以理解为社会系统和生态系统面对刺激和压力的敏感性和适应性。

2.4　评估草地畜牧业人文 - 自然耦合系统的脆弱性和弹性力

2.4.1　全球草地畜牧业脆弱性和弹性力的基本观点

草地畜牧业展示了人与自然（包括植物、动物和环境服务）相互作用的人文 - 自然耦合系统或社会 - 生态耦合系统的显著特征（Vavra，1995；Nori，2007）。几个世纪以来，草原上的居民在持续实践草地畜牧业的过程中积累了复杂的生态知识，学会紧密关注环境状况，协调社会与自然之间的相互关系。现如今，气候变化、人口增长、土地利用变化、政治体制的变化等自然压力和社会 - 政治威胁正在影响着草地畜牧业的人文 - 自然耦合系统，导致牧民群体的生存模式改变，世代传承的土地边缘化，大多数发展中国家牧业生态系统的适应能力降低（Dong et al.，2012）。在这种改变下未能协调生态、经济和社会之间相互关系，导致管理和政策行动不能实现可持续牧场的目标（Thurow，2008）。如今的发展中国家实施的大多数牧区管理政策没有能够实现可持续，许多管理和政策实践的成败取决于是否考虑到人文 - 自然耦合系统或社会 - 生态耦合系统的复杂性。因此，全球草地畜牧业应对压力的耐受性、自我修复能力以及适应能力大幅降低，这导致草地畜牧业的持续性、适应性、转换性降低。从这一角度看，面对自然压力和人类活动引起的改变，全球草地畜牧业的人文 - 自然系统的弹性力正在降低，脆弱性正在增强。

2.4.2 草地畜牧业脆弱性和弹性力的评估体系

由于不同地区可持续草地畜牧业的压力和威胁不同，因此关于全球草地畜牧业的脆弱性和弹性力很难得出一个共同的结论。十分有必要开展比较研究来观测全球不同地区草地畜牧业生产系统在应对不同威胁和刺激的脆弱性和弹性力时产生的变化。在风险和不确定性增加的时代，探索不同地区的发展策略和其他社会经济变化有助于增强全球草地畜牧业生产系统的弹性力。

草地畜牧业生产系统的脆弱性和弹性力，与农业生产系统类似，可以在农牧生态系统、牧民生计和体制机制层面上进行评估（Thurow，2008）。通过 Fraser（2007）和 Dougill（2010）等提出的农业生产系统的三维“脆弱性和弹性力”协调体系，我们可以形成一个草地畜牧业生产系统的三维“脆弱性和弹性力”协调体系的概念，通过追踪研究，在农牧生态系统、牧民生计和体制机制层面上比较不同地理区域的脆弱性和弹性力，并且分析其随时间变化的趋势（图 2.4）。

该研究需要充分理解农业生产系统三维“脆弱性和弹性力”体系的因果关系。经济合作与发展组织提出的压力 - 状态 - 响应（PSR）体系（Waheed et al.，2009）明确了草地畜牧业的脆弱性和弹性力的因果链，在自然资源利用和环境保护领域广泛使用。根据 PSR 理论，人类干扰和自然压力将会对自然环境产生压力，导致其状态发生变化（Pearce et al.，1991）。环境变化将会促进制度响应，反过来又会对人类干扰和自然压力产生影响。例如，降低影响并且改变驱动力或来源，以防止或尽可能降低造成伤害的环境响应（图 2.5）。

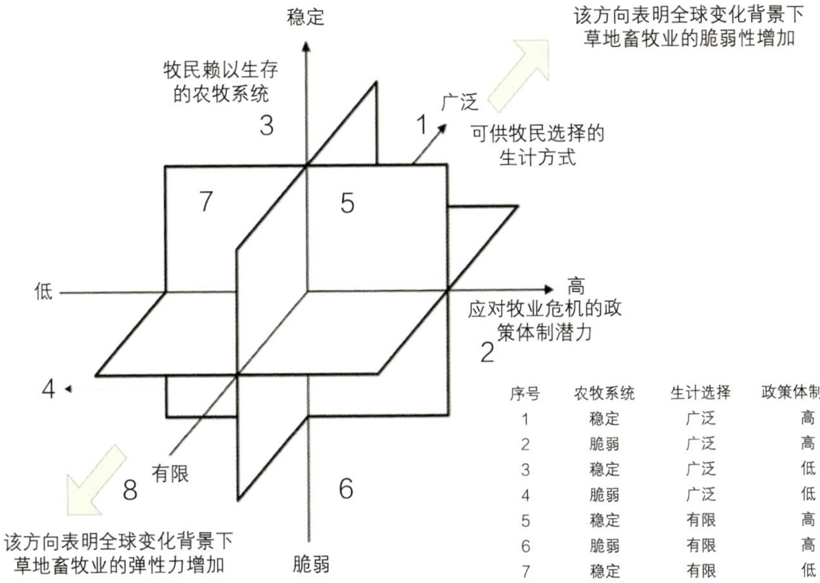

序号	农牧系统	生计选择	政策体制潜力
1	稳定	广泛	高
2	脆弱	广泛	高
3	稳定	广泛	低
4	脆弱	广泛	低
5	稳定	有限	高
6	脆弱	有限	高
7	稳定	有限	低
8	脆弱	有限	低

图 2.4　草地畜牧业脆弱性和弹性力的三维“脆弱性”评估体系

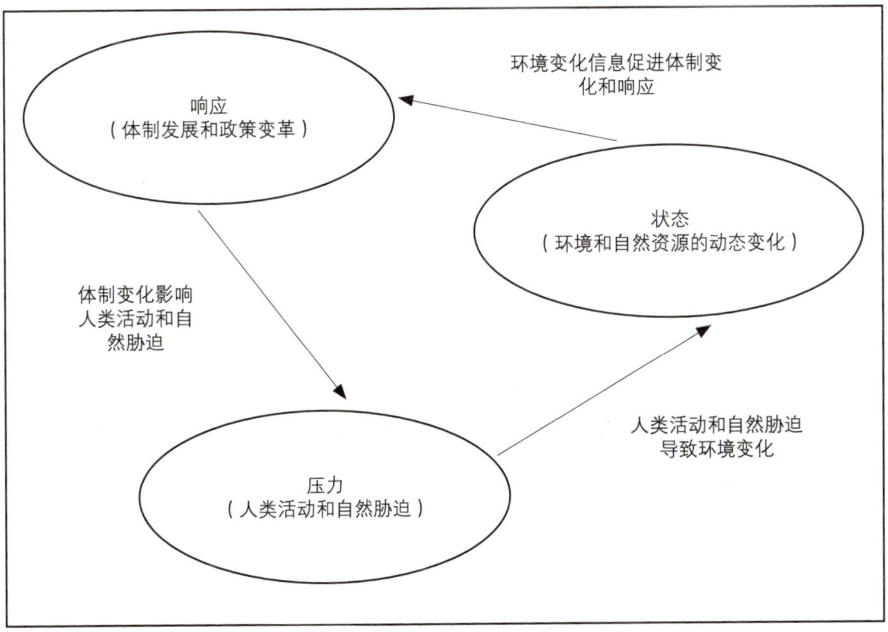

图 2.5　由经济合作与发展组织（OECD）的决策信息分析结构修正的压力 – 状态 – 响应模型

（Pearce et al.，1991）

通过整合三维“脆弱性和弹性力”协调体系和 PSR 体系，我们将总结和综合全球案例研究，提供包括亚洲、欧洲、非洲、北美洲、南美洲、大洋洲和北极地区在内，不同地区草地畜牧业的人文 - 自然耦合系统，在面对自然和人类活动引起的压力、刺激和变化时脆弱性和弹性力的变化方式。

2.5 认识全球主要牧区草地畜牧业人文 - 自然耦合系统的脆弱性和弹性力

2.5.1 亚洲案例研究

亚洲拥有全球最大的草地覆盖面积，从东欧的边境延伸到太平洋，跨越 7000km（Kerven，2004）。从北极地区冻土苔原（牧养驯鹿）到南部炎热沙漠（牧养骆驼）都实践着草地畜牧业，在干草原上还牧养绵羊、山羊和马，在海拔 4000m 以上的高山草甸上牧养着牦牛和藏羊。本节介绍中亚草原和亚洲高原地区草地畜牧业的脆弱性。

2.5.1.1 中亚草原地区体制变革和经济崩溃后草地畜牧业的边缘化

中亚的大部分土地被草地覆盖，欧亚草原的东部地区从中国、蒙古国、西伯利亚南部、哈萨克斯坦、西伯利亚西南部、俄罗斯的欧洲部分、乌克兰、匈牙利，到安纳托利亚、罗马尼亚、斯洛伐克、奥地利和西班牙，是全球最大的生物群落之一。中亚大约有 2.5 亿 hm^2 草原牧场分布于中亚五国（哈萨克斯坦、土库曼斯坦、乌兹别克斯坦、吉尔吉斯斯坦、塔吉克斯坦）和俄罗斯、蒙古国、中国的部分干旱地区（FAO，1997）。自上个冰河世纪以来，随着冰川消退温度回升，动植物种群迁徙到草原地带，使该地区的草原植物和动物种群发生了巨大变化。人类在草原上出现后，过着以打猎（羚羊、马和骆驼）为主的流浪生活。不久，猎人成为游牧者，他们开始利用草原作为绵羊、山羊等早期驯养动物的牧场。随后，这些游牧者在草原上继续驯养、繁殖并养育马匹和骆驼（Werger et al.，2012）。直到 20 世纪初，游牧草地畜牧业成为人们在中亚草原上维持生计的核心。随着社会经济的变革，当时土地和牧区新政策的贯彻实施（Baibagushev，2011；Doerre，2012；Kerven et al.，2012；Kraudzun，2012；Kreutzmann，2013；Robinson et al.，2010；Steimann，2012；Vanselow et al.，2012），改变了传统草原居民的生计方式，损害或破坏了大片草原地区。

在中亚五国中，哈萨克斯坦、土库曼斯坦、乌兹别克斯坦、吉尔吉斯斯坦的草原牧场面积超过了国土面积的 50% 或接近 50%（表 2.3）。塔吉克斯坦的牧场覆盖面积较小（约占国土面积的 23%；表 2.3），但其牧场面积也占全国农业用地的 75%（FAO，1997）。从历史上看，牧区主要的土地利用形式是粗放型畜牧业生产，不存在严格的界限（Suleimenov et al.，2000）。自从 20 世纪 90 年代苏联解体以来，推进农业结构调整，实现粮食安全，适应市场经济要求，牧业管理已经从国家管理制转变为集体管理制，甚至向承租和私有化转变（Robinson et al.，2010）。由于土地所有制改革，土地权从牧业合作社转移到富裕的个人和群体手中，贫困人口被排挤，增加了资源利用和流动方面的不安全性（Nori et al.，2005）。中亚五国牧区利用方式的转变与人口增长和政策改革相关，利用方式的转变导致了大规模的土地退化和 CO_2 排放量的增加（Chuluun et al.，2002）。对于中亚草地畜牧业的现状，Ostrom（2000）所说的"公地戏剧"或许比 Hardin（1968）所说的"公地悲剧"更加贴切（Kreutzmann，2013）。

表 2.3　哈萨克斯坦、吉尔吉斯斯坦、乌兹别克斯坦、蒙古国的牧业产值

国家	地理位置	永久草场（km^2）	占国土面积的比例（%）	主要牧业民族	牧民人口	占农业人口的比例（%）
哈萨克斯坦	中亚	1,851,000	69	哈萨克族	4,700,000	68
吉尔吉斯斯坦	中亚	93,650	49	柯尔克孜族	256,000	7
乌兹别克斯坦	中亚	222,190	52	乌兹别克族	1,478,000	6
土库曼斯坦	中亚	307,000	65	土库曼族	1,537,000	43
塔吉克斯坦	中亚	31,980	23	塔吉克族	205,200	4
蒙古国	东亚和中亚	1,293,000	83	蒙古族	2,051,000	84
中国	东亚和中亚	4,000,000	41	蒙古族、藏族、哈萨克族	19,500,000	2.4

引自：FAO（1997）和国际家畜研究所（2002）。

虽然中亚五国（哈萨克斯坦、土库曼斯坦、乌兹别克斯坦、吉尔吉斯斯坦、塔吉克斯坦）土地所有权的变更对牧场和家畜管理的影响差别很大，但在经济转型时期，传统体制机制在实现粮食安全和牧业生计方面普遍存在很多问题，这对牧场的可持续利用是一项挑战。在哈萨克斯坦，尽管家畜数量急剧减少，但过度放牧现象依然在加剧，因为只有 30%~40% 的草地被用来放牧，剩余的草地由于水源缺乏等因素使得放牧受到限制，并且由于部分区域公共服务不足，大多数偏远牧场无法再利用（Suleimenov et al.，2000）。土库曼斯坦采用 20 世纪 80 年代末苏联的承租牧业生产经营方式。然而，自从苏联解体后国有牧场的牧羊人无法从国家或集体农场拿到工资（Kerven，2006），导致了牧羊人的生活变得困难。在乌兹别克斯坦，牧场虽然由国家控制得到了适当地利用，但是在边缘土地上广泛种植农作物加速了水土流失（Suleimenov et al.，2000）。吉尔吉斯斯坦的多数草地在独立以前没有被放牧利用（Suleimenov et al.，2000），随着国有牧场的解体，集体放牧系统（牧场一直被那些历史上曾经利用它们的社区利用着）推动了

部分边缘牧场的使用（Farrington，2005）。在塔吉克斯坦，家畜数量受民事冲突的影响有所下降，牧民获得牧场和草料的能力降低，随着经济状况的衰退，私人牧场获得兽医服务和防疫疾病的能力丧失（Kerven，2006）。

蒙古国是全球最大的牧业国家之一，其永久草场占国土面积的83%，同时也是世界上牧业人口数量最多的国家，居住在牧区的人口占国家总人口数量的77%（International Livestock Research Institute，2002）。牧业经济是蒙古国的经济支柱（Mearns，2004）。在社会主义时期，牧民依靠政府提供的固定工资和家畜分配方式生活，即国家负责分配牧场，指导季节性移动，提供兽医服务，供应草料和劳动力（Fernandez-Gimenez，2001）。在20世纪90年代，蒙古国由社会主义计划经济转变为市场经济，所有的国家和集体农场解体，家畜私有化。然而，人民对国家的依赖很难消除（Muller et al.，1996）。1992年，随着放牧集体的解散，原有的国家草地畜牧业管理和服务机构、补助体系、推广支撑体系和计划经济市场体系全部消失殆尽，而长期被弱化的草地畜牧业民间组织机构却无法在短期内取而代之（Fernandez-Gimenez et al.，2004）。蒙古国的大量耕地是由20世纪50年代被遗弃的高产草地开垦而来的，其结果是作物产量显著下降，1995年的作物产量比1990年的作物产量降低三成（Chuluun et al.，2002）。1994年，政府通过了《土地法》，规定了草场管理、监测、定居点和冬春草场租赁的规则。1998年开始实施冬春季定居点的承租。然而，过去牧民已经适应了模糊和动态的边界，它们的消失增加了牧民应对气候变化的脆弱性（Turner，1999；Fernandez-Gimenez，2002）。经过修订，新的《土地法》在2003年正式施行。但是，新《土地法》保留了一些在旧的《土地法》中含糊不清的内容。新旧《土地法》中都包括了产权规定、基本承租协议、冬春季定居点和潜在的春冬季草场。新《土地法》实施后夏秋草场仍可以开放式自由利用，这个规定使牧民无法有效实施传统的草场管理策略，对牧民的生计发展产生了负面影响（Fernandez-Gimenez et al.，2004；Upton，2008）。

在中国，草原牧场覆盖了中国北部地区约59%的土地，包括新疆维吾尔自治区和内蒙古自治区的大部分地区和甘肃省、青海省、陕西省、山西省、河北省、辽宁省、吉林省、黑龙江省的部分地区（Li，1997）。中国北部的草原牧场总面积约为2,742,200km^2，约占中国草原面积的70%（Li，1997）。然而，在过去的几十年里，由于气候变化和政策变化引起的过度放牧和过度开垦等人类活动使得中国北部的草原牧场开始大面积退化。1949年之后，中国将一些高产草地转变为耕地，这降低了家畜对草场的利用率，增加了放牧强度，导致贫瘠牧场的退化和土壤养分的丧失（Chuluun et al.，2002）。20世纪80年代，土地改革政策和新《中华人民共和国草原法》实施推进土地制度改革，围封放牧政策开始实施。减少牧群的移动有助于集中放牧，但导致了集中放牧区的草地退化。此外，牧场的分配过程很难绝对平衡水源和优质牧草的获取机会，使得部分既有传统受到冲击，贫富差距扩大，这些在一定程度上增加了社会冲突（Li et al.，2011）。除政策变化外，人口增长和经济发展的压力也改变着土地利用类型、碳循环的动态和气候条件，这加速了区域草地退化（Chuluun et al.，2002）。国家制定和实施了新的牧场保护政策和管理计划，如“退耕还林还草”和“退牧还草”，旨在改善牧场状况，尽管这些政策对草地生态和居民生计的长期影响遭到牧民和专业人士的质疑（Dong et al.，2007）。

从三维“脆弱性”空间架构图可以看出中亚五国、蒙古国和中国北部地区草地畜牧业的体制机制变化（草原产权制度改革）导致草地畜牧业应对危机能力降低（社会经济方面规章制度的消失）。从三维“脆弱性”架构图看（图 2.4），该区草原畜牧业向第 8 个象限发展,即在中亚地区牧业生态系统、牧民生计和体制机制的脆弱性增加,弹性力降低。

2.5.1.2　亚洲高原：经济转型和气候变化导致高原草地畜牧业的退化

亚洲高原为高寒草地畜牧业和草地管理提供了独特的条件，帕米尔高原、天山、兴都库什山脉和喀喇昆仑山到喜马拉雅山的大部（包括中国青藏高原）。兴都库什 - 喜马拉雅地区（HKH）组成了世界上海拔最高的亚洲高原的主体。HKH 超过一半的土地覆盖着草地，西瓦里克山丘陵地带分布着亚热带稀树草原，喜马拉雅山高海拔区分布着高山草甸，青藏高原区分布着广阔的草原，昆仑山分布着寒冷、干旱的荒漠。HKH 的草地提供了许多重要的生态系统服务，如粮食生产、水源供给、生物多样性保护，除此之外还养育了几百万人口。这些草地独特的地理位置、气候条件和植被覆盖（Vavra，1995）使其成为具有不同文化的民族群体的放牧草场（表 2.4）。受高原地区脆弱和敏感的自然环境、政策变革及社会经济发展的影响，HKH 草地资源的可持续利用和牧业系统的发展都面临巨大挑战（Dong et al.，2010）。在一些牧区，过度放牧是普遍存在的问题，来自牧民和家畜的巨大压力使得草地上大部分原生植被消失（Dong et al.，2002）。在高海拔草地上过度挖掘药用植物已经威胁到一些具有重要经济和生态价值的高原物种的生存（Miller，1997a）。没有周密规划的旅游业的快速发展也引起了一系列的草原环境问题（Miller，1997a）。过度开采和过度利用增加了草地的蒸散量，加剧了气候变暖对牧业生产的负面影响（Du et al.，2004；Wang et al.，2006）。目前，保护政策和可持续的草地发展规划忽视了生态、生产、生计功能的整合（Miller，1997b；Dong et al.，2010）。与 HKH 类似，整个亚洲高原正在并将继续进行社会转型，将会对该区域生活的各个领域产生巨大的影响；比如，在人口增长和现代化进程的快速推进下，牧民的传统生活方式、草地利用方式、管理措施正在发生着改变（Kreutzmann，2012）。从阿富汗到不丹，正如 Kreutzmann（2013）所说：“定居过程、现代化理论、生活方式的趋同性都是设想；……现代化战略导致了牧民人口数量的缩减。”

位于 HKH 北部，中国的青藏高原是以高寒草地畜牧业为主的巨大的生态区。然而，青藏高原的草地畜牧业正面临着草地退化的威胁，这与人口增长、气候变暖和政策变化息息相关。青藏高原中部是亚洲三大河流（长江、黄河、澜沧江）的源头，近几十年来，人口和家畜数量的快速增长导致草地被过度利用（Ma et al.，1999；Wang et al.，2001；Shang et al.，2005）。据报道（Riley，2004；Fischer，2008），在 1982—2000 年，青藏高原地区藏族人口增长数约为汉族人口的两倍（由于方法和时间尺度上存在不足之处，无法精确估计牧民人口的增长率；Fischer，2008）。家畜的数量必须保持在一个相似或更高的水平以维持牧民的生活水平（Harris，2010），因此牧区人口增长与草地退化高度相关。当地牧民和外来挖掘药草的人没有考虑草地承载力，也过度开采草地资源导致草地资源大幅度退化（Li et al.，1995；Bai et al.，2002；Li et al.，2008）。过去的 40 年中，青藏高原 50% 以上的高寒草地已经开始退化（Wang et al.，2001），将近 26% 的高寒草地已经严重退化为"黑土滩"或"秃斑地"，即冬季裸露、夏季有杂草或有毒植物稀疏覆盖的土地（Li et al.，1995；Ma et al.，1999，2002；Shang et al.，2005）。

表 2.4　兴都库什 - 喜马拉雅地区（HKH）草地畜牧业的基本信息

地理位置	主要位于南亚，从西部的阿富汗到东部的缅甸，北部的青藏高原到南部的恒河流域，横跨亚洲 8 个国家，是世界上最高的山脉，被称为"世界屋脊"，总面积为 430 万 km^2
气候	南部西瓦利克山是亚热带气候，北部青藏高原是高寒气候；年降水量在 100~1000mm，主要来源于冰雪消融；年平均气温在 0℃左右，冬季最低温可达 -40℃
植被	60% 的草地，30% 的森林，10% 的农作物；低海拔地区是亚热带稀疏草原，高海拔地区是高寒草甸
土地利用方式	草地畜牧业和牧业农场
家畜	主要家畜有牦牛、绵羊、山羊、水牛、黄牛、犏牛、瘤牛、马，还有一些野生动物，如岩羊、野驴和野牦牛等
人口	拥有数百万牧民，如中国的藏族牧民、印度的嘎地和古贾尔牧民、尼泊尔的塔芒牧民、不丹的布罗克帕斯牧民
社会问题	牧区人口增长和资源有限之间的冲突；经济和社会发展改变了牧民生计

在青藏高原东部地区，气候变暖威胁着青藏高原东部地区草地的健康。例如，Klein 等（2004）在青藏高原东北部的高山草甸和灌丛的实验研究表明，物种丰富度的降低与气候变化高度相关，模拟放牧（即刈割）可以加速物种的丧失。Klein 等（2007）实验表明在生长季升温 1.0~2.0℃就可以导致高山草甸的地上净生产力降低，尤其是适口性牧

草。相反，Xu 和 Liu（2007）观测发现气候变暖导致归一化差值植被指数（植物生物量和生产力的替代指标）增加，这可能归因于 1982—2002 年青藏高原地区木本植物数量在植物组成中的比例增加。此外，Baker 和 Moseley（2007）使用图像监测法，将历史图像和近期图像对比后发现，在青藏高原东南部和云南西北部的高海拔地区，气候变暖导致冰川退缩和树线上移。这些变化与草地面积的减少和草场质量下降有关，从而威胁着草地健康和牧民生计。

除了气候变化和人口增长，中国草地管理政策的改变也导致了土地利用方式和覆盖特性的变化，加剧了牧区草地的退化和牧民生计的脆弱性。近几十年来，中国提出了一系列减缓放牧压力和改善牧民生计的措施，如鼓励牧民实行定居式放牧、鼓励以家庭为基础分配牧场；对冬季固定的房屋、围栏、家畜棚进行补贴，提供冬季草料的供应（Harris,2010）。这些措施对牧区长期的生态和经济生存能力的影响仍然是个未知数（Wu et al.，2002；Yan et al.，2005；Davidson et al.，2008）。定居政策也在当地牧民对牧场使用权（Ptackova，2011）和居所安排（Sulek 2012）方面产生了巨大的挑战。“天然林保护”“退耕还林”“退牧还草”等政策能使退化的高寒草地得到有效的恢复，但在具体的实行过程中仍会有一定的阻碍，如较高的金钱和劳动力成本、技能和经验的缺乏、公共服务不足等（Nyima，2003；Yeh，2003；Dong et al.，2007）。因此，从社会和文化角度来看，这些项目距离构建一个可持续的社会经济系统还有很长的一段路要走（Walker et al.，2006；Du et al.，2012）。社会转型、气候变化、外部发展和现代化战略导致的环境退化削弱了对地方和地区对决策的判断和实践（Kreutzmann，2012）。

在 HKH 南部的阿富汗、巴基斯坦、印度、尼泊尔、不丹几个国家中，社会转型和气候变化也在影响高寒草地畜牧业。由于人口增长、土地细碎化和传统放牧制度对牧群的分割导致的社会经济和政策的变化，使得位于巴基斯坦北部兴都库什山脉东部的吉德拉尔地区的草地畜牧业失去了其原有的重要性（Nusser et al.，2012）。在制度和法律变化（Faizi，1999）两个方面，法律法规的多样性和不确定性与传统制度的丢失引发了空间领土和自由放牧的竞争，导致了草地退化和草料缺乏（Nusser et al.，2012）。基础设施的改善和农业的发展改变了社会经济条件、当地居民的态度和行为、土地利用方式和生计策略，导致河谷平原草地畜牧业向农作物种植的劳动力转型增加，甚至在非农业城镇、低地城市或海湾国家中也出现了这样的情况（Nusser et al.，2012）。在印度喜马拉雅山区喜马偕尔邦，以草地为基础的畜牧业是十分重要的，然而传统的畜牧业生产系统不适应时代，在很大程度上被当地和国家决策者忽视了。国家针对“现代、科学”的政策已经限制了牧民使用移动的土地利用形式（Saberval，1999；Bergmann et al.，2012）。明确的牧业政策是不存在的，Sharma（2003）称:“现在并没有支持牧业发展的官方机构，现有的农业部、环境和森林部都不站在牧民一方。”Sharma（2003）认为通过自然保护行为对有价值的草场的否决行为正在增加，并对可持续草地畜牧业提出了挑战，Sharma（2003）称：“今天决策者和政治家将喜马拉雅草地畜牧业视为环境威胁，并将问题归咎于当地牧民的过度放牧和家畜数量的增加。”此外，市场化和全球化给牧民带来了许多问题，如私有化和社会监管资源商品化（Bergmann et al.，2012），这可能进一步导致草地畜牧业的衰退。喜马拉雅地区的尼泊尔也存在相似的情况，在那里，人们普遍认为传统管理制度效率低下、科学知识的不足、投资少、所有权的混乱和冲突等导致了国家优先权的降低，并且导致人们忽视了草地畜牧业技能和技术的传统知识。保护区的建立和扩张阻止了牧民继承牧场，降低了牧业生产（Kreutzman，2012）。

除了社会经济和政策变革，气候变化对HKH南部的草地畜牧业也有很大影响。大量研究记录表明，在过去100年中HKH地区呈现整体变暖的趋势（Yao et al.，2004；IPCC，2007）。例如，1971—1994年，每10年尼泊尔的温度增加0.6℃（Shrestha et al.，1999）。变异增加是气候变化的另一个特征。例如，喀喇昆仑山和兴都库什山脉冬季的平均温度和最高温度不断增加，夏季的平均温度和最低温度不断降低（Fowler et al.，2006）。当地牧民必须通过增强适应性和转换性来应对气候变化。Yi等（2012）的研究案例表明，沿着兴都库什山脉－喀喇昆仑山－喜马拉雅山脉的阿富汗、巴基斯坦、尼泊尔地区的牧民感到温度升高、降水减少，天气变化更加不可预测，这进一步导致了冰川的快速移动、草料生产减少、河流干枯和水资源短缺，威胁着草地畜牧业的存续。尽管当地牧业群体已经通过增强水资源管理、改变季节性迁移的时空格局、引进抗旱作物和动物品种、组织多元化的收入－生产活动等方式，被动或主动适应了这些变化，但他们应对气候变化的适应性和转换性仍然受到恶劣的物理条件，薄弱的经济能力，缺乏地方技能、技巧、信息和社会服务等因素的限制（Yi et al.，2012）。因而，草地生态系统的可持续性和牧业群体受到气候变化的持续威胁。

在HKH地区不同地点的案例研究表明，牧场退化与过度开采和气候变化相关，增强了亚洲高原上牧民生计的脆弱性；体制机制脆弱性与社会经济和气候变化相关，仅加速了牧场退化，而且还增加了牧业群体和草地生态系统的脆弱性。从三维“脆弱性”架构图看（图2.4），该区草原畜牧业向第8个象限发展，即在亚洲高原地区，农牧生态系统、牧民生计和体制机制的脆弱性增加，弹性力降低。

2.5.2 非洲案例研究

2.5.2.1 非洲萨赫勒地区：农业和现代化扩展造成草地畜牧业退缩

非洲萨赫勒地区从东到西涵盖了苏丹、乍得、尼日尔、马里、毛里塔尼亚和阿尔及利亚的小部分地区，是撒哈拉沙漠和半湿润草原之间著名的半干旱过渡区。几个世纪以来，由于当地特殊的地理位置、气候条件和植被组成，萨赫勒地区一直是非洲主要的牧业生产基地（表 2.5）。从历史上看，萨赫勒地区的牧业生产系统对水源和草场的利用是由牧业群体协商决定的，以达到牧民和农民互惠互利的效果（Brooks，2006）。这些传统的牧业生产系统似乎已经非常适应生态和社会条件（Jarvis，1993），他们通过增强应对快速变化和日益不可预测的环境的能力来提高灵活性（Marshall et al.，2002）。然而，气候变化、环境问题、人口的快速增长和农业产品需求的增长都给草地畜牧业的发展造成了不利影响，影响程度主要取决于有效水资源量和草地生产力（Grouzis，1988；Watkinson et al.，2001）。萨赫勒地区 20 世纪 70 年代发生大旱，尤其是 1983—1985 年，加上当时不适当的发展策略大大削弱了当地牧民适应环境的能力（de Bruijn et al.，1999；Warren，2005）。Thébaud 和 Batterbury（2001）表示当地牧业群体面临的挑战可归因于："①为获得资源而必须开展多样性的活动；②不同族裔群体之间的冲突与合作的动态；③国家在支持或限制牧民生计方面发挥作用的不一致性；④在发展政策讨论中，对草地畜牧业的负面言论。"

表 2.5　非洲萨赫勒地区的基本信息

地理位置	位于撒哈拉沙漠南部边缘，从大西洋西岸到红海东岸，从佛得角到干旱少雨的苏丹 - 萨赫勒地带，面积约 570 万 km^2
气候	由撒哈拉北部干旱区向南部半干旱草原区过渡
植被	主要有灌丛、荒漠草原、稀树草原（南部）
土地利用方式	游牧和半游牧
家畜	主要有牛、骆驼、绵羊、山羊，还有野生的弯角大羚羊和苍羚
人口	共有 5800 万人口，其中 13% 为牧民，主要游牧部落包括图阿雷格部落、富尼拉部落以及其他部族
社会问题	农业生产扩张、向牧业农场转型导致牧民边缘化

引自：Kandji 等（2006）。

一些学者提供的数据表明（Ahmed et al.，2000；Thébaud et al.，2001），20 世纪初，萨赫勒地区分别在 1913—1914 年、1931—1933 年、1942 年遭受了几次大旱，而 50～60 年代降水量达到了历史新高（在 20 世纪这是一个非常湿润的时期），足够的水资源和丰富的牧草供牧民生产，草原上的载畜率提高，农民向北扩展到牧区。这个时期也是许多非洲国家走向独立的过渡时期。在这一时期，正如 Brooks（2006）所说："新独立的非洲国家着重在现代技术层面上解决问题，以推动经济增长，而传统的资源管理和粮食安全方法被日益边缘化。”这一时期，由于政治和经济的政策转型，农业向北扩展，直至自然环境异常脆弱的萨赫勒地区。农业活动的扩张侵占了牧民的土地，这加剧了该区农民和牧民之间的社会冲突（Glantz，1996；Thébaud et al.，2001）。农牧业经济中农业经济比例日益增加，加剧了萨赫勒地区农田和牧场的竞争（Mortimore，1998；Bassett et al.，2000）。农田的扩张限制了牧民的季节性移动，削弱了牧民对原始牧场的使用权（Thébaud et al.，2001）。在萨赫勒南部的一些地区，改善田间土壤的做法也发生了改变。之前牲畜群可以在收割后的田地上放牧以帮助改善土壤条件。而这一时期不再允许牲畜群在收割过的农田上放牧，农民更倾向于在这些田地和休耕地上保留收获后的残留物来改善土壤条件（Thébaud et al.，2001）。

据报道，萨赫勒地区在20世纪70~80年代遭受大旱，降水量比1931—1960年平均减少了29%~49%，不当的发展策略引起了70年代的严重饥荒问题（Intergovernmental Panel on Climate Change's，2001）。1973—1974年和1983—1985年严重的干旱对牧民产生了沉重和持久的影响（Thébaud et al.，2001）。Brooks（2006）表示：“由于没能认识到萨赫勒地区自然的长期变化（即多年代际尺度），农业过度扩张到了历史上的草原边缘，导致人类生计和家畜遭受了巨大损失，社区和生计体系被破坏，以及区域尺度上大规模的社会混乱。”此外，关于粮食生产的农业扩张政策导致萨赫勒地区土地资源的退化，比如，在本就缩小的草场上过度放牧导致萨赫勒许多地区的草地资源退化（Kandji et al.，2006）。然而，萨赫勒地区关于牧业活动的政策和制度始终没有处理好游牧民的移动需求和集体牧场的管理问题（Lavigne, 2000；IIED, 1999）。虽然各种土地改革（如尼泊尔1993年的《农村法》和布基纳法索的《农业和粮食组织法》）都谈到了牧场管理问题，但在萨赫勒地区，大多数现代法律仍不完全承认牧区土地利用的特殊性质。已证明最近的自然资源管理立法不仅不够充分，而且不利于牧民，因为政策制定者通常认为与农业、森林资源的开发和野生动物保护区的建立相比，牧区放牧是一种非营利活动（Thébaud et al.，2001）。现代水利工程的实施（钻孔始于20世纪50年代，水泥始于20世纪70年代）已经削弱了甚至破坏了水资源的产权。水资源常被视为公共和开放获取的资源，很难实现水资源的可持续存取（Thébaud et al.，2001）。因此，萨赫勒牧区的颇尔人、图阿雷格人和阿拉伯人之间经常因抢夺水源而发生冲突（Thébaud et al.，2001）。

虽然萨赫勒地区未来的降水模式仍不确定，并且在不同的模拟研究中预测结果不一致（Kandji et al.，2006；Christensen et al.，2007），但一些学者预测，降水、牧区迁移和人口配置有较大的变异性（Bassett et al.，2007；Galvin，2009）。在联合国政府间气候变化专门委员会（IPCC）第三次评估报告中，全球气候变化加速的情境下，萨赫勒地区未来的降水量将会持续增加（Carter et al.，2000；Hulme et al.，2001）。如果这一预测结果变为现实，农业生产向草原牧区扩展的政策，即以农业生产取代草地畜牧业的“农业生产范式”将进一步加强（Warren，2005）。最终结果可能是，农民和牧民之间的冲突等社会问题不断激化，过度放牧和草地退化等环境问题日趋严重。再者，非洲国家越来越多的牧业人口进入现代社会，导致牧业社会的政治、经济和文化边缘化（Azarya，1996），一些牧民可能生活在充斥着战争、饥荒和干旱的不安全世界中（Baxter，1993），如果该地区现在和未来的政策仍强调农业发展和“现代化”（Warren，2005），牧民的生计方式和体制机制将日趋脆弱。

萨赫勒地区牧业系统在三维“脆弱性”架构图上主要有三点表现：①牧业生产系统向农业生产系统的转化，加剧了农牧生态系统维度的脆弱性；②农业生产为主的政策使牧民不断被边缘化，加剧了牧民生计生活维度的脆弱性；③以经济增长为目标的现代化战略和发展模式降低了牧业体制机制应对风险的能力。从三维“脆弱性”架构图看（图 2.4），当地的草地畜牧业向第 8 个象限发展，这表明非洲萨赫勒地区的农牧生态系统、牧民生计和体制机制的脆弱性增加，弹性力降低。

2.5.3　欧洲案例研究

2.5.3.1　欧洲高原：人口减少和土地撂荒后牧业系统衰退

欧洲的草地畜牧业有着悠久的历史，有些地区甚至可以追溯到 1 万年前，许多野生动物都是伴随着草地畜牧业发展起来的（McCracken et al.，2005）。欧洲有各种各样的牧业系统。与地球上其他地区相似，欧洲因其气候、地形条件和文化传统形成了有特色的草地畜牧业。欧洲的草地畜牧业被认为是低产农业系统，通常存在于产量低的区域（高山生境，干旱区、土壤贫瘠的地区）。草地畜牧业遍布整个欧洲，这里草地畜牧业的一个主要特征是具有丰富的多样性和高自然价值的乡土动植物。此外，欧洲草地畜牧业的另一个特征即牧民的传统知识与景观的密切联系，这里的牧民对牧业活动有多元化的需求（Biber，2006）。然而，在过去 30 年，欧洲自然价值高的草地畜牧业已经开始衰退，自然价值最高的牧业系统现在仅存于偏远的山区，如阿尔卑斯山（McCracken et al.，2005）。由于牧民人口的减少和土地利用方式的变化，欧洲的草地畜牧业已经逐渐被边缘化，在阿尔卑斯山和欧洲高原尤为明显。

欧洲的阿尔卑斯山脉是一个宏伟壮阔的山脉体系，绵延超 1200km，横跨 8 个国家，包括东部的奥地利和斯洛文尼亚，北部的德国、列支敦士登和瑞士，西南部的法国和摩纳哥，以及南部的意大利。Lichtenberger（1994）认为欧洲阿尔卑斯山区的草地畜牧业始于6000年前。传统上，阿尔卑斯山区的牧民实行阿尔卑斯（alpeggio）系统。阿尔卑斯系统也是一种游牧制度，夏季在接近或高于树线的牧场放牧，其他季节将家畜迁移到河谷地区（Laiolo et al.，2004）。近几十年来，河谷地带的工业发展（Laiolo et al.，2004）和树线上方或附近的滑雪旅游（Brugger et al.，1984；Lasanta et al.，2007）改变了欧洲阿尔卑斯山区传统的土地管理方式，草地畜牧业的重要性逐渐丧失，草地畜牧业的经济收益降低。一些牧民改变了原有的生计方式，迁移至河谷地区，以此追求更好的生活，这导致牧区的牧民数量减少，家畜数量降低，造成生态系统功能和结构发生变化（Cernusca et al.，1999；Dirnböck et al.，2003），即灌木侵占亚高山区的草地（Reyneri，2001；Laiolo et al.，2004）。灌木侵占导致草原植被和动物种群发生显著改变（Beaufoy et al.，1994；Pain et al.，1997；Laiolo et al.，2004），由于栖息地已经丧失，景观多样性逐渐减少。虽然一些学者强调，在以旅游业为基础的发展模式中，山地农业和草地畜牧业有助于减轻负面的环境影响（Wyder，2001；Laiolo et al.，2004），但事实证明，瑞士阿尔卑斯山区的滑雪场与周边牧场相比，植物多样性大大降低（Urbanska et al.，1998），由于作为鸟类栖息地的牧场废弃，意大利西部阿尔卑斯山滑雪场的鸟类多样性下降（Laiolo et al.，2005）。当地牧民从第一产业（农业）到第三产业（工业）的转变导致传统的农牧系统消失，特别是在法国阿尔卑斯山区的一些不毛之地和偏远的山谷里（Anthelme et al.，2001；Didier，2001）。2010年我们去法国阿尔卑斯山附近的一个名叫佩塞楠克鲁瓦的小村庄访问时，发现当地居民放弃了传统的草地畜牧业，开始发展滑雪旅游。要知道在历史上，这个村庄是以草地畜牧业为主要生计的，而如今，他们的生计方式已经从牧民转变到滑雪场的经理、酒店经理和劳动工人等。人们只能在由过去从事传统草地畜牧业的牧民建立的牧民博物馆中见到传统的草地畜牧业（图2.6）。

与阿尔卑斯山相似，牧业生产在欧洲高地上也有几千年的历史。由于发展草地畜牧业的地方通常不被用于更密集的农业形式，牧业生产没有充分利用土地造成了草地畜牧业的损失（Biber，2006），这是欧洲草地畜牧业的总体趋势。在西班牙北部的欧洲之峰地区，游牧草地畜牧业是历史悠久的传统土地利用方式（Rescia et al.，2008），欧洲山区普遍存在牧民人口日益减少现象（Pereira et al.，2005），使得这一地区传统的土地利用方式受到干扰（MacDonald et al.，2000）。森林牧场和邻近森林的蔓延，导致欧洲之峰地区天神谷牧场消失和破碎化（Forman，1995）。Rescia等（2008）的调查显示，欧洲之峰地区已经由草地演变为森林，植被盖度是65%，乔木和木本灌木的逐步增加导致了牧场退化。虽然有些学者仍在怀疑旅游业对农村居民的社会和经济可行性，但近几十年，旅游业迅速发展，逐渐取代了草地畜牧业，成为牧业经济的替代方式（Izquierdo et al.，2006；Rescia et al.，2008）。目前，大多数牧民都领取了政府补贴，只有少数牧

图 2.6　法国境内阿尔卑斯山区佩塞楠克鲁瓦村庄里牧民博物馆展示的古老的牧业用具（董世魁 / 摄，2010）

民还保持着传统的草地畜牧业。Rescia 等（2008）调查表明，农村地区的社会 - 生态系统普遍存在牧民（甚至是前牧民）与大多数的社会中介之间的对立现象（Kinzig et al.，2006）。当地牧民和其他生计群体之间的冲突，容易导致社会 - 生态系统的不稳定（Rescia et al.，2008）。

同样，在葡萄牙西北部佩内达山山脉的西斯特洛（sistelo），一些人为了追求更好的生活质量选择在国外劳作，还有一些人选择了其他的生计方式，这些都导致了农牧业用地，特别是牧场的荒废。在这些牧场上，牧民们数百年来以游牧生活（当地称为 brandas）为主，他们在夏季将家畜迁移到高寒草地，冬季回到河谷地区（Pereira et al.，2005）。然而，从 20 世纪 50 年代到现在，人口减少和牧场撂荒一直呈上升趋势，使得 1960—2001 年 sistelo 当地人口下降了 57%（Pereira et al.，2005）。20 世纪 40 年代，国家实行植树造林，草地转变为森林，1974 年再次成为牧区，尽管有传统牧场（baldio）回归，但家畜数量依然在持续减少，传统的季节性游牧方式逐渐消失（Pereira et al.，2005）。草地生态系统服务发生变化，如通过牛产品供应获得的经济收入减少，其他经济来源已经取代了草地畜牧业（Pereira et al.，2005）。森林取代了废弃的牧场，适应牧场和耕地的物种减少，森林物种增加（Parody et al.，2001），对生物多样性和乡村景观产生了负面影响。相关的传统知识，如牧民识别药用植物和最佳牧草的能力已经减弱（Pereira et al., 2005）。很明显，人口减少和牧场撂荒是造成 sistelo 地区生态系统服务和生计降低的主要驱动因素。根据其他学者的研究，这些因素也影响着葡萄牙的其他山区（Ferreira et al., 1999）。

欧洲阿尔卑斯山脉和高原上不同地点的研究案例表明，牧业人口减少和土地撂荒导致草地生态系统服务减弱（生物多样性丧失和草地畜牧业生产能力下降），牧民生计方式改变（领取政府补贴），削弱了固有的体制机制（生物多样性的传统知识和优良牧场的鉴别方式）。从三维"脆弱性"架构图看（图 2.4），该区草原畜牧业向第 4 个象限发展，即草地生态系统、牧业体制机制的脆弱性增加，弹性力降低，而牧民生计的脆弱性降低，弹性力增加。

2.5.4 南美洲案例研究

2.5.4.1 南美洲玻利维亚和秘鲁安第斯山区：农业现代化变革造成了草原畜牧业衰退

南美洲的草地畜牧业仅存在于安第斯山脉的半干旱地区，那里有非常古老的骆驼（包括美洲驼、羊驼、小羊驼、驼马）游牧（Westreicher et al., 2007）。虽然关于安第斯山区草地畜牧业起源的信息很少，但其却以古老而闻名（Westreicher et al., 2007）。有证据表明，印加帝国和史前时期就出现了草地畜牧业，猎人驯化了羊驼和美洲驼，跟随野生动物群在可利用的牧场之间进行季节性迁移，进而形成一种游牧模式（Westreicher et al., 2007）。目前，南美洲草地畜牧业（表 2.6）主要存在于南美洲安第斯山区的阿根

表 2.6 南美洲玻利维亚和秘鲁安第斯山脉的基本信息

地理位置	安第斯山区指秘鲁和玻利维亚中部 3800m 以上的地区，秘鲁高原（Sierra）占全国陆地面积（1,285,220 km^2）的 30%，玻利维亚高原（Altip lano）总面积 305,791km^2，占全国陆地面积的 28%
气候	寒冷、大风气候，年平均气温 3~8℃，年降水量 250mm（南部）~800 mm（北部）
植被	主要以丛生禾草和低矮灌木（tola）为主
土地利用方式	86% 的秘鲁安第斯高原作为牧场利用，玻利维亚的安第斯高原主要用作牧场
家畜	绵羊、美洲驼、羊驼和秘鲁 70% 的黄牛在安第斯高原饲养；自 19 世纪中期以来，玻利维亚的羊毛市场开始快速发展
人口	秘鲁安第斯高原的人口占全国总人口的 41%，其中 60% 的人口从事牧业或半农半牧业；玻利维亚安第斯高原的人口占全国总人口的 50%，其中绝大多数从事牧业或半农半牧业
社会问题	农业现代化和工业化改革政策导致许多游牧民定居，改变了传统的生产、生活方式

引自：Pattie（1988）、Kuznar（1991）、Westreicher 等（2007）。

廷、玻利维亚、智利、秘鲁 4 个国家中。在牧场，动物生产和牧民人口规模方面，玻利维亚和秘鲁所处的安第斯高原（山脊和高原）是南美洲草地畜牧业的中心区域（Kuznar，1991；Westreicher et al.，2007）。草地畜牧业为玻利维亚和秘鲁的国民经济作出了显著的贡献（Westreicher et al.，2007），但是两国推行的农业现代化改革政策力图实现牧区的现代化，却忽视了草地畜牧业的重要性，最终导致了牧区环境、社会、经济的恶化（Nori，2007）。

玻利维亚安第斯山区的牧场传统上通常是由被称为“ayllus”的牧民群体集体管理。这些牧民群体制定了规则和条例，规定谁可以获得和利用这些资源，以及如何管理这些资源（Swift，2004）。由于这种制度克服了当时南美洲安第斯大部分高原地区人口约束和资源稀缺的问题，传统牧业生产游牧系统得以保留（Swift，2004；Westreicher et al.，2007）。由于牧业集体对现代化进行了非理性抵制，固执于“原始”和“功能失调”的生活方式，玻利维亚在 1953 年（玻利维亚 1952 年改革后）实施了将土地私有化的农业改革政策（Swift，2004；Westreicher et al.，2007）。牧民与这个政策斗争了几十年，最终在 20 世纪 70 年代和政府妥协，将 ayllus 分为更小的单元（由几个家庭组成的村庄），并获得了土地权（Swift，2004）。由于这项政策，传统的土地制度发生了转变，牧民的决策机制受到政治、经济、社会及环境因素的挑战（Swift，1994）。20 世纪 70 年代，由于自然环境的限制、历史，以及当前的社会、经济、政治问题等限制因素，牧民陷入贫困和落后的困境之中（Stadel，1995）。

在秘鲁高原，1969 年的农业“现代化”和“机械化”改革政策打破了传统的草地畜牧业管理体制，迫使牧民从游牧状态定居下来形成牧民社区（Postigo et al.，2008），尽管这些牧民一直在实行有效的游牧制度，利用移动和季节性牧场来应对和分担恶劣和不确定的环境（Brownman，1987；Postigo et al.，2008）。这些政策旨在通过提高牧场管理、优化羊驼养殖和增加社会资本的方式，实现现代化草地畜牧业管理（Brownman，1983；Reineri et al.，2006），但不同群体之间的社会差距增加、牧场废弃、水资源不足等潜在的问题依然存在（Postigo et al.，2008）。自 20 世纪 90 年代初以来，秘鲁的农业改革被新自由主义的土地政策所改变，这些政策的重点是将土地、资本、知识相结合，运用到农业综合企业中（Postigo et al.，2008）。这一转变鼓励土地私有制合法化，即允许个人拥有土地所有权（Kay，2002）。这些政策虽然支持牧民成为牧业用地的真正主人，但也使得新主人和过去占有牧场的群体之间的冲突愈加激烈（Postigo et al.，2008）。新政策对政府参与农业发展产生了负面影响，使得政府对农业的支持（包括农业推广、技术支持和获得信贷）削弱或减少。此外，新政策也导致了如雇佣牧民和牧场主间的不平等或不公平加剧等社会问题。改革还导致了环境问题，特别是增加了草地的载畜压力，容易导致草地超载过牧（Brownman，1983；Lesorogol，2003）。

这些案例研究表明，在南美洲玻利维亚和秘鲁安第斯山区，农业改革政策导致牧业社会的不公平和牧民贫富差异日益增加，政府对牧民发展的参与减少给牧业管理带来了巨大的压力，破坏了传统的草地管理体制。从三维“脆弱性”架构图看（图 2.4），该区草原畜牧业向第 8 个象限发展，即农牧生态系统、牧民生计、牧业体制机制的脆弱性均增加，弹性力均降低。

2.5.5 北美洲案例研究

2.5.5.1 北美洲大平原：气候变化和农业扩展引起的草地畜牧业退化

北美洲大平原是位于美国和加拿大的密西西比河和落基山脉西部的广袤草原地带，面积约为 130 万 km^2，从东到西延伸约 800km，从北到南跨越 3200km。大平原的大部分地区是美国野牛群的栖息地，直到 19 世纪中后期遭到欧洲裔美国人大量捕杀濒临灭绝。随着野牛数量的下降，大平原许多地区成为开放牧场，开始实行草地畜牧业和农场经营，进行牛的牧养。这样的草地畜牧业或农场经营始于得克萨斯，并逐渐北移，牛仔沿着铁路线向北，到达堪萨斯的道奇城和内布拉斯加州的奥加拉拉，在那里他们向东迁移。美国 1862 年《宅地法》和加拿大 1872 年《土地法》的实施促进了人民定居和农业发展，使大平原上人口需求增加。然而，不恰当的农业耕作与干旱的延伸，加上 20 世纪 20 年代末 30 年代初的经济大萧条，导致了环境灾难，著名的干旱尘暴区大致集中在俄克拉荷马的狭长地带，包括科罗拉多东南部、堪萨斯西南部、得克萨斯和新墨西哥最东北部，这迫使许多农民放弃家园离开大平原。自 20 世纪 50 年代至今，大平原的大面积草地已被开垦为具有良好灌溉设施的高产农田，导致该区的传统草地畜牧业处于边缘化或退化状态（Wood，1998；表 2.7）。

近年来，气候变化对该区草地生态系统的影响也受到了广泛关注。在美国农业部研究报告中，Parton 等（2007）称大平原草原区将面临 CO_2 含量增加的风险。结合模型和实验，Parton 等（2007）预测大平原草原区的气候变暖和 CO_2 上升趋势将会持续 5~10 年。研究者还预计植被产量会随着 CO_2 含量的上升而增加，但草地牧草质量却大幅下降，即随着 CO_2 浓度增加，牧草氮含量降低（Parton et al.，2007）。此外，Wagner（2007）称，草地生态系统抵御外来植物入侵的能力和抗病能力也将下降。在美国国家科学基金会的长期生态研究网站上，一些研究者根据对科罗拉多东北部的矮草草原 10 多年的观测得出，春天最低气温升高和野牛草（*Bouteloua gracilis*）的丰富度降低与本地和外来杂草的丰富度增加有关（Alward et al.，1999）。虽然科学家共同预测，气候变暖将增加草地植被中木本植物的优势，但是仍有证据表明，在过去的一个世纪里，在大平原的北部边缘

表 2.7　北美洲大平原的基本信息

地理位置	西至密西西比河，东至落基山脉，横跨美国 10 大州，占国土面积 15% 以上
气候	气候年度变异较大，严冬酷夏，大风天气较多
植被	天然植被以普列里草原为主
土地利用方式	18 世纪初主要作为牧场，20 世纪以来多数草场被开垦为农田
家畜	大平原承载了全美 60% 以上的家畜，主要以肉牛和奶牛为主，还有野牛、麋鹿、鹿等
人口	人口约 1000 万，占美国人口的 3%
社会问题	农业发展和气候变化对传统牧业社会的威胁

引自：Wikipedia。

生长的森林植被已经向南扩张，进入天然草地占主导地位的地区（Peltzer et al.，2006）。草原区物种组成的变化，一方面会为促进草地生态系统的支持服务，如碳、氮的储存和循环（Liao et al.，2006；Hughes et al.，2006），另一方面会降低草地生态系统物质供应服务，如野牛草的生产力、适口性、抗旱性，而农场主必须依靠家畜生产力获得收益（Parton et al.，2007）。家畜需要丰富的氮来满足他们对氮的需求并促进饲料消化，牧场主必须补充干草或苜蓿，以应对由于 CO_2 浓度增加导致的本地牧草氮含量降低的危机（Wagner，2007），这将进一步导致高产作物在大平原上的扩展。气候变暖和 CO_2 浓度增加导致草地产量（牧草生产量）与质量下降，可能对大平原的草地畜牧业有负面影响。Liebig 等（2005）的实验表明，将农田或开垦矿区转换为牧场，可以通过促进土壤固碳能力减少温室气体排放。

这一案例研究表明，气候变暖、CO_2 浓度增加和农业扩张使北美洲大平原地区草地畜牧业生态系统更脆弱。农场主补充干草或苜蓿增加了应对重大危机的能力，饲料作物生产给当地牧民提供了更多的生计选择。因此，从三维“脆弱性”架构图看（图 2.4），该区草原畜牧业向第 2 个象限发展，即农牧生态系统的脆弱性增加，弹性力降低；牧民生计和牧业体制机制的脆弱性降低，弹性力增加。

2.5.6　大洋洲案例研究

2.5.6.1　澳大利亚干旱地区：“生产主义”模式导致的草原畜牧业衰退

澳大利亚的牧场分布在干旱和半干旱地区，覆盖了国土面积的 70%。大约 4 万年前，澳大利亚的土著猎人依赖草地资源生活（Bowler et al.，2003）。欧洲人定居后，澳大利亚的草地利用方式由打猎转变为粗放型草地畜牧业，牧养牛和羊（Earl et al.，1996）。过去200年中，随着牧业系统的发展，私人农场主牧养牛羊取代了原有的放牧系统（McAllister et al.，2006）。欧洲移民在新的放牧系统下，过度放牧破坏了植被覆盖，导致了严重的水土流失，并且使动物生产趋于脆弱（Allen Consulting Group，2001；Richards et al.，2009）。由于植被稀疏和草地畜牧业管理不完善，澳大利亚约有570万 hm^2 的干旱土地受到盐渍化影响，预计未来50年内将会增加到17,000万 hm^2（Allen Consulting Group，2001）。在这段时间内，部分澳大利亚草地畜牧业已具有资金短缺和环境不可持续的特征（Richards et al.，2009）。在20世纪80年代和90年代，原住民的土地权和土地保护运动使草地畜牧业边缘化（Heathcote，1994；Holmes，1994），导致草地畜牧业活动和保护环境公共利益产生矛盾（Buxton et al.，1996；Dale et al.，1998）。

充分了解生产模式下的土地管理策略有助于解析澳大利亚草地畜牧业现状。与澳大利亚其他牧区类似，昆士兰地区（表2.8）实行以“生产主义”模式为主的草地畜牧业（Richards et al.，2009）。“生产主义”的特点是生产的集约化、集中化和专业化，将粮食的数量置于质量至上（Argent，2002；Ilbery et al.，1998）。然而，由于对粮食质量、安全以及环境影响的担忧，这种生产方式备受公众质疑（Lang et al.，2004）。这种模式以产品数量最大化使消费者受益的假设为出发点，生产过程中优先考虑产品数量而忽视其质量（Lang et al.，2004）。这种模式引起了土地利用系统的不稳定，如将永久性草地转变为“世界粮仓”（Gray et al.，2001；Friedmann，2005）。对于澳大利亚农场主来说，接受新的生产管理模式（“生产主义”模式）实属不易，主要原因包括投资不足（在经济困难时期国家对基础设施的投资和对新“模式”的实验性投资非常有限；Lawrence et al.，2004）、同行批评（原牧民对牧业生产转型者的批评和埋怨；Conacher et al.，1995；Guerin et al.，1994；Richards et al.，2005）以及经济因素（转型后畜产品价格下降；Malcolm et al.，1996）。正如Richards和Lawrence（2009）所说，现在的贸易系统降低了产权收益，造成多数土地所有者不愿转向环境可持续型生产模式。这种现状严重影响了昆士兰地区乃至整个澳大利亚草地畜牧业的可持续发展。

这一案例研究表明，澳大利亚昆士兰地区“生产主义”模式的发展降低了草地畜牧业的脆弱性，增加了草地畜牧业的弹性力，在农牧生态系统方面，该模式改善了牧场和家畜的管理水平，在牧民生计方面，该模式增加了牧民的产出。然而，这种生产模式限制了农场主、牧户的自主选择能力，增加了体制机制层面草地畜牧业的脆弱性，降低了其弹性力。因此，从三维“脆弱性”架构图看（图2.4），该区草原畜牧业向第3个象限发展。

表 2.8 澳大利亚昆士兰地区的基本信息

地理位置	澳大利亚东北部，南邻新南威尔士州、东临太平洋
气候	东南部为干热沙漠气候，北部为亚热带、热带季风气候
植被	西部主要为禾草草原和灌丛，东部主要为丘陵草原和森林
土地利用方式	昆士兰地区的草场覆盖面积大于 70%，主要是以肉牛生产为主的草地畜牧业，中西部和西南部部分地区有绵羊生产
家畜	以肉牛、绵羊为主，还有袋鼠和沙袋鼠等本土物种
人口	1999 年统计总人口有 440 万
社会问题	农业发展和气候变化对传统牧业社会的威胁

2.5.7 北极案例研究

2.5.7.1 北极苔原：区域发展和政策转型造成的草地畜牧业的衰退

北极位于地球的最北端，覆盖加拿大、俄罗斯、美国（阿拉斯加）、丹麦（格陵兰岛）、挪威、瑞典、芬兰和冰岛陆块。北极植被由矮灌木、禾草、草本植物、地衣、苔藓等近地面植物组成，构成了北极苔原典型的生物群落。自青铜器时代与铁器时代以来，北极和亚北极地区的人民就开始牧养驯鹿。几个世纪以来，驯鹿草地畜牧业已经成为极地附近人民的主要经济来源，包括萨米族、涅涅茨族、汉特人、鄂温克族、尤卡吉尔人、楚科奇族和科里亚克族，他们通过传统的游牧系统牧养驯鹿，肉制产品、兽皮、鹿角和奶制品是他们主要的经济来源。然而，传统的草地畜牧业正遭受着由区域发展、政策转型和气候变化等全球变化所带来的威胁。

全球范围内大约有 500 万只驯鹿，其中俄罗斯北部西伯利亚大约牧养了其中的一半（Konstantinov，2005）。西伯利亚的面积超 1000 万 km^2，其中有 350 万 km^2 的苔原被用于牧养驯鹿（Vycius，1999）。在俄罗斯西伯利亚，有些小部落牧民以出售驯鹿产品为生。约有 100 万人参与了驯鹿草地畜牧业，但其准确数量难以估计（Kerven，2006）。苏联经济衰退后，牧养驯鹿的牧民组成部落群体，一些人销售驯鹿肉制品和皮毛制品（Kerven，2006）。 Krupnik（2000）的调查结果显示，20 世纪 90 年代苏联解体后，集体经济向市场经济转型，西伯利亚很多地区驯鹿牧养经济急剧下降。20 世纪早期，部分牧民生计遭受了重大损失。堪察加半岛和楚科塔驯鹿畜牧业自 1990 年开始几乎完全消失(Stammler，2002）。 然而，根据 Stammler（2002）在 2001—2002 年的研究报告，计划经济的解体加速了私人市场的发展，有助于亚马尔半岛和西伯利亚西部的驯鹿草地畜牧业的发展，使得俄罗斯驯鹿数量不断增加。原因是苏联解体后的第一个十年驯鹿草地畜牧业依然是当地最稳定的经济，所以在亚马尔半岛，越来越多的农民选择在苔原牧养驯鹿而不是在留有许多物质和社会问题的乡村（Stammler，2002）。此外，由于牧民作为私人商贩可以与国家农场进行竞争，因此牧民可以在市场销售驯鹿产品（肉制品和新鲜的皮毛；Stammler，2002）。Stammler（2002）表示："俄罗斯北部在苏联后期的发展是独一无二的，不管是在国家解体还是经历重大危机时，俄罗斯各个地区都在牧养驯鹿。"虽然，亚尔马半岛牧民出售驯鹿产品的地方市场前景广阔，但计划经济解体后，国际市场上高价加工和出售驯鹿产品使驯鹿畜牧业的可持续性受到威胁。在 2002 年俄罗斯驯鹿养殖者的第二次代表大会中亚马尔半岛代表团的总结讲话中，Stammler（2002）指出："如果企业可以支付更高的价格购买肉产品，牧民值得宰杀家畜。然而，现在肉产品每千克仅几美分（实际上的最高价格似乎是 20 卢布，相当于现在的 0.64 美分），这样的价格并不值得牧民宰杀家畜，他们的家畜数量不断增加，进而增加了牧场承载力（过度放牧）。"

在欧洲范围内的北极地区，区域发展威胁着驯鹿畜牧业。Marin（2006）描述了挪威北部的芬马克高原的草地畜牧业问题："草地畜牧业依赖半驯养的驯鹿（Ratigifer tatcttidus），即一种适应北极、亚北极环境的反刍动物，它们主要依靠地衣度过漫长的冬天。这个地区的牧养驯鹿的半游牧牧民是萨米族的一部分，遍及芬诺斯坎迪亚的中部及北部和科拉半岛的少数地区。"这种半游牧驯鹿畜牧业灵活的资源利用模式和土地使用权制度，能够对时间和空间尺度上的环境变化产生良性反应。但它被认为是非法或落后的经济活动（Horowitz et al.，1987；Forrest，1998），当地还颁发了一项限制、控制、安置游牧驯鹿牧民的政策（Adams，2001）。传统的半游牧畜牧业的驯鹿牧养系统正逐渐被形式放牧系统取代（Marin et al.，2003）。同时，国家发展策略旨在通过去库存化和商业收割控制驯鹿数量，并通过对草地进行围栏和封锁减轻放牧压力（Adams，2001），这导致了试图在生物学家估算出的牧场承载力的基础上调节驯鹿数量的管理方式和具有数百年牧民调控驯鹿数量实践经验之间产生冲突（Bjorklund，1990）。国家发展战略也主张向定居化的土地使用制度和资本主义生产方式转变（Adams，2001），导致以牺牲传统萨米族驯鹿牧养活动为代价实现现代土地利用形式的优先配置（Forrest，1998）。在挪威北部的芬马克高原，政策计划和牧业管理策略之间的差距已经破坏了当地资源管理规范和规则，加剧了群体的贫穷（Marin，2006）。据报道（Marin，2006）："这一情况不仅影响牧业群体的福利，也威胁着环境安全，使可持续发展目标变得遥远虚幻。"

这些案例表明区域发展和政策转型破坏了地方资源管理的规范和规则，过度放牧或储量缩减加剧了牧场资源的退化，严重威胁着北极地区的草地畜牧业，但他们推动了牧业群体的市场或补贴收入。因此，从三维"脆弱性"架构图看（图 2.4），该区草原畜牧业向第 4 个象限发展，即农牧生态系统和牧业体制机制的脆弱性增加，弹性力降低；牧民生计的脆弱性降低，弹性力增加。

2.6　全球草地畜牧业的脆弱性和弹性力的原因和影响

观察三维“脆弱性”架构图可知，虽然不同地区的草地畜牧业的脆弱性和弹性力不同，但这些案例可以帮助公众理解全球变化给全球草地畜牧业带来的巨大压力，并且随着压力的增加，牧区的气候变化和变异日益加剧，草地逐渐演变为农田和森林，受到定居牧业的影响，牧群季节性迁移减少，国家牧业经济也有重大变化。草地畜牧业不一定受单一压力的影响，反之，响应也不是对单一压力的响应，而是对多个压力共同响应的结果（Nelson et al.，2007）。通过对这些案例研究的比较我们在农牧生态系统和牧业体制机制两个维度上可以发现全球草地畜牧业脆弱性和弹性力变化的三个原因和影响：①气候变化及其不确定性使原本脆弱的农牧生态系统向更加脆弱的方向发展，其代表性案例是北美洲大平原的草原畜牧业；②土地产权、农业政策、人口和家畜数量增长、区域发展政策等社会经济因素的变化使国家及地方层面的牧业体制机制弱化或衰退，其代表性案例是中亚、南美安第斯山区、欧洲阿尔卑斯山区和高原区以及澳大利亚昆士兰和北极地区的草原畜牧业；③自然因素和人为因素的综合作用使农牧生态系统和牧业体制机制向脆弱化方向发展，其代表性案例是非洲萨赫勒地区和亚洲高原的草原畜牧业。

此外，全球变化带来了全球尺度上草地农牧生态系统的衰退，牧业体制机制和牧民生计也遭到了破坏，非洲萨赫勒干旱区恒定的气候和农业扩张耦合导致牧业群体的解体和大饥荒；中亚草原上的政策变化和社会转型增加了外来者和牧民之间的冲突；亚洲高原上人口增长和气候变化使得牧场损失或退化；欧洲高原上区域发展导致当地牧场资源管理的传统规则被破坏，并加深了牧业群体的贫困；南美洲安第斯山区土地产权变化增加了牧业群体之间的不公平性和冲突；北美洲大平原上气候变化导致家畜的适口草料和饲料作物退化消失；澳大利亚昆士兰中部地区政策变化导致牧民对新的生产模式适应性降低，牧民收益减少，这些都是全球牧民生计方面应对压力和变化的不同脆弱性或恢复性表现。

全球尺度上牧业系统的原因－效应分析表明，农牧生态系统、牧业体制机制、牧民生计三个维度的草地畜牧业的脆弱性和弹性力相互影响，极易导致草地畜牧业的人文－自然耦合系统（社会－生态系统）不稳定。明确驱动力、起因，预防或尽量减少环境危害、减缓负面影响有助于响应和解决草地畜牧业的脆弱性和弹性力的原因和影响。换句话说，利用 PSR 架构图找出影响脆弱性的消极和积极因素，并分析其影响，减轻消极因素、增强积极因素是草地畜牧业持续发展的关键。这样才能维持全球草地畜牧业的人文－自然耦合系统（社会 - 生态系统）的稳定。

2.7 增强全球草地畜牧业的弹性力

正如前文所说，弹性力可以从持续性、适应性、转换性三个方面来理解。因此，可以通过增加持续性、适应性、转换性来增强系统的弹性力。目前，社会 - 生态系统的弹性力强调适应性和转换性。Folke（2006）表示："社会 - 生态弹性力涉及转换性，包括学习、创新、更新、重组和达到当前（社会、政策、生物物理）环境可持续状态的能力。"可见，社会 - 生态学习、技术、管理创新和社会 - 生态系统的更新和机制重组是减轻草地畜牧业脆弱性的途径。增加适应性是增强系统弹性力的另一个重要策略，正如 Brooks（2003）所强调的："适应能力增强可能使社会脆弱性减少。"适应能力这一概念与弹性力和脆弱性相近，甚至等同为转换性（Folke et al.，2010）。根据 Brooks（2003）适应性可以理解为"调节系统的行为和特征以增强应对外部压力的能力"。适应性包括通过调控而降低脆弱性、增加弹性力（Smit et al.，2006），而适应能力指调控能力（Folke et al.，2010）。不管是适应性还是适应能力，都与脆弱性降低、弹性力增加有关（图 2.7），我们需要探索使适应能力转变为适应性的因素和过程（Brooks，2003）。Folke 等（2010）建议："将适应能力转变为真正的适应性的重要因素是系统中存在冗余……；通过灵活性和冗余，群体可以将其资源和适应能力转变为适应性，从而表现出弹性力。"因此，重要的是寻找一个将牧业系统的适应能力转变为适应性的好方式，从而降低牧业系统的脆弱

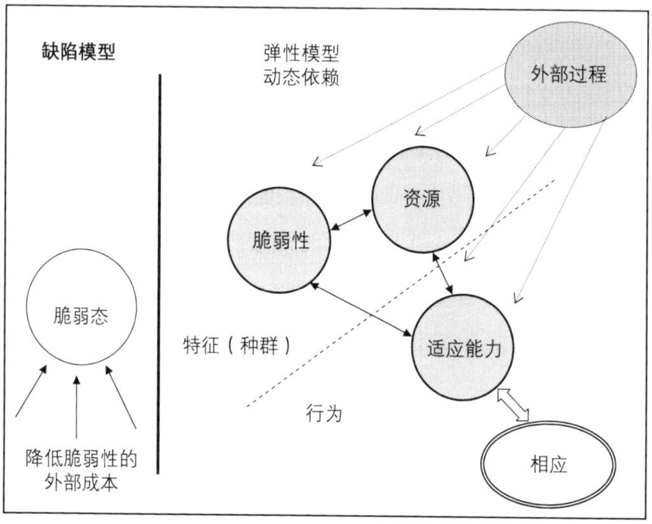

图 2.7　弹性力、脆弱性和适应能力的概念模型（引自：Folke et al.，2010）

性，增加其弹性。草地畜牧业最常见的一种适应性是对全球半干旱的开放国家或高海拔干旱地区的适应。

面对全球变化，应全面理解草地畜牧业面对压力的响应，为可持续草地畜牧业创建跨学科的综合方法，降低畜牧系统的脆弱性、增强其弹性力。为实现这个目标，所有的参与者，包括专家、从业人员、决策制定者需要密切合作以寻找增强草地畜牧业弹性力切实可行的方式；提高牧业系统忍受刺激、压力、干扰，维持基本结构和功能的能力（Walker et al.，2006）。Liu 等（2007）提出的人文 - 自然耦合系统方法可以推动社会学家、自然学家、从业人员、管理者、使用者和决策制定者等各利益相关方之间的有效合作，以此保护和支撑全球草地畜牧业。Dong 等（2010）表示："理解人文 - 自然耦合系统的复杂性，如不同尺度上生物和社会组织之间相互影响及特征可能会带来新的科学发现，便于制定有效的政策，实现草地畜牧业的生态和社会经济可持续发展。"在单一维度上很难去理解或有效管理草地畜牧业，人文 - 自然耦合系统提倡的跨学科合作可以为理解或管理这一复杂系统提供敏锐的洞察力。一体化的人文 - 自然耦合系统方式也适用于解决牧业生态系统中存在的问题和牧民生计问题，这些问题无法通过单一的技术创新、政策改革或经济发展解决（Yang et al.，2010）。弹性力理论中增强弹性力、适应性和转换性策略，可以促进各学科之间以及理论和实践之间的交流（Vetter，2009）。下文各章节的案例研究将对此进行说明。

致谢：著者对中华人民共和国科技部、国家自然科学基金委员会、亚洲学者基金会、新学校印中研究所、北京师范大学的财政支持表示感谢。同时感谢提供阅读材料、照片、图画、图表等用以丰富本章内容的众多学者以及本章中引用的文章、图表等的原作者。

参考文献

ABILDTRUP J, AUDSLEY E, FEKETE-FARKAS M, et al., 2006. Socioeconomic scenario development for the assessment of climate change impacts on agricul-turalland use: a pairwise comparison approach[J]. Environ Sci Policy, 9: 101-115.

ADAMS W, 2001. Green development environmental and sustainability in the third world[M]. Routledge, London.

ADGER W N, 2000. Social and ecological resilience: are they related?[J]. Prog Hum Geogr, 24(3): 347-364.

AHMED M M, SANDERS J H, NELL W T, 2000. New sorghum and millet cultivar introduction in sub-Saharan Africa: impacts and research agenda[J]. Agric Syst, 64: 55-65.

ALLEN CONSULTING GROUP, 2001. Repairing the country: leveraging private investment[M]. Business Leaders Roundtable, Sydney.

ALWARD R D, DETLING J K, MILCHUNAS D G, 1999. Grassland vegetation changes and nocturnal global warming[J]. Science, 283(5399): 229-231.

ANDERIES M A, JANSSEN M A, OSTROM E, 2004. A framework to analyze the robustness of social-ecological systems from an institutional perspective[J/OL]. Ecol Soc, 9(1): 18 [2016-01-09]. http://www.ecologyan-dsociety.org/vol9/iss1/art18.

ANTHELME F, GROSSI J L, BRUN J J, DIDIER L, 2001. Consequences of green alder expansion on vegetation changes and arthropod communities removal in the northern French Alps[J]. For Ecol Manage, 145: 57-65.

ARGENT N, 2002. From pillar to post? In search of the post-productivist countryside in Australia[J]. Aust Geogr, 33: 97-114.

AZARYA V, 1996. Nomads and the state in Africa: the political roots of marginality[M]. Avebury, Aldershot.

BAI W Q, ZHANG Y L, XIE G D, et al., 2002. Analysis of formation causes of grassland degrada-tion in Maduo county, in the source of the Yellow River[J]. Chin J Appl Ecol, 13: 823-826.

BAKER B B, MOSELEY R K, 2007. Advancing treeline and retreating glaciers: implications for conser-vation in Yunnan, P.R. China[J]. ArctAntarctAlp Res, 39(2): 200-209.

BANKS T, RICHARDS C, LI P, et al., 2003. Community-based grassland management in western China: rationale, pilot project experience and policy implications[J]. Mt Res Dev, 28: 132-140.

BASSETT T, TURNER M, 2007. Sudden shift or migratory drift? FulBe herd movements in the Sudano-Guinean savannas of West Africa[J]. Hum Ecol, 35(1): 33-49.

BASSETT T J, ZUELI K B, 2000. Environmental discourses and the Ivorian Savanna[J]. Annals of the Association of American Geographers, 90: 67-95

BAXTER P T W, 1993. The "new" East African pastoralist: an overview. In: Markahis J (ed) Conflict and the decline of pastoralismin the horn of Africa[M]. Macmillan, London: 143-163.

BEAUFOY G, BALDOCK D, CLARK J, 1994. The nature of farming[M]. Joint Nature Conservation Committee, Peterborough.

BERGMANN C, GERWIN M, NUSSER M, et al., 2012. State policy and local performance: pasture use and pastoral practices in the Kumaon Himalaya[M]// Kreutzmann H (ed). Pastoral practices in High Asia: agency of 'development' effected by modernisation, resettlement and transfor-mation. Springer, New York: 175-194.

BIBER J P, 2006. Review of the literature on pastoral economics and marketing: Europe[R]. Report prepared for the World Initiative for Sustainable Pastoralism, IUCN.

BJORKLUND I, 1990. Sami Reindeer Pastoralism as an Indigenous Resource Management System in Northern Norway[R/OL]. [2016-01-09]http://www.sristi.org/cpr/cpr_detail.php3?Mode=Institutions&page=44&limit=1.

BOWLER J M, JOHNSTON H, OLLEY J M, et al., 2003. New ages for human occupation and climatic change at Lake Mungo, Australia[J]. Nature, 421(6925): 837-840.

BROOKS N, 2003. Vulnerability, risk and adaptation: a conceptual framework. Tyndall Centre work-ing paper no 38[D]. University of East Anglia.

BROOKS N, 2006. Climate change, drought and pastoralismin the Sahel[R/OL]. Discussion note for the World Initiative on Sustainable Pastoralism. [2016-01-09]http://community.eldis.org/.5994ce60/WISP_ climate_ change_en.doc.

BROWNMAN D L, 1983. ANDEAN ARID LAND PASTORALISM AND DEVELOPMENT[J]. MT RES DEV, 3: 3241-3252.

BROWNMAN D L, 1987. Pastoralism in highland Peru and Bolivia[M]// Browman DL (ed). Arid land use strategies and risk management in the Andes. A regional anthropological perspective. Westview, Boulder: 121-149.

BRUGGER E, FURRER G, MESSERLI P, 1984. The transformation of Swiss mountain regions[M]. Haupt, Bern.

BUXTON R, STAFFORD S M, 1996. Managing drought in Australia's rangelands: four weddings and a funeral[J]. Rangelands J, 18: 292-308.

CARPENTER S R, WALKER B H, ANDERIES JM, et al., 2001. From metaphor to measurement: resil-ience of what to what?[J]. Ecosystems, 4: 765-781.

CARTER T R, HULME M, CROSSLEY J F, et al., 2000. Climate change in the 21st century—interim characterizations based on the new IPCC emissions scenarios[M]. The Finnish environment 433. Finnish Environment Institute, Helsinki: 148.

CERNUSCA A, TAPPEINER U, BAYFIELD N, 1999. Land-use changes in European mountain ecosystems[M]. Blackwell, Berlin.

CHRISTENSEN J H, HEWITSON B, BUSUIOC A, et al., 2007. Regional climate projections, in climate change 2007: the physical science basis. Contribution of working group I to the fourth assessment report of the Intergovernmental Panel on Climate Change[M]. Cambridge University Press, Cambridge.

CHULUUN T, OJIMA D, 2002. Land use change and carbon cycle in arid and semi-arid lands of East and Central Asia[J]. Sci Sin Vitae, 45: 48-54.

CIFDALOZ O, REGMIA, ANDERIES J M, et al., 2010. Robustness, vulnerability, and adaptive capacity in small-scale social-ecological systems: the Pumpairrigation system in Nepal[J/OL]. Ecol Soc, 15(3): 39 [2016-01-09]. http://www.ecologyandsociety.org/vol15/iss3/art39/.

CONACHER A, CONACHER J, 1995. Rural land degradation in Australia[M]. Oxford University Press, Melbourne.

COSTANZA R, LOW B S, OSTROM E, et al., 2001. Institutions, ecosystems, and sustainability[M]. Lewis, New York.

DALE A, BELLAMY J A, 1998. Regional resource use planning in the Rangelands: an Australian review[M]. Land and Water Resources Research and Development Corporation, Canberra.

DAVIDSON G, BEHNKE R H, KERVEN C, 2008. Implications of rangeland enclosure policy on the Tibetan plateau[J]. UPDATE magazine, no 2, October 2008. International Human Dimensions Programme on Global Environmental Change: 59-62.

DE BRUIJN M E, VAN DIJK H J W M, 1999. Insecurity and pastoral development in the Sahel[J]. Dev Change, 30: 115-139.

DIDIER L, 2001. Invasion patterns of European larch and Swiss stone pine in subalpine pastures in the French Alps[J]. For Ecol Manage, 145: 67-77.

DIRNBÖCK T, DULLINGER S, GRABHERR G, 2003. A regional impact assessment of climate and land-use change on alpine vegetation[J]. J Biogeogr, 30: 401-407.

DONG S K, GAO H W, XU G C, et al., 2007. Farmer and profes-sional attitudes to the large-scaleban on livestock grazing of grasslands in China[J]. Environmental Conservation, 34 (3): 246-254.

Dong S K, Wen L, Zhu L, et al., 2010. Implication of coupled natural and human systems in sustainable rangeland ecosystem management in HKH region[J]. Front Earth Sci China, 4: 42-50.

DONG S K, LASSOIE J, WEN L, et al., 2012. Degradation of rangeland ecosys-temsin the developing world: tragedy of breaking coupled human-natural systems[J]. International Journal of Sustainable Society, 4(4): 357-371.

DOUGILL A J, FRASER E D G, REED M S, 2010. Anticipating vulnerability to climate change in dryland pastoral systems: using dynamic systems models for the Kalahari[J/OL]. Ecology and Society, 15(2): 17 [2016-01-09]. http://www.ecologyandsociety.org/vol15/iss2/art17/.

DU M Y, KAWASHIMA S, YONEMURA S, et al., 2004. Mutual influence between human activities and climate change in the Tibetan Plateau during recent years[J]. Global Planet Change, 41: 241-249.

DU F C, 2012. Ecological Resettlement of Tibetan herders in the Sanjiangyuan: A case study in Madoi County of Qinghai[J]. Nomandics, 16(1): 116-133.

EARL J, JONES C, 1996. The need for a new approach to grazing management—is cell grazing the answer?[J]. Rangelands J, 18: 327-350.

FAIZI, 1999. Indigenous resource management in Chitral[R]. IUCN-CCS study. IUCN Pakistan, Chitral.

FAO, 1997. FAO production yearbook and Agrostat, 1996, vol 50[R]. UN Food and Agriculture Organization, Rome.

FARRINGTON J, 2005. De-development in eastern Kyrgyzstan and persistence of semi-nomadic live-stock herding[J]. Nomadic Peoples, 9(1-2): 171-197.

FENTON M, KELLY G, VELLA K, et al., 2007. Climate change and the Great Barrier Reef: industries and communities[R]// Johnson JE, Marshall PA (ed). Climate change and the Great Barrier Reef: a vulnerability assessment. Great Barrier Reef Marine Park Authority and Australian Greenhouse Office, Australia.

FERNANDEZ-GIMENEZ M E, 2001. The effects of livestock privatization on pastoral land use and land tenure in post-socialist Mongolia[J]. Nomadic Peoples, 5(2): 49-66.

FERNANDEZ-GIMENEZ M E, BATBUYAN B, 2004. Law and disorder: local implementation of Mongolia's Land Law. Dev Change 35: 141-161.

FERREIRA J, ROCA M, VENTURA E, 1999. Prospects for sustainable development in mountain areas in Portugal: conceptual and policy-related issues[M]// Bowler I, Bryant C, Firmino A (ed). Progress in research on sustainable rural systems. International Geographical Commision on "Sustainability of Rural System" Série Estudos Number 2. Centro de Estudos de Geografia e Planeamento Regional, Universidade de Lisboa, Lisbon: 163-173.

FISCHER A M, 2008. "Population invasion" versus urban exclusion in the Tibetan areas of western China[J]. Popul Dev Rev. 34: 631-662.

FOLKE C, 2006. Resilience: the emergence of a perspective for social-ecological systems analyses[J]. Glob Environ Chang, 16: 253-267.

FOLKE C, Carpenter S, Elmqvist T, et al., 2002. Resilience and sustainable development: building adaptive capacity in a world of transformations[J]. Ambio, 31(5): 437-440.

FOLKE C, Carpenter S R, Walker B, et al., 2010. Resilience thinking: integrating resilience, adaptability and transformability[J/OL]. Ecol Soc, 15(4): 20 [2016-01-09]. http://www.ecolo-gyandsociety.org/vol15/iss4/art20/.

FORMAN R T T, 1995. Land mosaics: the ecology of landscapes and regions[M]. Cambridge University Press, Cambridge.

FORREST S, 1998. Territoriality and Sami-State Relations[R/OL]. Arctic Circle. Ed. Norman Chance.[2016-01-09] http:// arcticcircle.uconn.edu/ArcticCircle/HistoryCulture/Sami/samisf.html.

FOWLER H J, ARCHER D R, 2006. Conflicting signals of climatic change in the Upper Indus Basin[J]. J Climate, 19: 4276-4293.

FRASER E D G, 2007. Travelling in antique lands: studying past famines to understand present vul-nerabilities to climate change[J]. Clim Change, 83: 495-514.

FRIEDMANN H, 2005. From colonialism to green capitalism: social movements and emergence of food regimes[M]// Buttel F, McMichael P (ed). New directions in the sociology of global devel-opment. Elsevier, Amsterdam: 227-264.

GALVIN K A, 2009. Transitions: pastoralists living with change[J]. Ann RevAnthropol, 38: 185-198.

GLANTZ M, 1996. Drought follows the plough: cultivating marginal areas[M]// Ribot J C, Magalhaes A R, Frontmatter S S P (ed). Climate variability, climate change and social vulnerability in the semi-arid tropics. Cambridge University Press, Cambridge: 125-128.

GRAY I, LAWRENCE G, 2001. Neoliberalism, individualism and prospects for regional renewal[J]. Rural Soc, 11: 283-298.

GROUZIS M, 1988. Structure, productivity et dynamique des systemes 'ecologiques sah'eliens (mared'Oursi, Burkina Faso)[M]. ORSTOM, Paris: 336.

GUERIN L, GUERIN T, 1994. Constraints to the adoptions of innovations in agricultural research and environmental management[J]. Aust J Exp Agric, 34: 549-571.

GUNDERSON L H, 2000. Ecological resilience: in theory and application[J]. Annu Rev Ecol Syst, 31: 425-439.

GUNDERSON L H, HOLLING C S (ED), 2002. Understanding transformations in human and natural systems[M]. Island, Washington.

HARDIN G, 1968. The tragedy of the commons[J]. Science, 162: 1243-1248.

HARRIS R B, 2010. Rangeland degradation on the Qinghai-Tibetan plateau: a review of the evidence of its magnitude and causes[J]. JArid Environ, 74: 1-12.

HEATHCOTE R L H, 1994. Manifest destiny, mirage and Mabo: contemporary images of the range-lands[J]. Rangeland J, 16(2): 155-166.

HERRERIA E, BYRON I, KANCANSR, et al., 2006. Assessing dependence on water for agriculture and social resilience[M]. Bureau of Rural Sciences, Canberra.

HOLLING C S, 1973. Resilience and stability of ecological systems[J]. Annu Rev Ecol Syst, 4: 1-23.

HOLLING C S, 1996. Engineering resilience versus ecological resilience[M]// Schulze P (ed). Engineering within ecological constraints. National Academy Press, Washington: 31-44.

HOLMES J H, 1994. Changing rangelands resource values: implications for land, tenure and rural settlement[M]// Outlook of natural resources, Australian Bureau of Agricultural and Resource Economics, Canberra, vol 94, no 2: 160-176.

HOROWITZ M M, LITTLE P D, 1987. African pastoralism and poverty: some implications for drought and famine[M]// Glantz M (ed) Draught and hunger in Africa: denying famine a future. Cambridge University Press, Cambridge: 59-82.

HUGHES R F, ARCHER S R, ASNER GP, et al., 2006. Changes in aboveground primary production and carbon and nitrogen pools accompanying woody plant encroachment in a temperate savanna[J]. Glob Chang Biol, 12: 1733-1747.

HULME M, DOHERTY R, NGARA T, et al., 2001. African climate change: 1900-2100[J]. Climate Res, 17: 145-168.

IIED, 1999. Land tenure and resource access in West Africa: issues and opportunities for the next twenty “ve years[M]. International Institute for Environment and Development, London: 44.

ILBERY B, BOWLER I, 1998. From agricultural productivism to post-productivism. [M]// Ilbery B (ed). The geography of rural change. Longman, Harlow: 57-84.

IPCC, 2007. Climate change 2007: the physical sciences basis[R]// Summary for policymakers, IPCC: 21. IPCC, Geneva.

INTERGOVERNMENTAL PANEL ON CLIMATE CHANGE, 2001. Climate Change 2001: Synthesis Report-Third Assessment Report of the Intergovernmental Panel on Climate Change[R].

INTERNATIONAL LIVESTOCK RESEARCH INSTITUTE, 2002. Mapping poverty and livestock in the develop-ing world[R/OL]// Thornton P K, Kruska R L, Henninger N, et al., (ed). A report commissioned by the UK Department for International Development, on behalf of the Inter-Agency Group of Donors Supporting Research on Livestock Production and Health in the Developing World, Nairobi, Kenya. http://www.ilri. cgiar.org/INFOSERV/WEBPUB/FULLDOCS/MAPPINGPLDW/media/index.html.

IZQUIERDO L R, HANNEMAN R A, 2006. Introduction to the formal analysis of social networks using

Mathematica[R/OL]. [2016-01-09] http://faculty.ucr.edu/hanneman/mathematica_networks.pdf.

JARVIS L S, 1993. Overgrazing and range degradation in Africa: is there need and scope for govern-ment control of livestock numbers[J]. East Afr Econ Rev, 7(1): 95-116.

KANDJI S T, Verchot L, Mackensen J, 2006. Climate change and variability in the Sahel region: impacts and adaptation strategies in the agricultural sector[R]. Working paper by UNEP and ICRAF.

KASSAM K S, 2010. Pluralism, resilience, and the ecology of survival: case studies from the Pamir Mountains of Afghanistan[J/OL]. Ecol Soc, 15(2): 8 [2016-01-09]. http://www.ecologyandsociety.org/vol15/iss2/art8/.

KAY C, 2002. Agrarian reform and the neoliberal counter-reform in Latin America[M]// Chase J (ed). The spaces of neoliberalism: land, place and family in Latin America. Kumarian, Bloomfield: 25-52.

KERVEN C, 2006. Review of the literature on pastoral economics and marketing: Central Asian, China, Mongolia and Siberia[r]. Report prepared for the World Initiative for Sustainable Pastoralism, IUCN.

KINZIG A P, RYAN P, ETIENNE M, et al., 2006. Resilience and regime shifts: assessing cascading effects[J/ol]. Ecol Soc, 11(1): 20 [2016-01-09]. http://www.ecologyandsociety.org/ vol11/iss1/art20/.

KLEIN J A, HARTE J, ZHAO X Q, 2004. Experimental warming causes large and rapid species loss, dampened by simulated grazing, on the Tibetan Plateau[J]. Ecol Lett, 7: 1170-1179.

KLEIN J A, HARTE J, ZHAO X Q, 2007. Experimental warming, not grazing, decreases rangeland qual-ity on the Tibetan Plateau[J]. EcolAppl, 17: 541-557.

KONSTANTINOV Y, 2005. Reindeer-herders: field-notes from the Kola Peninsular (1994-1995)[D]. Department of Cultural Anthropology and Ethnology, Uppsala University.

KREUTZMANN H, 2012. Pastoralism: a way forward or back?[M]// Kreutzmann H (ed). Pastoral prac-tices in High Asia: agency of ‘development’ effected by modernisation, resettlement and trans-formation. Springer, New York: 323-336.

KREUTZMANN H, 2013. The tragedy of responsibility in High Asia: modernizing traditional pastoral practices and preserving modernist worldviews[J/OL]. Pastoralism: Research, Policy and Practice, 3: 7 [2016-01-09]. http://www.pastoralismjournal.com/content/3/1/7.

KRUPNIK I, 2000. Reindeer pastoralismin modern Siberia: research and survival during the time of crash[J]. Polar Res, 19(1): 49-56.

KUZNAR L A, 1991. Mathematical models of pastoral production and herd composition in tradi-tional Andean herds[J]. J Quant Anthropol, 3: 1-17.

LAIOLO P, ROLANDO A, 2005. Forest bird diversity and ski-runs: a case of negative edge effec[J]t. Anim Conserv, 7: 9-16.

LAIOLO P, DONDERO F, CILIENTO E, et al., 2004. Consequences of pastoral abandonment for the structure and diversity of the alpine avifauna[J]. J Appl Ecol, 41: 294-304.

LANG T, HEASMAN M, 2004. Food wars: the global battle for mouths minds and markets[M]. Earthscan, London.

LASANTA T M, LAGUNA M, LAGUNA S M, 2007. Do tourism-based ski resorts contribute to the homogeneous development of the Mediterranean mountains? A case study in the central Spanish Pyrenees[J]. Tour Manage, 28: 1326-1339.

LAWRENCE G, RICHARDS C A, HERBERT-CHESHIRE L, 2004. The environmental enigma: why do producers professing stewardship continue to practice poor natural resource management?[J]. J Environ Pol Plann, 6: 251-270.

LAVIGNE DELVILLE P, 2000. Harmonising Formal Law and Customary Land Rights in French-Speaking West Africa[M]// ToulminC, Quan JF (ed). Evolving Land Rights, Policy and Tenure in Africa. DFID/IIED/NRI, London: 97-122.

LESOROGOL C K, 2003. Transforming institutions among pastoralists: inequality and land privatiza-tion[J]. AmAnthropol, 105: 3531-3542.

LI B, 1997. The rangeland degradation in northern China and its preventive strategies[J]. Sci Agric Sin, 30(6): 1-9.

LI X L, HUANG B N, 1995. The cause of "black soil patch" grassland in Qinghai province and management[J]. Grassl China, 51: 64-67.

LI X L, YUAN Q H, Wan L Q, He F, 2008. Perspectives on livestock production systems in China[J]. Rangeland J, 30: 211-220.

LI W J, HUNTSINGER L, 2011. China's grassland contract policy and its impacts on herder ability to benefit in Inner Mongolia: tragic feedbacks[J/OL]. Ecology and Society, 16(2): 1 [2016-01-09]. http://www.ecologyandsociety.org/vol16/iss2/art1/.

LIAO J D, BOUTTON T W, JASTROW J D, 2006. Storage and dynamics of carbon and nitrogen in soil physical fractions following woody plant invasion of grassland[J]. Soil Biol Biochem, 38: 3184-3196.

LICHTENBERGER E, 1994. Die Alpen in Europa. Österreochiske Academie der Wissenshaften[J]. Veröffentlichungen Komm Humanökologie, 5: 53-86.

LIEBIG M A, MORGAN J A, REEDER J D, et al., 2005. Greenhouse gas contributions and mitigation potential of agricultural practices in northwestern USA and west-ern Canada[J]. Soil Till Res, 83: 25-52.

LIU J G, DIETZ T, CARPENTER S R, et al., 2007. Complexity of coupled human and natural systems[J]. Science, 317(5844): 1513-1516.

LUTHAR S S, 2006. Resilience in development: a synthesis of research across five decades[M]// Cicchetti D, Cohen D J, (ed). Developmental psychology, vol 3. Risk, disorder, and adaptation, 2nd edn. John Wiley & Sons, Inc..

MA Y S, LANG B N, LI Q Y, et al., 1999. The present status of the grassland eco-environment at the headwater areas of Qinghai-Tibetan Plateau and resume strategies of degraded grassland[J]. Grassl China, 55: 59-61.

MA Y S, LANG B N, LI Q Y, et al., 2002. Study on rehabilitating and rebuilding tech-nologies for degenerated alpine meadow in the Yangtze and Yellow River source region[J]. Pratacult Sci, 19: 1-5.

MACDONALD D, CRABTREE J R, WIESINGER G, et al., 2000. Agricultural abandonment in mountain areas of Europe: environmental consequences and policy response[J]. J Environ Manage, 59: 47-69.

MAGUIRE B, CARTWRIGHT S, 2008. Assessing a community's capacity to manage change: a resilience approach to social assessment[R]. Social Sciences Program from Bureau of Rural Sciences, Commonwealth of Australia.

MAGUIRE B, HAGAN P, 2007. Disasters and communities: understanding social resilience[J]. Aust J Emerg Manage, 22: 16-20.

MALCOLM B, SALE O, EGAN A, 1996. Agriculture in Australia: an introduction[M]. Oxford University Press, Melbourne.

MARIN A F, 2006. Confined and sustainable?A critique of recent pastoral policy for reindeer herd-ing in Finnmark, northern Norway[J]. Nomadic Peoples, 10(2): 209-232.

MARIN A, VEDELD P, 2003. The political ecology of managing the common reindeer ranges in Finnmark, sub-arctic Norway[R/OL]. Presented at Joining the Northern Commons: lessons for the world, 17-21 August 2003, Anchorage [2016-01-09]. http://dlc.dlib.indiana.edu/dlc/bitstream/han-dle/10535/345/Marin%2c_Andrei.pdf?sequence=1., http://dlc.dlib.indiana.edu/archive/ 00001184/00/Marin, _Andrei.pdf.

MARSHALL F, HILDEBRAND E, 2002. Cattle before crops: the beginnings of food production in Africa[J]. J World Prehist, 16: 99-143.

MCALLISTER R R J, ABEL N, STOKES C J, et al., 2006. Australian pastoralists in time and space: the evolution of a complex adaptive system[J]. Ecol Soc, 11(2): 41-56.

MCCRACKEN D I, HUBAND S, 2005. Nature conservation value of European mountain farming sys-tems[J]. Glob Change Mt Reg, 23(V): 573-582.

MILLENNIUM ECOSYSTEM ASSESSMENT, 2005. Ecosystems and human wellbeing, vol I: current state and trends[R]. Findings of the Condition and Trends Working Group: 899.

MILLER D, 1997a. Conservation biodiversity in the HKH rangelands[J]. ICIMOD News-letter, 27(Spring), 8-11.

MILLER D, 1997b. Range management and pastoralism: new perspectives and their implications[J]. ICIMOD Newsletter, 27 (Spring), 4-7.

MEARNS R, 2004. Sustaining livelihoods on Mongolia's pastoral commons: insights from a partici-patory poverty assessment[J]. Dev Change, 35(1): 107-139.

MORTIMORE M J, 1998. Roots in the African Dust. Sustaining the Sub-Saharan Drylands[M]. Cambridge University Press, Cambridge, UK.

MULLER F, BOLD B, 1996. On the necessity of new regulations for pastoral land use in Mongolia[J]. Appl Geogr Dev, 48: 29-51.

NELSON D R, ADGER W N, BROWN K, 2007. Adaptation to environmental change: contributions of a resilience framework[J]. Annu Rev Environ Resour, 32: 395-419.

NORGAARD R B, 1994. Development betrayed: the end of progress and a coevolutionary revisioning of the future[M]. Routledge, London.

NORI M, 2007. Mobile livelihoods, patchy resources and shifting rights: approaching pastoralter-ritories[R]. Issues paper of International Land Coalition (ILC), World Initiative for Sustainable Pastoralism (WISP) and Canadian International Development Agency (CIDA), April 2007. ILC, Rome.

NORI M, DAVIES J, 2007. Change of wind or wind of change?[R/OL].E-conference climate change, adaptation and pastoralism. The World Initiative for Sustainable Pastoralism [2016-01-09]. http://www.iucn.org/wisp/documents_english/WISP_CCAP_final_en.pdf.

NORI M, SWITZER J, CRAWFORD A, 2005. Herding on the brink: towards a global survey of pastoral communities and conflict[R/OL]. An occasional working paper from the IUCN Commission on Environmental, Economic and Social Policy [2016-01-09]. www.iisd.org/pdf/2005/security_herding_on_brink.pdf.

NUSSER M, HOLDSCHLAGA, RAHMAN F, 2012. Herding on high grounds: diversity and typology of pastoral systems in the eastern Hindukush (Chitral, northwest Pakistan)[M]// Kreutzmann H, (ed). Pastoral practices in High Asia: agency of 'development' effected by modernisation, reset-tlement and transformation. Springer, New York: 31-52.

NYIMA T, 2003. China case study 3: pastoral systems, change, and the future of grazing lands in Tibet[R]// Suttie JM, Reynolds SB, (ed). Transhumant grazing systems intemperate Asia. Plant production and protection series 31. Food and Agriculture Organization of the United Nations, Rome: 151-187.

OSTROM E, 2000. Private and common property rights[R/OL]. [2016-01-09]http://allserv.rug.ac.be/-gdegeest/2000book.pdf.

PAIN D J, PIENKOWSKI M W, 1997. Farming and birds in Europe[M]. Academic, London.

PARODY J M, CUTHBERT F J, DECKER E, 2001. The effect of 50 years of landscape change on species richness and community composition[J]. Glob Ecol Biogeogr, 10(3): 305-313.

PARTON W J, MORGAN J A, WANG G M, et al., 2007. Projected ecosystem impact of the prairie heating and CO2 enrichment experiment[J]. New Phytol, 174: 823-834.

PATTIE P S, 1988. Agriculture sector assessment for Bolivia[R]. Chemomis International Consulting Division, Washington.

PEARCE D W, FREEMAN S, 1991. Information requirements of policy decision-makers[R]// Proceedings of the environmental information forum, Montreal, Canada, 21-24 May, 1991 (State of Environment Reporting, Environment Canada. Minister of Supply and Services Canada, Ottawa): 56-101.

PELTZER D A, WILSON S D, 2006. Hailstorm damage promotes aspen invasion into grassland[J]. Can J Bot, 84: 1142-1147.

PEREIRA E, QUEIROZ C, PEREIRA H, et al., 2005. Ecosystem services and human well-being: a participatory study in a mountain community in Portugal[J/OL]. [2016-01-09]Ecol Soc, 10(2): 14, http://www.ecol-ogyandsociety.org/vol10/iss2/art14/

PIMM S L, 1984. The complexity and stability of ecosystems[J]. Nature, 307: 321-326.

POSTIGO J C, YOUNG K R, CREWS K A, 2008. Change and continuity in a pastoralist community in the high Peruvian Andes[J]. Hum Ecol, 36: 535-551.

PTACKOVA J, 2011. Sedentarisation of Tibetan nomads in China: Implementation of the nomadic settlement project in the Tibetan Amdo area; Qinghai and Sichuan Provinces[J]. Pastoralism: Research, Policy and Practice, 1: 4.

REDMAN C L, 1999. Human impact on ancient environments[M]. University of Arizona Press, Tucson AZ: 288.

REDMAN C, GROVE MJ, KUBY L, 2004. Integrating social science into the Long Term Ecological Research (LTER) network: social dimensions of ecological change and ecological dimensions of social change[J]. Ecosystems, 7(2): 161-171.

REINERI C, FRANK E, TORO O, 2006. Camélidos sudamericanos domésticos: investigaciones Recientes[R]. Centro de Estudios y Promoción del Desarrollo (DESCO), Lima.

RESCIA A J, PONS A, LOMBA I, et al., 2008. Reformulating the social-ecological system in a cultural rural mountain landscape in the Picos de Europa region (northern Spain)[J]. Landsc Urban Plann, 88: 23-33.

REYNERI A, 2001. Integrazione tra attività agricola e ricreativanelle vallate alpine[R]. Le aree a verde per i centri turistici dell'ambiente alpino. Assessorato Agricoltura e Risorse Naturali, Regione Autonoma Valle d'Aosta, Aosta, Italy. Relazione Eecnica.

RICHARDS C, LAWRENCE G, 2009. Adaptation and change in Queensland's rangelands: cell grazing as an emerging ideology of pastoral-ecology[J]. Land Use Policy, 26: 630-639.

RICHARDS C, LAWRENCE G, KELLY N, 2005. Beef production and the environment: is it really 'hard to be green when you are in the red'?[J]. Rural Soc, 15: 192-209.

RILEY N E, 2004. China's population: new trends and challenges[J]. Popul Bull, 59: 1-36.

ROBINSON R M, WHITTON S, BIBER-KLEMM S, et al., 2010. The impact of land-reform legislation on pasture tenure in Gorno-Badakhshan: from common resource to private prop-erty?[J]. Mt Res Dev, 30(1): 4-13.

SABERVAL V K, 1999. Pastoral policies: shepherds, bureaucrats and conservation in the western Himalaya[M]. Oxford University Press, Delhi.

SCHEFFER M, 2009. Critical transitions in nature and society[M]. Princeton University Press, Princeton

SCHOON M, 2005. A short historical overview of the concepts of resilience, vulnerability and adaptation[J]. Working paper, W05-4.

SCHRÖTER D, CRAMER W, LEEMANS R, et al., 2005. Ecosystem service supply and vulnerability to global change in Europe[J]. Science, 310: 1333-1337.

SHANG Z H, LONG R J, 2005. Formation reason and recovering problem of the "black soil type" degraded alpine grassland in Qinghai-Tibet Plateau[J]. Chin J Ecol, 24: 652-656.

SHARMA V P, KOHLER-ROLLEFSON I, MORTON J, 2003. Pastoralism in India: a scoping study[R]. A report from Livestock Production Programme of the United Kingdom Department for International Development.

SHRESTHA A B, WAKE C P, MAYEWSKI P A, et al., 1999. Maximum temperature trends in the Himalaya and its vicinity: an analysis based on temperature records from Nepal for the period 1971-1994[J]. J Climate, 12: 2775-2787.

SINGH S P, BASSIGNANA-KHADKA I, KARKY B S, et al., 2011. Climate Change in the Hindu Kush-Himalayas: The State of Current Knowledge[M]. ICIMOD, Kathmandu.

SMIT B, WANDEL J, 2006. Adaptation, adaptive capacity, and vulnerability[J]. Global Environment Change, 16: 282-292.

STADEL C, 1995. Development needs and the mobilization of rural resources in highland Bolivia[J]. Yearb ConfLatin Am Geogr, 21: 37-48.

STAMMLER F, 2002. Success at the edge of the land: Present and past challenges for reindeer herders of the West-Siberian Yamal-Nenets autonomous Okrug[J]. Nomadic Peoples, 6: 51-71. http:// www.eth.mpg.de/ dynamic-index.html?http://www.eth.mpg.de/people/stammler/c-project.html.

STEFFEN E, CRUTZEN P J, MCNEILL J R, 2007. The Anthropocene: are humans now overwhelming the great forces of nature?[J]. Ambio, 36: 614-621.

SULEIMENOV M, ORAM P, 2000. Trends in feed, livestock production, and rangelands during the transition period in three Central Asian countries[J]. Food Policy, 25(6): 681-700.

SULEK E R, 2012. 'Everybody Likes Houses. Even Birds Are Coming!" [M]// Kreutzmann H, (ed). Pastoral practices in High Asia: agency of 'development' effected by modernisation, resettle-ment and transformation. Springer, New York: 235-257.

SWIFT J, 1994. Dynamic ecological systems and the administration of pastoral development[M]// Scoones I, (ed). Living with uncertainty: new directions in pastoral development in Africa. Intermediate Technology Publications, London: 153-173.

SWIFT J J, 2004. The global drylands imperative: pastoralism and mobility in the drylands[R]. UNDP Drylands Development Centre, Nairobi, Kenya.

THÉBAUD B, BATTERBURY S, 2001. Sahel pastoralists: opportunism, struggle, conflict and negotiation. A case study from eastern Niger[J]. Glob Environ Chang, 11: 69-78.

THUROW T L, 2008. Sustainability and optimization: issues of perspectives and scale[M]// Organization Committee, (ed). Multifunctional grasslands in a changing world, vol I. Proceeding of XXI international grassland congress-VIII international rangeland congress, Guangzhou, China. Guangdong People's Publishing Houses.

TURNER M D, 1999. The role of social networks, indefinite boundaries and political bargaining in maintaining the ecological and economic resilience of the transhumance systems of Sudan-Sahelian West Africa. [M]// Niamir-Fuller M, (ed). Managing mobility in African rangelands. Intermediate Technology Publications, London: 97-123.

UPTON C, 2008. Social capital, collective action and group formation: development trajectories in post-socialist Mongolia[J]. Hum Ecol, 36: 175-188.

URBANSKA K M, ERDT S, FATTORINIM, 1998. Seedrain in natural grassland and adjacent ski run in the Swiss Alps: a preliminary report[J]. Restoration Ecol, 6: 159-165.

VETTER S, 2009. Drought, change and resilience in South Africa's arid and semi-arid rangelands[J]. S Afr J Sci, 105: 29-33.

VYCIUS J, 1999. Rangeland resources of the former Soviet Union territory[R]// Eldridge D, Freudenberger D (ed). People and rangelands. Proceedings of the VI international rangeland congress, Townsville, Australia,

July 19-23: 796-797.

WAGNER C G, 2007. Great Plains grasslands at risk[J]. Futurist, 41(5): 13.

WAHEED B, KHAN F, VEITCH B, 2009. Linkage-based frameworks for sustainability assessment: making a case for driving force-pressure-state-exposure-effect-action (DPSEEA) frameworks[J]. Sustainability, 1: 441-463.

WALKER B, SALT D, 2006. Resilience thinking: sustaining ecosystem and people in a changing world[M]. Island , Washington.

WALKER B H, HOLLING C S, CARPENTER S R, et al., 2004. Resilience, adaptability and transform-ability in social-ecological systems[J/OL]. Ecol Soc, 9(2): 5[2016-01-09]. http://www.ecologyandsociety.org/vol9/ iss2/art5.

WALKER B H, ABEL N, ANDERIES J M, et al., 2009. Resilience, adaptability, and transformability in the Goulburn-Broken Catchment, Australia[J/OL]. Ecol Soc, 14(1): 12[2016-01-09]. http://www.ecologyandsociety. org/vol14/iss1/art12/.

WANG G X, CHEN G D, 2001. Characteristics of grassland and ecological changes of vegetations in the Source Regions of Yangtze and Yellow Rivers[J]. J Desert Res, 21: 101-107.

WANG G X, WANG Y B, QIAN J, et al., 2006. Land cover change and its impacts on soil C and N in two watersheds in the center of the Qinghai-Tibetan Plateau[J]. Mt Res Dev, 26: 153-162.

WARREN A, 2005. The policy implications of Sahelian change[J]. JArid Environ, 63: 660-670.

WATKINSON A R, ORMEROD S J, 2001. Grasslands, grazing and biodiversity: editors' introduction[J]. JAppl Ecol, 38: 233-237.

WERGER M J A, VAN STAALDUINEN M A, 2012. Eurasian steppes: ecological problems and livelihoods in a changing world[M]. Springer, New York.

WESTREICHER C A, MÉREGA J L, PALMILI G, 2007. The economics of pastoralism: study on current practices in South America[J]. Nomadic Peoples, 11(2): 87-105.

WOOD W R, 1998. Archaeology on the Great Plains[M]. University Press of Kansas, Lawrence.

Wu N, Yan Z L, 2002. Climate variability and social vulnerability on the Tibetan Plateau: dilem-mas on the road to pastoral reform[J]. Erdkunde, 56: 2-14.

WYDER J, 2001. Multifunctionality in the Alps[J]. Mt Res Dev, 21: 327-330.

XU W X, LIU X D, 2007. Response of vegetation in the Qinghai-Tibet Plateau to global warming[J]. Chin Geogr Sci, 17: 151-159.

YAN Z L, WU N, YESHI D, et al., 2005. A review of rangeland privatization and its implications in the Tibetan Plateau, China[J]. Nomadic Peoples, 9(1): 31-51.

YANG Z F, DONG S K, 2010. Understanding coupled human and natural systems in a changing world[J]. Front Earth Sci China, 4(1): 1-2.

YAO T D, WANG Y Q, LIU S Y, et al., 2004. Recent glacial retreat in high Asia in China and its impact on water resources in northwest China[J]. Sci China D Earth Sci, 47(12): 1065-1075.

YEH E T, 2003. Tibetan range wars: spatial politics and authority on the grasslands of Amdo[J]. Dev Change,

34: 499-523.

YI S L, ISMAIL M, YAN Z L, 2012. Pastoral communities' perspectives on climate change and their adaptation strategies in the Hidukush-Karakoram-Himalaya[M]// Kreutzmann H, (ed). Pastoral practices in High Asia: agency of 'development' effected by modernisation, resettlement and transformation. Springer, New York: 307-322.

Chapter 3

第三章

维持南亚和喜马拉雅地区的草地畜牧业人文-自然耦合系统

本章著者：董世魁
易绍良
宴兆莉

摘要：本章主要概述喜马拉雅地区的草地畜牧业，并总结尼泊尔喜马拉雅地区、印度喜马拉雅地区和中国青藏高原地区草地畜牧业人文 - 自然耦合系统的现状和发展趋势。草地畜牧业人文 - 自然耦合系统作为一种相对稳定的方式已经在喜马拉雅地区延续了几个世纪，尤其表现在对短期气候变化的灵活响应。但是，现在大量的外部和内部因素正在威胁着当地草地畜牧业的可持续发展。草地畜牧业人文 - 自然耦合系统是利用草地畜牧业中的人文和自然组分相互作用、相互反馈，并综合生态和社会科学及其他有关畜牧业可持续发展学科中的方法和策略以应对压力。在尼泊尔北部的喜马拉雅地区，地方集体制度和自主产权体系是应对政府和牧业社会在畜牧业资源管理中遇到的困难的主要适应性策略。在印度喜马拉雅地区，牧业社会在应对压力以及气候、社会经济、政治方面的威胁时，地方机构和乡俗民规促进了草地畜牧业资源的可持续利用。在中国青藏高原地区，当地牧民为应对气候变化和过度利用造成的草地退化，采取了基于智慧和知识，具有移动性、独特性、适应性、多样化、灵活性、合作、共同支持等特点的适应性行为。

3.1 喜马拉雅地区草地畜牧业概况

喜马拉雅山脉横跨亚洲八个国家，包括阿富汗西部、缅甸东部，以及中国青藏高原北部到南部的恒河盆地等。喜马拉雅山脉在阿富汗和巴基斯坦境内位于北纬 38°，在不丹境内位于北纬 27°，跨纬度范围大约为 11°。广阔的地域分布导致了气候和植被的明显差异。喜马拉雅地区超过 60% 的土地（约 430 万 km^2）为草地，主要或直接用于牧民放牧。自早期人类文明以来，在传统规则和制度指导下，游牧被认为是喜马拉雅地区重要的生计活动，尤其对于住在高海拔地区的牧民来说。几个世纪以来，高寒草甸作为喜马拉雅高山地区主要的草地类型，作为当地牧民的牧场，供家畜和夏季从邻近低谷中迁移来的动物采食（Farooquee，1994）。牧区的西北部深入喀喇昆仑山山麓和新都库什山。家畜牧养是喜马拉雅地区牧民的主要经济来源，并且随着海拔的增加牧民对家畜的依赖增大（Sundriyal，1995）。虽然喜马拉雅地区牧养家畜的数量没有准确的记录，但高海拔山区的家畜牧养主要由游牧群体主导，如在不丹，不足 14,000 个牧户家庭牧养了约

50,000 只牦牛，贡献了 3% 的国民生产总值（Derville et al.，2010）。草地畜牧业供养着约 1.5 亿人口，这个数量是喜马拉雅地区山麓人口数量的三倍，他们大多是拥有独特文化和传统的少数民族。从文化和生物多样性的丰富度来看，喜马拉雅地区的草地畜牧业具有典型的人文 - 自然耦合系统（社会 - 生态系统）的特征。与全球其他人文 - 自然耦合系统相似，喜马拉雅地区的草地畜牧业文化悠久，有助于维持人口数量，可以提供粮食和生态服务，推动贫困区的经济发展（Dong et al.，2011）。

喜马拉雅西部地区包括印度的西北部、尼泊尔边界以西、巴基斯坦的北部、阿富汗北部的新都库什山和其他山区，这些山区的牧民为了追寻最好的牧草资源，迁移到平原，实施季节性游牧。这种放牧制度在印度的古贾尔人、巴卡尔瓦尔人、嘎地人和羌巴人，巴基斯坦的古贾尔人和巴卡尔瓦尔人，以及阿富汗的库奇人（普什图人的一支）尤为普遍。这些地区中多数牧民选择了相同的垂直迁移的游牧模式，冬季将家畜迁移到平原、山麓、沙漠边缘等温暖的牧区，夏季天气回暖时再向上迁移到高山地区或高山牧场。游牧是无定居牧民放牧的一种方式，牧民每年都在高山牧场和低地之间循环迁移。季节性游牧是半定居牧民放牧的一种方式，夏季牧民将家畜迁移到高山牧场，低地越冬时牧民有机会进入牧业市场，获得季节性就业机会。传统的迁移日期是根据牧民对季节变化的观测而定的。虽然游牧的牧民拥有在多数草场放牧的权力，可以凭借与当地牧民的口头协议进入低地牧场，但这不代表他们有牧场的所有权。在这一地区牧民通常牧养小型家畜绵羊和山羊，印度和巴基斯坦的古贾尔人主要牧养水牛和黄牛，在巴基斯坦和阿富汗的俾路支斯坦地区主要牧养骆驼，居住在阿富汗、巴基斯坦、印度高海拔地区的少数民族牧民主要牧养牦牛（图 3.1）。在大多数情况下，出售毛皮产品和肉产品（保留小部分作为特殊场合时的家庭消费）是牧民换取日用品和粮食的唯一收入来源。

草地畜牧业对于喜马拉雅东部牧区，如尼泊尔北部、不丹北部、印度锡金邦等地的牧区，极其重要。这些地区从西到东逐渐由草地演化为森林，通常比喜马拉雅西部地区潮湿，主要牧养牦牛和犏牛（黄牛和牦牛的杂交种）等大型家畜，而非山羊和绵羊等小型家畜。这里的少数民族采用迁移放牧的形式（图 3.2），如尼泊尔中部的菩提亚人和夏尔巴人、尼泊尔东部的塔芒人和基拉特人、印度锡金邦拉成和拉冲地区的布提亚斯人以及不丹北部的布罗克帕斯部落。随着海拔的增加，在喜马拉雅东部山区牧业生态系统具有更明显的分层现象，居住在不同海拔高度的牧民牧养不同种类的家畜。海拔相对较高的高山寒带地区主要牧养牦牛和犏牛，海拔相对较低的温带亚热带地区主要牧养犏牛和水牛。亚高山草甸的建群种为莎草科植物，是犏牛的夏季牧场和牦牛的冬季牧场，而犏牛的冬季牧场是以橡树或橡树和松树混合林为主的温带草原，这些温带草原也是犏牛和水牛的夏季牧场，即不同放牧群体的不同家畜在不同时间段共享同一个牧场。在这些混

图 3.1　印度喜马偕尔邦牧养的羊群（董世魁 / 摄，2012）

图 3.2　夏季尼泊尔北部拉苏瓦区蓝塘村的牦牛从亚高山灌木林向高山草甸迁移（董世魁 / 摄，2007）

合牧业系统中，一些牧户相对固定地从事农业耕作，一年中部分时间会将家畜托付给其他牧民。这种牧业系统充分利用了气候、植被、劳动力的变化。大部分情况下，牧户牧养家畜的主要目的是出售日常产品和家畜，以此获得家庭收入。

在喜马拉雅北部山区，青藏高原作为一个巨大的地理单元，大部分土地被草地覆盖，几个世纪以来一直有家畜牧养于此。由于广阔的青藏高原拥有多变的气候和景观，所以东西部的牧业系统有很大的区别。青藏高原西部属干旱、半干旱地区，景观主要以高寒草原和高寒沙漠为主，游牧或季节性游牧的牧民与喜马拉雅西部山区的牧民相似，将牧养的牦牛、绵羊或山羊在高海拔牧场（夏季牧场）和低海拔牧场（冬季牧场）之间来回迁移。然而，由于地理屏障，牧民只能在高原上迁移家畜而无法进入平原和山谷。在青藏高原中部和北部地区，尤其是三江源地区（黄河、长江、澜沧江的源头地区），属半干旱和半湿润气候，景观主要以高寒草原、高寒草甸和高寒灌木草甸为主，游牧或季节性游牧的牧民主要牧养牦牛和绵羊，在海拔较高的夏季牧场和海拔较低的冬季牧场之间迁移（图 3.3）。在气候湿润、景观丰富的青藏高原东部地区（比如横断山脉），牧民选择的牧业系统与喜马拉雅东部地区的牧业系统相似，也就是说，夏季牧

图 3.3　在温暖的季节西藏牧民用牦牛将货物和生活必需品运送到海拔更高的夏季牧场（大约 4000m）的营地（James/ 摄，2012）

民在最高海拔的高寒草甸牧场上牧养牦牛和绵羊，冬季迁移到高海拔的亚高山草甸牧场；或夏季在高海拔的亚高山草甸牧场上牧养犏牛，冬季在以橡树或橡松混交林为主的低海拔温带草原上放牧。在这些混合放牧系统中，部分牧民会在居住地周围的低海拔山谷里进行农业耕作。

喜马拉雅山区的草地畜牧业的主要特征是垂直迁移放牧，牧业社区通过不同方式充分利用草地资源，包括高山游牧到季节性游牧再到高山农业（农牧业结合）。几个世纪以来，牧场、家畜、牧民之间的平衡维持了喜马拉雅地区草地畜牧业的稳定，但想要一直保持这一平衡并不简单。牧业群体采取了多种不同的策略来克服过度放牧的问题，如保持家畜和牧民的移动性以及实践分散放牧等。喜马拉雅地区的游牧生活不局限于某一种经济系统，也不局限于特定的土地所有形式。一些牧民社区控制迁徙放牧的土地，而其他人则在没有所有权的公共或私人土地上放牧。牧业群体的政治结构也非常多样，从国家控制到社区集体再到个体化家庭。通常，如放牧地和饮水等基本资源由不同牧民群体共享，而牲畜则为个别牧民私有。

在喜马拉雅地区游牧草地畜牧业不仅仅是一种生存模式，也是一种利用边缘环境的有效方式。喜马拉雅地区不同类型的草地畜牧业是不同的适应性策略，它们与当地的地理特征、生态特征、社会经济发展水平紧密联系。牧民可以通过游牧有效地利用较大区域中的潜在资源，特别是游牧可以将边远地区低价值的植物资源转变为高价值的动物产品。能源和交通可利用性低，通常与牧业社会的人口密度低有关。在这些地区，牧民调整了牲畜管理方法，以优化他们的生计。牧民通过对动物饲养和医疗保健方面的投资提高家畜的繁殖率和存活率。他们通过加大牛奶和皮毛产品的人力投入,创造更多的利润。最重要的是，这里的牧业生产系统通常是多样化的，它们有效地利用所有可用资源。这不仅包括肉产品、羔毛、兽皮等“最终”产品，还包括牛犊、羔羊、小山羊、牛奶、黄油、奶酪、运输和牵引服务（如用牲畜牵引）、粪便、皮毛等“可持续生产”产品（Bhasin，2011）。这样多样化的资源利用方式使得牧民能够在喜马拉雅边远地区等传统耕作不可行的地区获得最大利润。

在喜马拉雅山区的草地畜牧业系统中，存在着广泛的生态多样性和文化多样性，它们与畜牧业之间有错综复杂的关系。生态多样性包括各种类型的栖息地、植物区系、动物区系。文化多样性包括当地人口在种族、宗教和习俗方面的差异。在喜马拉雅山区的牧业系统中，这些生态与文化要素相互影响、相互作用。从人文学角度来看，在喜马拉雅山区恶劣环境中生活的牧业人口，为了克服水资源和土地的限制，依靠本土的社会文化特征开发了许多适应性资源利用策略。草地畜牧业作为适应性资源利用策略的重要形式，是喜马拉雅山区原住民重要而持久的生计策略，用来平衡草场、家畜、牧民之间关系。

这使牧民的日常生活习惯需要适应家畜的生活条件（即草场、水资源、土地和家畜保护）。因此，该地区的牧民通常全年过着流动的生活。他们移动牲畜，以便可持续地利用永久牧场。这种流动性是他们生存的必要条件，同时这也意味着他们不能在个人财产、永久性房屋或土地等其他资产上进行大量投资。游牧社会的社会结构、职能群体和行政机构是为了满足这种流动性的特殊需要和要求而发展起来的。

作为人文 - 自然耦合系统，草地畜牧业已经在喜马拉雅山区相对稳定地持续了几个世纪，它能够灵活的应对短期内气候变化。然而，大量的内部和外部驱动因子正在威胁着当地草地畜牧业的长期可持续性，引发适应性策略改变。随着市场体系全球化趋势的日益增强，草地趋向商业化或发展成为国家公园，这给牧业群体带来了许多问题。随着农田和林地扩张进入草原区，牧民不断被边缘化，不得不放弃草原区的传统和习惯制度。社会经济改革和经济发展显著改变了牧区经济和市场体系，打破了高山牧业社区和低地农业社区之间的传统贸易关系。随着收入途径和劳动机会的增加以及城市生活水平的提高，导致越来越多的人从牧区迁移到城市。气候变化和过度开发造成草地退化，导致喜马拉雅地区牧业生产力下降。目前与喜马拉雅地区牧业生产有关的政策和战略忽视了社会、经济和环境因素的结合，这可能会加剧当地的社会 - 生态问题。基于喜马拉雅山不同地区的案例研究，我们了解了喜马拉雅山区草地畜牧业人文 - 自然耦合系统的现状和趋势。喜马拉雅地区的传统畜牧业因各种社会经济、环境和政策因素而面临着复杂挑战。有必要采取综合方法来应对这些挑战，并促进该地区可持续畜牧业的发展。

3.2　尼泊尔喜马拉雅山区案例研究：本土知识和地方制度在可持续牧业管理中的重要性

3.2.1　背景

尼泊尔位于喜马拉雅山区南部，北邻中国，东邻不丹，西部和南部与印度接壤。大约 2% 的国土面积被定义为“牧场”“草地”或“草场”（Land Resource Mapping Project，1986；Rajbhandary et al.，1990；Rai et al.，1993；Shrestha，2001），尼泊尔北部大片地区位于喜马拉雅丘陵和高山地区（表 3.1）。这些草地对尼泊尔喜马拉雅山区的经济发展和人类福利至关重要。在尼泊尔北部喜马拉雅山区水牛、瘤牛、牦牛、犏牛、绵羊和山羊的牧养相对较少，却是少数民族农业实践的重要组成部分（Rai et al.，1993）。牧民出售牛奶、毛织品、皮毛、兽皮和血液产品，并把家畜作为运输工具或劳动力。

表 3.1 案例研究点的基本信息

信息	通泽（Dhunche）	加特朗（Gatlang）	郎唐（Langtang）
位置（海拔）	低地（1900m）	中间地区（2200m）	高地（3300m）
气候区	亚热带 - 温带过渡区	温带	亚高山带
农业系统	家畜、作物、饲料、蔬菜等多个农业单元	作物 - 家畜混合农业	畜牧业（旅游）
牧户总数	164	223	61
个体牧户的家畜组成	1~2 只黄牛，2~3 头野牛，4~5 只绵羊和山羊，10~15 只牦牛和犏牛（只有 10% 的牧户牧养牦牛）	1~2 只黄牛，10~20 只绵羊和山羊，10~15 只牦牛和犏牛（有一半牧户牧养牦牛）	20~30 只羊，2~3 匹马，10~15 只牦牛和犏牛（80% 的牧户牧养牦牛）

长期以来，草地放牧一直是尼泊尔北部遥远山区和山谷中原住民群体主要的土地利用方式（Alirol，1979）。学者们（Chand et al.，1991；Dong et al.，2007）强调了该地区家畜放牧和牧场管理是如何有效运用当地人民本土知识的。这些本土知识深深根植于尼泊尔喜马拉雅山区的地理、自然、气候和生态特征。运用这些本土知识，当地人民将各种制约因素和挑战转化成了可持续利用资源的机遇（Tamang，1993；Dong et al.，2007）。此外，自然资源的可持续利用和当地生活的改善通常与当地的牧业制度高度相关，特别是产权制度和集体行动机制，它们在形成当地自然资源利用模式方面发挥着重要作用。正如 Dong 等（2007）提到的，集体行动机制和产权制度共同决定了个人和社区在考虑资源管理策略时面对的激励因素，影响自然资源利用的利益水平和利益分配。Meinzen-Dick 和 Gregorio（2004）认为“产权、集体行动和自然资源管理之间的紧密联系对技术应用、经济增长、粮食安全、减缓贫困和环境可持续来说至关重要。”

尽管过去几个世纪里，在维持尼泊尔喜马拉雅山区牧业系统的牧场管理和家畜生产中，本土知识和地方制度发挥了不可磨灭的作用（Dong et al.，2009）。但现在的决策忽视了传统的资源管理实践，且当地人民的传统实践与专业人员和从业者（科研人员、规划人员、决策制定者；Tamang，1993）的知识之间存在巨大差距，这些问题和差距导致了自然资源利用中资源退化和社会矛盾等问题（Shrestha，2001）。因此，必须要了解自然资源管理、产权和政策制定、集体决策过程中的本土知识和实践，在这些知识和信息的基础上实现尼泊尔喜马拉雅山区牧业系统的可持续发展。本章分析了这一案例研究，调查和记录了本土知识、地方机构及其在维持牧业资源管理和增强尼泊尔北部喜马拉雅山区草地畜牧业人文 - 自然耦合系统弹性力中的作用。

3.2.2 方法

研究区位于尼泊尔喜马拉雅山区的拉苏瓦（Rasuwa District，意为“牛羊的牧场”）。该地区是喜马拉雅山区牧场的典型代表，尤其在本土牧业生产系统、草地畜牧业的历史传统以及牧业系统对地方生计的社会经济重要性方面。该区位于尼泊尔中部发展区西北部（尼泊尔四大地区之一），北接中国西藏自治区，东南部、南部、西部分别毗邻尼泊尔辛胡巴佐克、努瓦科特和达丁地区。这个区域 18 个农村发展社区（VDCs）的总人口约 4.4 万人，共 8700 户，每户平均人口为 5.05 人（Tourism for Rural Poverty Alleviation Program，2005）。该区域大多数人（65%）属于达芒族，这一民族起源于藏族，主要利用地方牧场牧养家畜。综合考虑地理位置、气候条件、农业系统的空间差异，选择通泽（Dhunche）、加特朗（Gatlang）和郎唐（Langtang）作为这一区域的村庄发展代表区域进行野外调查（表 3.1）。

研究中所有数据的收集和更新来源于研究出版物、报告、通讯和 2006—2007 年的野外调查。调查研究方法包括参与式农村评估、开放式问题和预先发放调查问卷（通泽、加特朗和郎唐分别有 10、14 和 11 户）、访谈关键人物（通泽、加特朗和郎唐分别有 6、6 和 8 人）、小组讨论（通泽、加特朗和郎唐分别有 21、14 和 12 名参与者）。调查集中在关于地方牧业实践、传统牧群管理策略、牧区土地所有制、资源财产制度、牧业制度和管理安排的相关信息和认识上。通过小组讨论和个人交流，收集并记录牧区管理系统以及外部公众支持和合作关系中存在的问题、制约因素、挑战、机遇和变化等一手资料，再通过初步探索和文献综述获得二手资料。通过对不同来源数据的严谨调查和交叉比对把控数据质量。本案例中用 Patton（1990）、Miles 和 Huberman（1994）推荐的系统定技术，分析所有数据。

3.2.3 结论

3.2.3.1 本土实践

三个案例研究点的信息表明当地牧民一直采用垂直放牧系统放牧，具有尼泊尔喜马拉雅山区放牧管理系统的周期性特征。这一放牧系统的特征是季风期将家畜迁移到高山牧场，冬季回到海拔较低的牧场或森林（图 3.4），以便充分利用不同海拔梯度生态区之间的气候条件和牧草。每年一度的季节性迁移可以确保家畜的饲料需求，有助于家畜的维持、迁移、生长、生产和繁殖。

根据不同家畜对气候、植被和海拔的需求，游牧成为当地牧养牲畜的主要方式。例如，夏季当地牧民将犏牛从海拔 3000~4000m 的亚高山草甸逐渐向低海拔地区迁移，冬季转

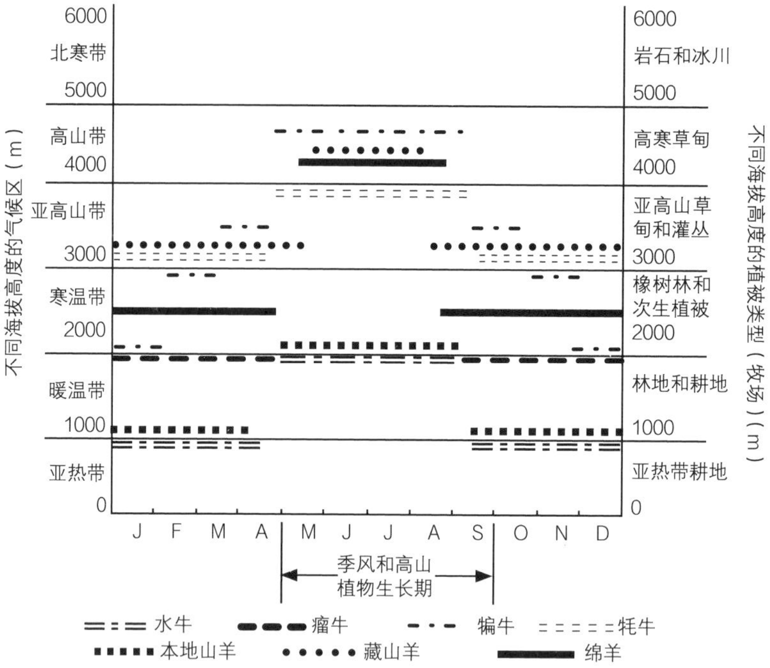

图 3.4　喜马拉雅东部不同海拔梯度具有不同气候和植被特征的放牧系统（例如，尼泊尔北部的拉苏瓦地区；引自 Dong et al.，2007）

移到海拔 2000m 的橡树森林；夏季将牦牛从 4000~5000m 的高山草甸逐渐向下迁移，冬季转移到海拔 3000~4000m 的亚高山草甸或灌丛。为了克服冬季草料不足的问题，本案例研究点的牧民在补充少量草料的情况下维持了一定数量的家畜。通过这种方式，当地牧民有效地利用不同海拔高度的牧场资源，在不同季节、不同生境中保持不同种类家畜的生产力。

基于草料的可利用性，同一牧场（夏季、冬季或过渡牧场）不同地块之间的轮牧是数百年来当地牧民采用的另一种重要的放牧方式。家畜从一个地块到另一个地块的迁移通常每 10~15 天进行一次，这取决于牧民对草地覆盖和高度的判断。牧场的承载能力是根据气候状况估计的，牧民群体根据明确的方法来确定保持每个地块稳定的家畜数量。如果草地覆盖率和高度恢复得很好，同一地块可以在同一个放牧季节重复使用。露营地用石头或乡土植物保护，以减少家畜迁移到另一个地块时发生土壤侵蚀的风险。正如当地牧民所说，这样可以平衡家畜的放牧压力和牧场的承载能力，防止过度放牧。此外，当地牧民强调轮牧有助于减少内部和外部寄生虫的传播扩散。

3.2.3.2　集体行动制度

长期以来，当地人民以集体为单位发展出了共同使用牧区资源的体制机制。这些安排旨在确保可持续、公平地利用这些资源。有两类地方组织，即社区委员会和民间协会。社区委员会由选举出的 11~12 人组成，是社区的领导者和决策者。民间协会是由住户组成的自我认定的团体，在团体层面上他们具有共同利益或使用相同的资源（如家畜、蔬菜、作物和森林）。在某些情况下，同一类型的民间组织会选出 5~7 人作为民间组织的代表组成一个小组委员会，负责处理与其他组织之间相关的事务（图 3.5）。社区委员会主要负责控制和管理牧场和饲草资源的使用。他们在社会规范和制裁措施的支持下，执行明确界定和共同商定的权利和规则。他们的目标是确保所有社区成员（包括穷人和社会弱势个体）相对平等地利用牧区资源。社区委员会还可以通过执行利用牧场的时节和放牧时间长度、控制冬季干草刈割的时间和地点等主要规章制度，促进放牧和储存草料的集体行动。牦牛或犏牛组织等牧民组织制定轮牧制度，定期迁移牧群，各牧业群体通过谈判和商讨，制定其他有关共同使用牧区资源的有关决定。他们还在社区委员会的支持下，帮助解决不同牧民群体或不同牧民群体之间可能出现的冲突。畜牧业与作物、林业、住宿（旅游）等其他组织协调配合，与牧区管理相联系可以确保不同资源的共同利用。与外部行政和政治组织相比，这些以地方为基础的组织在履行与维持牧业资源管理相关的社会职能方面更为有效（Dong et al.，2009）。

在放牧管理中可以很好地理解案例研究点中牧业社会的集体行动。牧民社区严格控制着夏季（季风期）在高山牧场上的放牧时间和家畜数量，林业社区决定着冬季（干季）

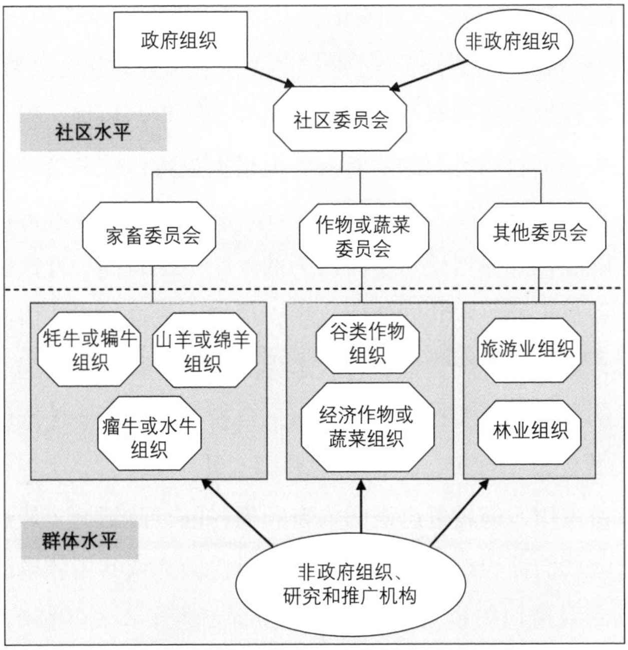

图 3.5　地方牧业体制机制及其与其他体制机制的联系

在低海拔森林地区的放牧时间和家畜数量。载畜率通常是由牧民社区根据牧场的承载力进行控制，一般是由经验丰富的牧民根据草地高度和盖度进行预估。一些牧民在社区中牧养特定的家畜，包括绵羊、山羊、水牛、牦牛、犏牛、犏牛等牧群，并进行轮转放牧以平衡对不同牧场的利用，促进放牧草地的再生长。虽然牧民不愿意种植牧草，但牧业社区已经有了收割本土牧草和利用灌木地或石砾地等斑块土地的方法，保护冬季牧区和干草地。社区委员会严格管理药用植物和香料植物的采掘与利用，以降低草场退化的风险，虽然当地牧民可以在牧场上采掘少量的药用植物或香料植物用于个人使用或作为少量家庭收入的来源，但牧场严禁外来者采掘草场上的药用植物和香料植物，除非他们向社区支付高额的费用。在林区，房屋建设所需木材的砍伐和薪材的使用由林业社区委员会管理，只有少量木材在经过委员会的许可或向社区支付高额费用后才可以砍伐，这样可以防止破坏林区放牧点。近几十年来生态旅游的发展为牲畜带来了新的用途，如把牲畜用作驮畜。生态旅游也为当地居民创造了工作机会，比如为攀登喜马拉雅山的登山者提供服务的搬运工、酒店经理和杂货商。牧民社区和旅游社区开展集体合作，分享出售家畜产品和为游客提供服务（如当导游、搬运工、餐厅经理和杂货商）的收益。这使得当地居民的生计多样化，并为当地经济作出贡献。

3.2.3.3 产权制度

在一个牧业社会中，产权主要与牧场和家畜资源有关。在此案例中，牧场管理主要依赖于资源使用权和土地所有权制度。这些地区的主要牧场资源，如尼泊尔北部的其他地区，以前被认为是私人资产或社区拥有的公共财产。然而，1957 年尼泊尔《私有森林国有化法案》通过后，政府（即森林和土地保护部）接管了原本作为公共财产的自然资源。大部分情况下，一些牧民家庭拥有小面积的作物和干草生产用地，以及分散的房屋和畜栏。尽管当地居民失去了牧场资源的所有权，但根据放牧传统和管理规定，他们仍拥有这些资源的使用权。在这种情况下，当地牧业社区必须管理牧场准入规则，防范其他社区利用牧场等自然资源，并强烈反对侵占行为的发生。来自同一社区的牧民通常通过相互协商或依靠社区委员会的决定共同使用牧场，他们一般通过自我协商来减缓共用牧场带来的冲突。有时，对牧区传统管理和行政边界的不同解释也会引起不同社区对放牧土地使用权的冲突。例如，加特朗村的牧民曾与来自拉苏瓦地区塔芒族社区委员会的奇利梅村（Chilime）的牧民发生冲突，他们共同利用三井（Sanjen）这一大型牧场，该牧场长期被加特朗村牧民占用，但最近已被归入奇利梅村的行政领域。最近，两个村的社区委员会都宣告了对牧场的使用权，但他们无法通过协商达成共用牧场的共识。加特朗村牧民表示，这个问题对他们的牧区生产水平和生计产生了不利的影响。在这种情况下，当地牧民不得不依靠地区或地方政府来决定如何利用牧场资源。

在不同的案例研究地点，由于地理位置和放牧传统的不同，牲畜所有权和管理方法也有所不同。在这些地区，牲畜及其产品均为个体家庭私有。每个家庭有用自己的牲畜，包括牛、绵羊和山羊等。尽管是私人所有，但也有根据牧场共享协议集体放牧的做法。集体放牧的通常是一个社区或社区中的多个家庭。共享协议可以是口头的，也可以是书面的。这三个案例研究点的放牧管理方式也存在差异。在通泽有三种类型的牧场：夏季放牧的“高海拔牧场”，为家中饲养牲畜保留的“乡村牧场”和“森林边缘牧场”。森林边缘牧场是国家公园缓冲区，居民可以短时间放牧少量家畜或付费后采收草料的牧场。加特朗村主要有两种放牧场，高海拔地区的夏季牧场和低地森林区的冬季牧场。牧户（社区或组织）根据有关家畜数量和放牧时间的具体协议，牧户家庭（社区或组织）共同使用牧场。郎唐地区夏季和冬季牧场之间的季节性迁移由放牧法来管理，这些权利是从母系社会继承下来或是通过临时合同或协议获得的。所有牧户作为一个群体迁移到夏季牧场，不允许个体牧户分割牧场，建立单独的营地。相比之下，进入和利用在定居点附近的冬季牧场比较灵活，也就是说，社区内的个体牧户可以自由地在社区定居点周围的公共灌丛草甸上放牧。

3.2.4 案例研究的意义

这些案例表明了本土实践和地方制度在尼泊尔北部自然资源管理中的重要性，世界各地的研究都得出了相似的结论（Chapagain，1986；Gilmour，1990；Gadgil et al.，1993；Gill，1993；Raiand，1993；Farooquee et al.，1994；Wu，1997；Chan，2002；Farooquee et al.，2004；Tesfay et al.，2004）。虽然本土自然资源管理体系有很多不足，政府部门对尼泊尔牧业发展的支持力度不够（Dong et al.，2009），但这些体系应对变化的灵活性和适应能力是尼泊尔草地畜牧业的优势（Gill，1993）。当地牧民对当地情况和自然资源使用情况有丰富的经验和知识（Tamang，1993），所以他们能够克服自然、气候和生物困难，并有效利用牧场资源（Dong et al.，2007）。因此，明确几个世纪以来当地牧民在牧业资源管理中的本土知识，并将本土知识和现代技术结合起来，是该地区发展可持续牧业管理系统的有效策略。

如前所述，产权、集体行动和自然资源管理之间的紧密联系对技术应用、经济增长和环境可持续至关重要。过去，人们普遍认为，在共同财产资源制度下管理的资源本质上是低效的。这种观点认为，个人缺乏有效利用资源的适当激励（Gordon，1954；Scott，1955；Hardin，1968）。然而，尼泊尔北部的案例研究挑战了之一传统观点。它表明，传统牧业管理制度明确承认和规定了牧场使用权和放牧土地所有权，促进了尼泊尔北部牧业资源的有效利用和可持续发展。长期以来，人们对共同财产资源制度下的资源利用效率有很大争议，人们普遍认同，共同财产制度下的集体管理是确保共有资源的长期经济和生态可持续性的最佳选择。在许多关于发展中国家进行的研究表明：地方制度安排，包括乡俗民规和社会规范，旨在建立合作解决方案以克服集体行动问题。这些安排可以实现共同资源的有效利用，如牧业资源（Gibbs et al.，1989；Ostrom，1990）。因此，在尼泊尔政府与北部牧区之间有关传统权利、乡俗民规、协调与合作的立法中，需要强调地方集体行动制度和本土产权制度。

3.3 印度喜马拉雅山区的案例研究：地方对气候变化和社会变革适应性的重要性

3.3.1 背景

草地畜牧业对印度家畜产品的贡献很大，占全国农业 GDP 的 25%，印度因此成为世界上最大的家畜生产国家之一（Bhasin，2011）。牧民饲养本土动物，保持了家畜丰富的遗传多样性。由于历史和文化影响，印度存在着不同的资源利用情况、不同类型的牧业系统，以及游牧、季节性游牧、农牧业等不同放牧方式。印度的牧民往往与具有社会政治形式的组织相结合，组成部落（Bhasin，2011）。印度从事草地畜牧业的人口数约占全国人口总数的 6%，组成了 200 多个部落（Sharma et al.，2003）。少数民族部落普遍生活在印度西部的干旱地区，德干高原和印度喜马拉雅山区的高海拔地区（Bhasin，2011）。安得拉邦的古拉斯和库鲁马部落主要牧养黄牛和绵羊。古吉拉特邦的拉巴里斯和巴尔瓦德部落主要牧养绵羊、山羊、黄牛和小型家畜。卡纳塔克邦的库鲁巴人和丹格人主要牧养绵羊。拉贾斯坦邦和印度西部的拉伊卡斯和拉巴里斯主要牧养骆驼、绵羊和山羊。喜马偕尔邦和喜马拉雅西部地区的嘎地族、古贾尔人和巴卡尔瓦尔人主要牧养绵羊、山羊和水牛（表 3.2）；喜马拉雅东部地区锡金邦的布提亚斯人和喜马拉雅西部地区拉达克的羌巴人主要牧养牦牛。

喜马拉雅山区只覆盖了印度领土的 18%，却占印度森林覆盖（包括牧场）的 50%，物种占印度次大陆特有物种的 40%（Maikhuri et al.，2000）。在印度喜马拉雅山区，由暖温带草原、亚高山和寒温带草原、高寒草甸和高寒草原、寒冷干旱地区或高山干旱灌木组成的草原区，占印度地理面积的 35%（Rawat，1998）。这些牧场的气候和地理特征以及支持的牧业社区都各不相同。家畜牧养是印度喜马拉雅山区经济的一个重要组分，而且随着海拔的增加，牧民对家畜牧养的依赖也越高（Sundriyal，1995）。几个世纪以来，高海拔地区的高寒草地一直是牧场，供游牧以及夏季从低谷中迁移上来的季节性游牧利用（Farooquee，1994）。虽然游牧社会在相对海拔较高的山区占主导地位，但是有学者认为没有人能真正了解印度喜马拉雅山区畜牧业的真实状况（Sharma et al.，2003）。根据综述文章书籍的估计，印度喜马拉雅山区是大约5000万驯养动物的家园，主要集中在山地农业综合系统中（Kreutzmann，2012）。印度喜马拉雅山区的牧业社区通过不同的移动放牧方式、社会经济组织、产权（表3.2）等方式有效地利用了牧区资源。草地畜牧业的各种形式都是适应当地生态条件和技术发展水平的产物。这些使得草地畜牧业在印度喜马拉雅山区社会、经济、文化和环境方面至关重要。

表3.2　印度喜马拉雅山区主要牧业群体的基本信息（来源：Singh，1996）

牧业群体	规模	地理位置和物种	人群特征	迁移模式
巴卡尔瓦尔人	—	克什米尔（主要牧养山羊）	穆斯林，主要使用克什米尔语，有时会使用印度语	冬季他们在查谟和旁遮普平原上放牧，夏季迁移到喜马拉雅克什米尔山区的基什瓦以及更高的高山谷地
古贾尔人	203869（1931年普查）	查谟、喜马偕尔邦和北阿坎德邦（主要牧养水牛）	印度教徒和穆斯林，使用古吉拉特语、乌尔都语、多格拉语、带有波斯-阿拉伯文字的残缺不全的印地语等语言	冬季在查谟、旁遮普、喜马偕尔邦，北方邦的较低区域，撒哈拉普尔地区以及拉捷吉国家公园附近放牧；夏季迁移到喜马偕尔邦和乌塔兰克邦的较高（非高山）地区
羌巴人	—	拉达克东南地区（主要牧养牦牛）	信仰原始形式的佛教，说拉达克语和藏语，使用藏文	他们围绕拉达克羌塘地区鲁普舒平原不同高海拔的牧场迁移
嘎地人	126300（2001年普查）	喜马偕尔邦的康拉和达拉马萨拉地区、北方邦部分地区、旁遮普地区（主要牧养绵羊和山羊）	印度拉吉普特人，说印地语、帕哈里语	冬季在旁遮普平原和喜马偕尔邦的较低区域，夏季在拉豪尔和德哈牧场放牧
普提亚人	—	加瓦尔的高山地区和北阿坎德邦的库马盎地区（主要牧养绵羊、山羊和黄牛）	印度教徒，说帕哈里语系语言	冬季在北阿坎德邦的较低区域，如德拉敦和巴哈尔山谷放牧；夏季迁移到加瓦尔和库马盎的高山牧场、喜马拉雅楠达德维峰、格沃尔达姆、马纳牧场及其邻近地区
布提亚斯人	21259（1981年普查）	锡金邦北部地区	佛教徒，说藏语	冬季在锡金邦北部地区的拉冲的高山地区和拉成峡谷，夏季迁移到曼根下的低地森林
门巴人	34469（1981年普查）	达旺和阿鲁纳恰尔邦西卡门地区	佛教徒，他们说的语言属于藏缅语族	夏季在阿鲁纳恰尔邦的东卡门的高海拔地区和达旺地区，冬季迁移到达旺附近的低地
金瑙拉人	59547（1981年普查）	喜马偕尔邦金瑙尔地区	拉其普特人或科伊桑人以及贝鲁人，包括印度教徒和佛教徒	夏季绵羊和山羊被迁移到喜马偕尔邦的较高地区，冬季羊群被迁移到北阿坎德邦和喜马偕尔邦的山麓

注："—"表示未找到记录的详实数据。

不幸的是，与气候变化、经济发展和政治边缘化相关的威胁和压力正在挑战传统草地畜牧业系统的可持续性，包括迁移周期、地方经济和社会组织（Bhasin，2011）。一些研究表明，降水量减少、季风期不可预测、干旱期延长、温度升高等现象降低了水资源的可利用性。冬季温度升高、降雪明显减少是喜马拉雅山区气候变化的主要特征（Macchi et al.，2011）。喜马拉雅牧区提供的诸如丰富的生物多样性和粮食生产等生态系统服务，可能会在气候变化和大规模社会经济力量的影响下变得更加脆弱（Dong et al.，2010a；2010b）。与气候变化相关的极端气候条件、干旱、时疫和捕食者可能会降低动物生产力（Bhasin，2011）。喜马拉雅山区等脆弱地区的水、粮食安全、牧业生产、营养和公共卫生面临着新的威胁，虽然当地发展和扶贫的千年发展目标取得了来之不易的进展，但这一进展可能会在气候变化的影响下减缓甚至被扭转（El-Ashry，2009）。社会、政治和经济变化也挑战着印度草地畜牧业的可持续性，草地畜牧业是印度重要的人文－自然耦合系统之一。正如Bhasin（2011）所说："目前，随着市场全球化的趋势，牧区商业化程度增加或牧区转变为国家公园，给牧民带来了新问题。由于政策制定者的忽视，牧民在这些放牧地区的传统和习惯正逐渐消失。他们中的许多人放弃了传统的游牧生活，并沿着山谷定居，有些已经在城市地区定居，其他人通过增加山羊数量和减少牦牛的数量改变家畜的组成，以此来维持牧区活动。有关森林、农业、灌溉、饲料、饥荒、牧民权利和迁移方式的国家政策有助于改变牧区生活方式。同样，社会危机，如发展周期所处的阶段和放牧群体的劳动力短缺，也同样引起社会的关注。"这一案例在印度喜马拉雅任一地区都不只是个例，几乎所有的牧业群体都面临着类似的约束和问题（Bhasin，2011）。因此，研究印度喜马拉雅山区牧业社会面临的挑战和问题及其应对这些困难的适应性策略是极其重要的。

3.3.2 方法

该案例研究在印度喜马偕尔邦进行，该地区位于北纬30° 23′ 02″至33° 15′ 34″，东经75° 36′ 41″至79° 01′ 51″，沿着海拔350m的旁遮普平原边界到海拔6816m的扎斯卡的里欧－普吉亚（Singh et al.，2009)。鉴于降水、温度和湿度的区域变化，印度喜马偕尔邦可分为5个气候带（Singh et al.，2009)：亚热带（900m以下)、暖温带（900~1800m)、寒温带（1800~2400m)、高原山地气候带（2400~4000m）和极地气候带（4000m以上)。有12个地区，115个区或亚区（类似于尼泊尔的社区委员会）和2万多个村庄。根据调查时的人口普查报告，喜马偕尔邦人口为6,077,248人，年增长率为17.53%。喜马偕尔邦约90%的人口是农村人口，属于三个社会群体：拉其普特人和婆罗门、部落、世袭阶级。部落包括嘎地人、古贾尔人和博尔特人，他们主要从事畜牧业，其中大多数人实行游牧

（Singh et al.，2009），是喜马偕尔邦经济的重要组成部分，也是农村家庭生计不可或缺的一部分。

在本研究中，根据查找资料收集的信息，选择了 8 个区或亚区进行野外调查（表 3.3）。从 2010 年 12 月至 2011 年 2 月期间，从选定的区或亚区中随机抽取了 66 户家庭作为代表调查喜马偕尔邦牧业群体一般情况（表 3.3）。本次调查采用了与尼泊尔案例研究相似的方法，包括参与式农村评估、开放式问题和预先发放调查问卷，以及关键人物访谈和小组讨论。根据针对农村畜牧业实践和所面临的问题的问卷，对牧户或牧民进行面对面调查。我们通过仔细检查已完成的调查表中的错误来控制问卷调查结果的质量，使用多种数据来源收集和更新补充信息，包括研究出版物、报告、通讯和个人交谈。使用 Patton（1990）、Miles 和 Huberman（1994）推荐的系统定性技术分析所有数据。

表 3.3　案例研究点中牧场和家畜信息（数据来自 Singh et al.，2009）

区 / 亚区名称	土地面积（hm^2）	牧场面积（hm^2）	牧养家畜数量（ACU）				
			黄牛	水牛	绵羊	山羊	总计
杰纳特	21,325.19	1529.77	21,154	2028	2488	2235	27,905
康拉	28,429.39	5803.18	30,729	12,810	920	3560	48,019
穆尔坦	94,693.05	74.17	4458	0	3241	2132	9831
帕兰普尔	44,426.40	5946.24	39,192	6225	3378	3136	51,931
卡尔帕	32,678.59	11,062.68	2540	5	1181	361	4087
尼查尔	104,414.55	25,804.37	8112	0	4488	2331	14,931
库卢	290,046.43	29,143.83	67,474	172	13,516	7669	88,831
赛尼	27,192.94	3999.74	13,162	19	1496	1357	16,033

ACU：成年牛单位。

3.3.3　结论

3.3.3.1　本土实践

调查显示，喜马偕尔邦的嘎地人、卡奈特人、考利人和金瑙拉人牧民已经采取了季节性游牧实践，这些实践包括从冬季低地牧场迁移到夏季高原牧场的周期性运动，以充分利用不同海拔高度随季节性气候变化而变化的牧场资源。不同于拉达克东南部羌塘的羌巴牧民，喜马偕尔邦的嘎地人、卡奈特人、考利人和金瑙拉人牧民都以群体为单位进行游牧，他们住在山谷，并长期牧养家畜。除了在家中牧养少数不迁移的大型家畜，如公牛和奶牛外，牧民还会在垂直迁移中牧养绵羊和山羊等小型家畜。他们牧养羊群以获得羊毛产品，如编织防雨毯、牧羊人的雪地靴、供家庭使用或销售的地毯。牧羊人在迁移期间的主要饮食是牧养山羊获得的羊奶和肉制品，同时还出售肉制品作为家庭主要收入来源之一。当牧民留在家中时，公牛和奶牛被用于耕种农田或生产家庭饮用牛奶。在喜马拉雅山区，从高原到低地平原有许多迁移路线。通过一年的迁移，牧民可以持续获得饲草供应，以维持、迁移、发展、生产和繁殖家畜。这种传统的季节性游牧系统充分利用了自然和气候以及植物群落特征，并且将印度喜马拉雅高原脆弱环境中的许多制约因素转化为机遇。

对于喜马偕尔邦牧业群体季节游牧来说，水和草料的供应与不同季节家畜需求之间的平衡是不可或缺的。4 月初，牧民们开始沿着低山区向上（向北）迁移羊群，在 5 月初之前到达他们居住的村庄。然后，5 月和 6 月在村庄附近的森林和丘陵地区放牧，并收获冬季作物。此外，他们会在收割后的农田上牧养几天绵羊和山羊，为下一次种植作物提供肥料。6 月下旬,部分融雪使得牧民在整个夏季(7 月、8 月和 9 月)进入高海拔地区，利用高山草甸上营养丰富的牧草牧养家畜。9 月中旬以后，牧草供应减少迫使牧民将羊群向下（向南）迁移，穿过高山区回到村庄。在接下来的两个月里，他们在村庄附近的森林和丘陵地区放牧，开垦耕地并种植冬季作物。到 11 月中旬，牧民要在一个月内开始向下迁移，到低地森林或平原牧场的冬季放牧地，12 月底，牧民到达冬季牧场，在这里度过三个月。沿冬季迁移路线迁移时牧民可以在不同地方获得牧草，如村庄附近的牧场，这些牧场往往是公共灌木丛、农业社区种植牧草的私人草原、面积较小的草地或溪流和路边生长良好的牧草。

3.3.3.2 集体行动制度

家庭是一个社会群体（单元），他们将家畜的季节性迁移与季节性耕种结合起来牧养家畜。当大多数家庭成员在高寒草甸（夏季）和低海拔牧场（冬季）放牧时，少部分成员（主要是老人和妇女）会留在家中照顾耕牛（主要以玉米秸秆维持生活）和田地，并制作毛毯和地毯等羊毛制品。这种协调合作对于维持草地畜牧业非常重要。一些牧民生活在帐篷里，沿着固定路线迁移家畜和居所，另一些牧民在迁移期间不使用帐篷，而是倾向于轻度迁移。对于那些不使用帐篷并且不携带物资的牧民，他们通常直接使用家畜产品，或者用家畜产品与农民交换粮食，与零售商交换其他日常必需品。

在社区层面上，他们有着明确的社会分工。村庄由界限分明的社会群体组成。结社（al- association）是一种合作和相互保障的形式。它使得牧民可以在更广泛的社会中维持重要的人际关系。结社可分成被称为“khinds”的小团体，这些小团体以开始分开的祖先的名字命名。一个小团体由多个称为“tols”的集合组成，这些集合是跨越两到三代人的群体，可能由一个或多个兄弟组成。这些部落共享资源。通常，一个集合中所有的家庭成员都会合作共同放牧牲畜。这需要有两个牧羊人和两名部落成员（属于当时有多余的两名男性成员的家庭）来监督。由于牧业社区不能购买劳动力，牧民通过农场（义务援助）和家庭之间的合作确保稳定的劳动力供应。地方管理机构在控制财产所有权和转让权以及裁决冲突方面发挥着至关重要的作用。Pradhan（家庭的代表）负责解决村庄内部纠纷，而 Panchayat（村庄的代表）负责解决村庄之间的争端。这些地方机构也负责满足牧民的社会、经济、安全和发展需要。此外，地方机构制定了标准或规则，规范了牧民的牧群流动、信息共享、风险共担、凝聚力和家畜分布。另一方面，各种社会和文化机制，如宗教、民俗和传统，都支持当地的机构来管理喜马偕尔邦的可持续迁移放牧。

3.3.3.3　地方适应性

气候变化、人口增长、基础设施建设加快和经济快速发展，以及在森林、农业、牧民、牧民权利和迁移方式的政策，是导致牧区生活方式改变的主要因素，威胁着喜马偕尔邦草地畜牧业可持续发展。研究结果表明，气候变化正严重影响着放牧系统。调查中的大部分受访者表示，由于冰川退缩和降水量减少，夏季高寒草甸牧场不能为家畜提供足够的牧草和水源。由于气候不稳定和自然灾害频繁，牧民在冬季和夏季牧场上分配放牧时间和计划年际牧草平衡供应方面面临更多的困难（表 3.4）。随着高山地区温度的增加和树木、林地线的上移，亚高山森林区牧场的面积和产量都在下降。由于干旱和温室效应，中部山区有诸如紫茎泽兰（当地称为 Kali Basauti）等毒杂草的入侵。一些受访者表示，这种外来植物已经入侵亚高山草甸和低地牧场（农田林网）。这种入侵植物的传播和扩散不仅导致牧草生产力降低，而且降低了家畜生产力（牛奶和肉类），甚至导致家畜因为误食有毒植物而死亡。此外，低地平原和山谷的一些林农和农民责怪是由于牧民迁移才导致了紫茎泽兰的蔓延和爆发，因为他们认为迁徙的家畜在夏季放牧期间将这种入侵植物的种子携带在毛发上，当家畜迁移到冬季牧场时，将其传播至低地农场和森

表 3.4　印度喜马拉雅牧民对气候变化的响应和适应

气候变化的影响和减缓措施	受访者比例
牧草短缺	86.1%
饮用水短缺	100%
洪水增加的家畜损失	2.8%
夏季牧场的早期放牧	65.7%
农民组织筹集资金用于集体行动	12.3%
地方非政府组织（NGOs）帮助应对气候变化	极少数
地方政府帮助应对气候变化	极少数

林。为了应对这些困难，当地的牧民们制定了一些适应性策略；相当多的受访者表示温度升高导致牧草的生长期提前，他们在夏季早期就将家畜迁移到高原牧场放牧。一些牧民通过牧养更多的山羊来控制紫茎泽兰的蔓延，因为山羊可以采食并且消化这种有害植物。还有一些牧民储存多余作物和栽培饲草，以此来平衡家畜在缺乏草料时期的需求。

随着人口不断增长、基础设施日益增加、经济发展以及农业用地的细分和破碎化，牧业社区牧场的可利用性急剧下降。正如牧民受访者所说，近几十年来喜马偕尔邦较低海拔地区的土地利用受到造林活动、道路建设、农林开发和农业扩张等一系列因素的影响（图 3.6）。这些土地利用变化严重影响了牧民冬季牧场的规模，同时也干扰或阻碍了他们的迁移模式。因此，当地的牧民不得不改变他们的迁移路线，并面临着因道路交通、盗窃和疲惫造成的家畜损失等问题。特别是农林业发展和农业扩张加剧了游牧民与当地农民之间的紧张局势。过去，农民或农林业者向牧民付钱，在耕种土地上放牧增加肥料，但现在由于耕种者用化肥替代了家畜粪便，因此便不允许牧民继续在农田或园艺区放牧。在平原或低谷地区，冬季牧场的进入量减少，迫使当地牧民穿过中间山区，提前到达高海拔地区的夏季牧场。由于森林部门不颁发冬季放牧许可证并且提高了当地牧民放牧税，

图 3.6　农林复合经营的发展阻碍了印度喜马偕尔邦放牧家畜的迁徙路线（董世魁 / 摄，2011）

低海拔地区的经济已从混合农牧业系统转变为以农业或园艺为基础的经济。为了应对这些社会变化，牧民的生计逐渐多样化，成为农牧民、耕作者和迁徙劳工。例如，根据调查，帕拉姆普尔区的纳瓦尔村 55 户牧民中有 25 户将生计转为农业生产。调查显示，为了适应的社会变化，在喜马偕尔邦甚至印度喜马拉雅山区，牧业社会的生计多样化是一种普遍趋势。

此外，日益加剧的边缘化正在加快喜马偕尔邦牧业活动的消失，甚至导致整个印度喜马拉雅山区的畜牧活动减少。由于印度喜马拉雅山区的牧民人口数量少，并且进行游牧活动，因此他们往往在各级政策决策中被忽视。根据牧民的回答，牧民没有参与印度地方和中央政府的决策，牧民们的权利和地位被忽视，且他们被边缘化。一些新实施的与农业、林业、畜牧业和减贫相关的政策直接或间接地影响了该地区的牧业生产。针对牧业人口的各种发展方案都具有农业优势，而草地畜牧业被认为是对农业的补充，导致了对牧民的偏见。作为区域发展的优先事项之一，牧民的定居得到了印度喜马拉雅各地区政府的广泛支持，尤其是喜马偕尔邦政府。随着国家公园和保护区的建立，农业、农林业扩展到边缘牧区，已经压制了该地区的牧业生产系统。牧民的回答表明，最近在喜马偕尔邦建立的喜马拉雅国家公园使他们无法再进入约 300km^2 的夏季牧场，而且没有给他们在其他地区分配放牧权。森林部门发起的低地绿化造林方案改变或破坏了传统的迁移路线，迫使牧民必须缩短在冬季牧场的放牧时间，或者找出其他替代办法补充冬季放牧。

3.3.4　案例研究的意义

与前人（Bhasin，1988；2011；Chakravarty-Kaul，1998；Ives et al.，1989）的研究结果相似，在印度喜马拉雅山区，伴随垂直迁移的季节性迁移放牧是一种非常重要的本土放牧方式。居住在印度喜马拉雅高原地区的牧业社区采取的这种做法，利用了放牧地区时空尺度的季节性特征。在大多数情况下，印度喜马拉雅山区的游牧，与尼泊尔喜马拉雅山区等喜马拉雅地区一样，由乡俗民规和地方机构管理（Chakravarty-Kaul，1998；Dong et al.，2009）。移动性是印度喜马拉雅牧业社会最重要的适应性策略之一，牧民可以通过这些适应性策略，维持环境的高度多样性。季节性游牧促进了牧民平衡家畜、牧场和人口之间关系的能力，为边缘地区创造了维持家畜和人类生活的可能性。根据各牧场和水源的季节和生态差异游牧是牧民在恶劣环境中生存的基础。如 Janzen（1993 年）所述："游牧是人类在恶劣环境下的最佳适应性策略，也是在没有大量资金投入的情况下将牧场投入经济利用的唯一途径。"本土游牧系统使牧民有效利用了生产力低的牧场资源以及空间分布不均匀的水资源。

在印度喜马拉雅山区边缘环境中，传统的牧业系统包括迁移周期、地方经济和社会组织，其基础都是通过集体行动有效利用季节性变化的资源。组织良好的地方机构加强了家庭和社区水平上牧业社区的集体行动。牧业社会中普遍认同的规范和规则促进了印度喜马拉雅地区牧业资源的有效利用。虽然气候变化、社会经济和政策变革给印度喜马拉雅山区草地畜牧业的可持续发展带来了压力和威胁，但当地牧民通过多种方式进行了相应的调整。如前所述，适应性与社会生态耦合系统中构建恢复力和降低脆弱性有关，如牧业系统可以调节干扰并保持其基本功能和结构（Walker et al.，2004；Folke，2006；Walker et al.，2006；Kassam，2010）。这个案例研究表明，印度喜马拉雅山区的牧民在传统的牧业资源利用中，完善了适应性管理体系。这些管理体系对气候变化、社会经济和政策变革的灵活性是牧业管理的关键。因此，维持印度喜马拉雅山区有效和适当的牧业发展策略，需要全面了解当地牧民已经践行了数百年的传统牧业系统。印度喜马拉雅地区的牧业社会面临政治边缘化，因此有利的政策环境就显得更加重要。当地牧民自适应能否成功取决于他们所处的政治环境。深入了解传统生产系统和本土知识，以及牧民制定的战略和做法，可以增强这些社区在充满挑战和脆弱的环境中维持生计的能力。

3.4 中国青藏高原的案例研究：牧业社会应对草地退化的社会动态

3.4.1 背景

青藏高原位于中国西部，被称为“世界屋脊”。青藏高原也被称为“亚洲水塔”，因为它是许多亚洲主要河流的源头。这片广阔的区域上覆盖了大约 60% 牧场、草原，在地方、区域和全球范围内为人类提供了重要的生态系统服务（Foggin，2008）。青藏高原的草地主要作为牧场使用，被视为中国主要的牧业生产基地之一（Dong et al.，2012）。有史以来，广泛放牧一直是青藏高原牧场的主要土地利用形式，草地畜牧业是地方生计和区域经济的重要组成部分（Dong et al.，2011）。以藏族牧民为主的社区生活在这些牧场上，数百年来依靠牧养牦牛和藏羊获得肉食、奶食、羊毛和毛发、兽皮（Long et al.，2008）。青藏高原牧养了 1300 多万头牦牛（超过全球牦牛总数的 90%）和约 4200 万只藏羊（Long et al.，1999；Dong et al.，2012）。几千年来，青藏高原上的牧民通过放牧与自然和谐相处（Dong et al.，2007；Cai et al.，2013）。然而，由于气候变化和人为干扰，草地退化正在威胁着青藏高原脆弱景观中的牧业生产系统（Dong et al.，2010a；2010b）。社会政策变化导致了草地退化，不利于牧业系统的生产力提供和可持续发展，限制了当地草地畜牧业人文 - 自然耦合系统以及区域尺度上的生态、社会和经济系统的可持续发展（Dong et al.，2012）。

第二章中对三维“脆弱性和弹性力”协调框架的分析表明，草地退化在牧民生计、体制机制和农牧生态系统三个维度加剧了青藏高原草地畜牧业的脆弱性。但评估青藏高原牧区社会的潜力对于维持青藏高原草地畜牧业人文 - 自然耦合系统仍至关重要，特别是从当地人的观念、行动、行为，以及地方机构的响应和反应能力的角度进行研究。有关青藏高原牧业社会的许多历史和现实证据表明，当地牧民可以利用自身的聪明才智应对由内外因素驱动的变化，并通过移动性、多样化、预见性、交流和地方特色来适应新的形势。例如，当地牧民世代实行游牧，以应对不确定的环境变化（如干旱、暴风雪、山体滑坡、疾病、病虫害），确保饲料和水源的供应。几个世纪以来，当地牧民实行的适应性管理利用了自然和气候以及植物群落特征，并将许多自然和生态限制条件转化为社会经济机遇（Cai et al.，2013）。因此，本案例研究旨在了解地方牧民应对气候变化和人为干扰导致的草地退化所做的行为，以及他们维持青藏高原可持续牧业管理的策略。

3.4.2　方法

本案例研究是 2010—2012 年在甘肃省天祝藏族自治县（以下简称天祝县）抓喜秀龙乡和肃南裕固族自治县（以下简称肃南县）皇城镇两个牧区进行的。这两个研究站均位于祁连山范围内，在青藏高原东部边缘，平均海拔在 3000m 以上。天祝县是中华人民共和国成立之后第一个实行民族区域自治的地区，截至 2012 年约有 23 万人口，是甘肃省人口密度最高的牧业县之一。天祝县约 35% 的人口是藏族，他们主要的生计方式是草地畜牧业。肃南县是裕固族人民的家园，几个世纪以来，他们一直践行着传统的游牧形式。裕固族总人口约为 1.5 万人，其中有 90% 以游牧的方式居住在肃南地区，其民族传统与藏族、蒙古族和汉族的传统有些相似。除文化、民族差异外，两个研究站在牧场植被方面也存在着显著的差异。天祝县为湿润的高寒草甸，主要牧养牦牛，而肃南县为干旱的高寒草原，主要牧养绵羊。在这两个研究站，气候变化和过度放牧导致的草地退化是可持续牧业生产系统的关键限制因素。虽然肃南地区的牧场管理得当，放牧压力较低，肃南牧场比天祝牧场更加健康，但这两个研究站都受到了气候变化的影响。

为了收集关于本土放牧实践、传统牧业管理、牧区机构、地方认知以及对环境变化的响应和适应的基本信息，野外调查综合采用如下方法，包括参与式农村评估、开放式问题和预先发放调查问卷（天祝和肃南分别有 14 户和 10 户参与）、关键人物访谈（天祝和肃南分别有 3 人和 4 人参与）和小组讨论（天祝和肃南分别有 24 人和 11 人参与）。通过小组讨论和个人交流（包括专业人士和从业者）收集和记录有关牧业管理系统、外部公众支持和合作关系中的问题、制约因素、挑战、机遇和变化的相关信息。通过录音或录像记录调查的所有一手信息，通过多种数据来源收集和更新关于牧业管理、牧业发展和政府政策的二手信息。多种数据来源主要包括研究出版物、报告、通讯和年鉴等。数据质量由不同来源数据的检验和交叉对比把控。采用 Patton（1990）、Miles 和 Huberman（1994）推荐的系统定性技术分析所有数据。

3.4.3 结论

3.4.3.1 地方认知和准备

案例研究表明，当地人对环境变化、社会经济转型和政策调整有着明确的认识。同时，他们要适应或应对这些变化和动态。虽然当地牧民并没有精确的实验仪器来记录降水和温度的动态变化，但他们可以根据个人经验对气候变化做出清晰地描述。在案例研究中，几乎所有的受访者都提到了温度变化的普遍趋势，夏季和秋季变得更加炎热，春季和冬季更加寒冷。受访者认为，与过去相比，春季开始时间延迟了 15~30 天，夏季开始时间提前了 15~30 天，明显变得更干旱。大多数受访者认为，近年来降雨量和降雪量均明显下降，对于草料和畜牧业生产来说水资源短缺是一个严重的问题（表 3.5）。天祝县的一名男性牧民说：“几十年前，夏季牧场周围有许多水源，我们必须穿着橡胶靴在牧草丰茂的草地上放牧，那时的牧草长得与膝盖一样高。然而，现在由于大多数水源已经枯竭，家畜无法获得足够的水源，并且需要花费更长时间去获得足够的牧草。如果未来几年干旱和温室效应继续持续下去，春天就会消失，放牧面临的问题更加严峻。”同样，肃南县的一名女性牧民说：“牧民们真的很害怕牧场干旱。大多数情况下，家畜春季使用的水源，在干旱年份会干涸。这里的干旱已经持续两年了。最近，很多地方（牧区）已经几乎没有水源了，我们要去几公里外寻找水源。干旱直接影响了草料生产，严重影响了牧区的生产，阻碍了牧区的发展。”

表 3.5　当地牧民应对气候变化的感受和适应性策略

	天祝县研究区	肃南县研究区
温度变化	春季和冬季更加寒冷，夏季和秋季温度升高	春季和冬季更加寒冷，夏季和秋季温度升高
降水量变化	春季和冬季降雪量减少，夏季和秋季降雨量减少	夏季和秋季降雨量减少
有关气候变化的感受	春季提前结束，夏季提前来临， 山区水源减少，河流减少	春季提前结束，夏季提前来临， 山区水源减少
气候变化对牧业系统的影响	饲草不足，家畜饮用水短缺	饲草不足，家畜饮用水短缺
牧业策略的改变	提前进入夏季牧场并延长夏季放牧时间	提前进入夏季牧场并延长夏季放牧时间
机制体制响应	加强集体行动，以及与专业人士的合作	加强集体行动，以及与专业人士的合作

当地人也提到，草地退化很明显。本研究中 80% 以上的受访者认为，过去几十年间草地发生退化并一直在持续，包括草地生产力和牧草质量的下降、草地覆盖率和高度的降低。天柱县草原工作站的一名工作人员说："牧场条件确实发生了变化。与 20 世纪 70 年代和 80 年代相比，这里的牧草高度下降了 10% 左右，植被覆盖率下降了约 20%。"天柱县的牧民也有类似的看法："虽然政府投入了大量资金补贴恢复和保护草原，但草地退化还没有完全缓解。相比于过去同龄的牦牛会发现，现在的牦牛的体型小于 20 世纪 70 年代和 80 年代的牦牛体型。由于牧场质量下降和水资源短缺，牦牛体型变得更小了。例如，过去一只 6 岁的牦牛可以生产大约 150kg 肉，但现在只能生产 120kg 肉。"关于草地退化的原因，专业人士和牧民都在强调气候变化和过度放牧。例如，草原工作站工作人员说："草地退化部分是由于全球变暖，但我认为主要原因还是过度放牧。"肃南县牧民说："我个人觉得过度放牧是草地退化的主要原因。"在肃南的干旱高山草原，气候干旱导致的蝗虫灾害正在成为当地牧民和专业人士面临的环境问题之一。为了减缓草地的退化，当地牧民和专业人士更加注重牧场的长期承载能力。大多数牧民表示愿意与专业人士合作，以防止草地退化。

当地人民经历了人口增长、生活水平提高和生计多样化等一些社会经济转型过程。通过公众调查访谈发现，天祝县抓喜秀龙乡和肃南县皇城镇现在的人口数量分别是 30 年前的 1.4 倍和 1.8 倍，放牧压力随人口数量的增加而增加。肃南县的一位女性牧民说："我们的人口增加了。每个家庭可能有 3~4 个孩子。如果一个家庭有很多孩子，孩子需要分配牧场，这样每个家庭分到的牧场将会越来越小。又因为牧场面积不能随着人口数量的增加而增加，因此牧场承受的压力比过去更大。"此案例研究调查显示，生活水平的提高正威胁着牧业生产。天祝县的一名男性牧民说："我们这里的生活费用相当高。如果我们只牧养少量家畜，收入就不会增加，无法改善生活水平，所以我们需要增加家畜牧养数量。但是，如果我们牧养家畜数量增加，对牧场来说是不利的，因此我们也陷入了一个僵局（牧场保护与创收之间）。"显然，尽管当地牧民的生活水平已经有很大提高，但他们更关心人口增长、生活成本、过度放牧和草地退化等社会和环境问题。因此，他们准备通过地方行为（例如，通过移民和生计多样化降低人口数量）来应对这些问题。在天祝县的研究区，接受调查的一名男性牧民说："部分牧民已经作为外来务工人员进入城市。"

当地人民普遍感受到了政策变化及其影响。案例研究调查显示，20 世纪 90 年代实施的草原承包责任制和草场分包到户逐渐落实在了这两个县。受访牧民对这些政策的影响持不同的观点。其中一些人认为，这些政策的实施促进了牧业资源的有效利用，改善了牧民的生计，而有些则认为改变了本土放牧方式，加快了草地的退化。自 2002 年以来，为了保护草地生态系统、恢复退化草地，政府实施了“退牧还草”，鼓励牧民围封个人牧场、轮牧或休牧，并在乡镇或农村定居，以其他生计方式谋生。因此，牧区生计和牧场条件都有了很大的变化。当地的一名官员说，“近年来，我们的牧民已经从牧场的帐篷搬到了政府建造的移民房（生态移民）。这是一个很大的变化。”然而，大多数牧民仍面临诸多新挑战，如建立新的社会网络和学习放牧管理中的新技术。

3.4.3.2 适应性行为或管理

为应对环境、社会经济和政策变化，当地人民除了做好准备以外，还制定了适应性策略。虽然当地牧民仍然保持着季节性游牧的传统，在夏季牧场和冬季牧场之间循环迁移，但是随着气候条件和草地质量在时空尺度上的变化，牧民也做了一些调整以维持可持续放牧。为了应对气候干旱和水资源短缺导致的饮用水短缺和牧草减产的问题，当地牧民提前将家畜迁移到高海拔地区的夏季牧场，并将家畜迁移到冬季牧场的时间推迟（图 3.7）。为了充分利用初夏时期，当地牧民在夏季牧场上实行长期高密度放牧，在冬季牧场上实行短期低密度放牧。这样，长期高密度放牧导致冬季牧场的草地退化可能会有所减缓。此外，当地牧民在沿着放牧路线迁移家畜时，通过“频繁迁移”和“离开时在营地重新播种”等方式，努力减缓草地的退化程度。

随着“退牧还草”和“草原承包责任制”的实施，牧民将本土的季节性游牧转化

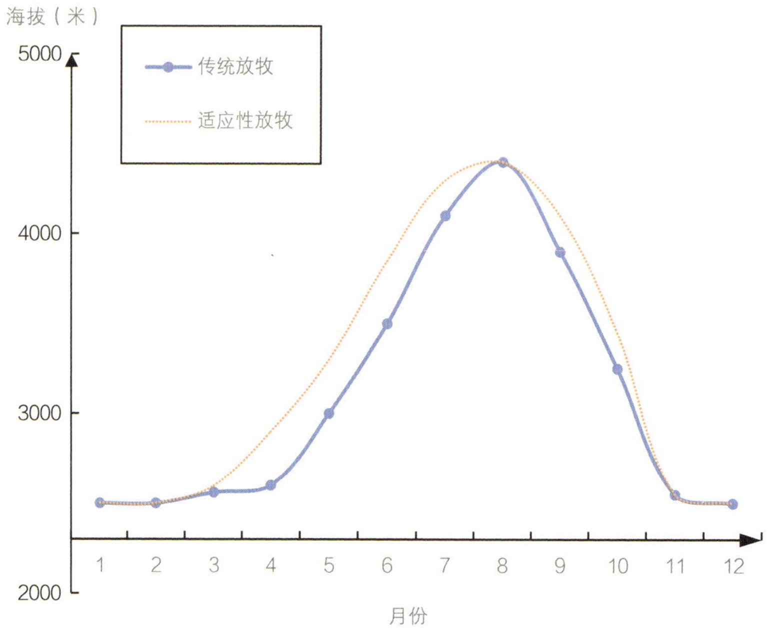

图 3.7 当地牧民使用适应性策略应对气候变化

为轮牧。他们将自己的牧场（大多是冬季牧场）围成不同的小牧场，根据地方技术人员测量或牧民估计的承载能力，牧养适当数量的家畜。在专业人士（地方技术人员或研究人员）的监督下，当地牧民在庭院或家畜围栏旁种植一些饲料作物，如燕麦，以便家畜在寒冷且漫长的冬季补充所需的草料。通过这种方式，他们可以控制当地牧场的放牧压力，降低过度放牧和草地退化的风险。牧民与专业人士合作采取创新战略，克服自然灾害和减缓草地退化。例如，在一个研究项目中，肃南县的部分牧民一直在和研究人员一起工作，通过在草地上牧鸡来控制蝗虫灾害（图 3.8）。天柱县的一些牧民一直在与当地的技术人员合作，通过施用杀虫剂来灭鼠，并在试点项目中通过围栏和再种植等方式恢复退化草地。

图 3.8 中国兰州大学的科研人员在肃南县高寒草原上牧鸡（Kiran Goldman/ 摄，2010）

3.4.3.3 多方合作和联系

包括牧民、研究人员、技术人员和政府官员在内的各利益相关方之间的合作，是实现该区域可持续草地畜牧业的最佳方法。这些利益相关方在政治、技术和社会层面上通力合作，共同应对牧民在生计方面面临的挑战和威胁。研究人员与当地牧民密切合作，解决挑战和威胁牧民生计的现实问题。受访的研究人员说：“我们的研究是从牧民那里得到研究问题。如果他们有一些需要解决的问题，我们帮助他们找到解决方案或开发研究项目，所以我们的研究真的来自基层，我们得到了牧民的支持。”对肃南县一名女性牧民单独的访谈也提及了这一点，她说：“研究人员来到这里做一些（科学）分析，这真的可以帮助我们，让我们的牧场受益。如果这些研究有益于我们的牧场，那么也有益于我们的收入，所以我们欢迎他们（科研人员），支持他们。”研究人员还与当地的技术人员和政府官员紧密合作，将他们的研究成果运用到牧区。例如在天祝县抓喜秀龙乡，科研人员与当地牧民密切合作，在多年生人工草地上进行实验，主要有两个目的：一是通过在人工牧场上饲养家畜以降低当地牧场的放牧压力，二是为恢复退化草地提供技术支持。当地技术机构（天祝县草原站）通过试点项目负责将这些实验研究的成果运用到实际，主要是对遭受啮齿动物破坏的土地进行重新种植。从实地观测和当地专家的评估结果可以看出，牧场和家畜的生态功能和生产力都得到了很大的改善。

本次调查显示，当地牧民也与政府建立了合作关系，政府给当地牧民提供资金支持和政府支持，如围栏划分牧场和围栏资金，以及减少家畜数量的生态补偿政策等。天祝县一位受访男性牧民说：“政府的政策和投资使我们受益很大。例如，控制啮齿动物的农药或建造围栏所需材料（用于轮牧和休牧）的费用都不需要我们负担。近年来，政府为牧场围栏提供了大量补贴，这对草地保护非常有利。没有政府的支持和投资，我们无法对抗草地退化。”肃南县一位受访的女性牧户说：“作为牧民，我们将牧场视为自己的生命。近年来，我们尽力保护我们的牧场。在政府的政策和财政支持下，我们已经建立了围栏（保护草地），改良了我们的牧草品种（牧场种植）。”

从调查中可以看出，虽然草原承包责任制在一定程度上改变了传统的以社区为基础的牧业管理系统，但牧民之间存在一些新兴的合作关系。案例研究点中的一些家庭为了应对不确定的气候变化，自愿共享牧场、集体放牧、种植饲料作物、收获和储存草料。在这种方式下牧户家庭自行作出口头或书面协议，以规范牧业活动，如设定迁移时间、寻找水源、确定放牧数量等。另外，当地牧民在亲戚、朋友和邻居之间建立了密切的联系，彼此学习、实践方法，分享经验和交流信息。调查显示，牧民们通过内部和多方利益相关者之间的联系获得支持，试图提升适应能力。

3.4.4 案例研究的意义

通过此案例我们可以看出，人们普遍认识到了气候变暖、过度放牧和政策变化导致的草地退化正在威胁着青藏高原脆弱地区的牧业生产系统（Yeh，2003；2010；Xu et al.，2007；Wang et al.，2007；Harris，2010；Dong et al.，2010a；2010b；2011；2012）。Klein 等（2004）在模拟实验中发现，温度升高导致青藏高原高寒草甸和灌木林物种丰富度下降，他们还观察到，温度升高导致高山植物的净生产力下降，特别是生长季节时适口性好的牧草（Klein et al.，2007）。Zhang 等（2015）发现气候变暖显著降低了青藏高原高寒草原的植被生产力。与之相反，Wang 等（2012）从对照实验中得出结论，重度放牧导致了青藏高原高寒草甸的退化，而非气候变暖。这一观点得到了许多学者的支持，他们认为青藏高原草地退化的主要驱动因素是过度放牧（Ma et al.，1999；Shang et al.，2005；Wu et al.，2007）。另外，一些学者强调，人口增长（Zhang et al.，2004）、草原承包责任制和退牧还草（Yan et al.，2005）等因素对牧民放牧行为方式的影响导致了家畜过量和集中放牧区的草地退化。不过 Harries（2010）指出，青藏高原草地退化的主要原因仍然是不确定的，因为很多结果是通过一些模糊的假设得到的（例如，假设家畜过量是草地退化的主要驱动力，但是由于对草地畜牧业社会 - 生态系统的认识不足，旨在实现可持续性的政策举措是导致家畜过量的原因之一）。因此，Dong 等（2012）认为，在青藏高原以及发展中世界的其他地区，人文 - 自然耦合系统（社会 - 生态系统）的变化与草地退化有很大的关系，政策手段没有完全达到促进牧业生产系统可持续性的目标，主要是因为忽视了生态、经济和社会之间的相互联系（图 3.9）。现今，带来变化的因素或“驱动力”与当地畜牧社会适应这些变化的方式之间存在着紧密的相互联系，这些适应发生在不同的方面，包括社会、制度和自然（Wu et al.，2015）。

图 3.9 共和县竖立的宣传牌提倡禁牧、休牧制度（董世魁 / 摄，2012）

作为牧业环境、社会经济和政策变革所有这些驱动因素的真正受体和响应者，当地牧民已经形成了自己的认知，并且已经做好应对所有变化的准备。最重要的是，他们根据自己的知识和智慧制定了适应性行动策略，以最大限度地发挥这些变化的积极影响，尽量减少其负面影响，甚至在可持续草地畜牧业中将这些变化带来的限制转化为机遇。根据这个案例研究，这些适应性行动策略主要包括移动性、特定性、多样性、准备、交流、合作。这些策略都可以促进新的自然资源管理体系，即青藏高原牧业系统中适应性管理、社会学习和弹性思维（复杂适应系统）的三维框架。在 Tyler（2008）总结的三维框架中，“适应性管理通常强调自然科学和生态系统，社会学习强调人类能动性和联系，弹性思维将社会生态系统作为具有动态性和周期性的复杂的实体。这三个维度可以提供有助于学习、适应和可持续发展的实践的见解。”这个案例研究的结果表明，在环境恶化、社会经济转型和政策调整时期，需要新的体制机制来促进青藏高原牧业系统的适应性行动策略。需要通过网络、合作关系、咨询机构和集体行动促进牧民和其他利益相关者之间更广泛的联系，以增强青藏高原人文（例如，本土实践和传统）和自然（例如，物质条件）耦合系统的弹性力。

3.5 加强喜马拉雅山区草地畜牧业人文 - 自然耦合系统的弹性力

虽然三个研究区的社会经济、政策、人口和文化背景各不相同，但这三个案例研究都探讨了影响牧业系统的环境、社会经济和政策变化因素等类似问题。这些变化在草地畜牧业人文 - 自然耦合系统之间产生了复杂的相互作用和反馈机制，案例研究强调了利用生态科学、社会科学以及其他学科的跨学科方法研究可持续牧业发展的重要性。它们为促进学习、适应和可持续的牧业管理实践提供了独特的跨学科视角。这三个案例研究强调了综合理解人文 - 自然之间关系的重要性。他们强调，要提高喜马拉雅山区牧业系统的弹性力，就必须考虑到人文 - 自然耦合系统的复杂性。如 Liu 等人所述（2007a），耦合的人文 - 自然系统挑战着自然资源和环境的传统规划和管理策略。许多政策和管理实践的成败取决于认识人文 - 自然耦合系统的复杂性（Liu et al.，2007b）。

喜马拉雅山区可持续牧业发展的人文 - 自然耦合系统对政策决策有借鉴作用。当地（尼泊尔喜马拉雅山区、印度喜马拉雅山区和中国青藏高原地区）牧民掌握的本土知识库对于维持牧业管理非常宝贵。有必要将当地应对气候变化的适应性和集体行动纳入现代技术发展和公共决策中。产权和地方体制机制是合理分配牧业社区牧场资源的重要组成部分。在制定尼泊尔喜马拉雅山区和印度喜马拉雅山区牧业保护和生产的共同决策时候，应考虑这些因素。对于维持中国青藏高原牧业生产系统的稳定来说，不同利益相关者之间通过社会网络进行的联系和合作也至关重要，需要将其纳入牧区资源研究、规划和政府管理中。

鼓励管理实践者和政策制定者系统地将科学知识和人文 - 自然耦合系统方法应用于管理和决策制定实践中。政策制定时必须同时考虑社会需要和人文 - 自然耦合系统现有的最佳科学知识。要提高草地畜牧业的弹性力，必须深入了解草地畜牧业人文 - 自然耦合系统中的社会、经济、自然 - 生物和生态各部分之间的相互作用。因此，迫切需要收集和整合新的和现有的研究成果，以供管理实践者和决策者使用。还要关注可持续草地畜牧业人文 - 自然耦合系统的社会经济和文化组成部分，并将其与科学项目和政策优先事项有效结合，以确保当地牧民的需求与国家或地区牧业管理政策和战略之间达到平衡。应开展综合研究，将生态、社会和经济研究结合起来，从而为牧业管理决策提供坚实基础。对喜马拉雅山区草地畜牧业的未来来说，为人文 - 自然耦合系统研究提供充足的支持和投资至关重要，应加强对牧业资源利用、管理系统、复杂适应系统的跨学科研究以及对现有知识的整合。

致谢：著者对中华人民共和国科技部、中国国家自然科学基金委员会、亚洲学者基金会、新学校印中研究所、北京师范大学的财政支持表示感谢。同时感谢提供文章、表格和图表等用以丰富本章内容的众多学者以及接受采访的农民、牧民和专家。

参考文献

ALIROL P, 1979. Transhumaning animal husbandry systems in Kaligchowk Region (central Nepal)[R]. Swiss Association for Technical Assistance/Integrated Hill Development Project, Kathmandu.

BHASIN V, 1988. Himalayan ecology: transhumance and social organization of Gaddis in Himachal Pradesh[M]. Kamal Raj Enterprise, New Delhi.

BHASIN V, 2011. Pastoralists of Himalayas. J Hum Ecol 33(3): 147-177.

CAI H, ZHANG X F, 2013. A participatory survey on status and local pastoralists' consciousness to animal husbandry in alpine grassland[J]. Grassl Turf, 33: 66-72.

CHAKRAVARTY-KAUL M, 1998. Transhumance and customary pastoral rights in Himachal Pradesh: claiming the high pastures. In: Mountain research and development[D]. International Mountain Society and United Nations University.

CHAPAGAIN D P, 1986. Managing public lands as a common property resources: a village case study in Nepal[D]. University of Wisconsin, Madison .

CHAN Y N, 2002. Livestock and rangeland management in Shangri-La Gorge, Shangri-La County, Northwest Yunnan, China[D]. MSc thesis, Lund University.

CHAND S P, GURUNG B D, ROOD P G, 1991. Farmers' traditional wisdom: where does it stand within the present agricultural research systems of Nepal?[R]. Pakhribas Agricultural Centre (PAC) occa-sional paper no 4, Dhankuta.

DERVILLE M, BONNEMAIRE J, 2010. Marginalization of yak herders in Bhutan: can public policy generate new stabilities that can support the transformation of their skills and organization? Innovation and sustainable development in agriculture and food[R]. ISDA, Montpellier: 1-10 .

DONG S K, LASSOIE J P, YAN Z L, et al., 2007. Indigenous rangeland resource management in the mountainous areas of northern Nepal: a case study from the Rasuwa District[J]. Rangeland J, 29: 149-160.

DONG S K, LASSOIE J P, SHRESTHA K K, et al., 2009. Institutional development for sustainable rangeland resource and ecosystem management in mountainous areas of north-ern Nepal[J]. J Environ Manage, 90: 994-1003.

DONG S K, LI J P, LI X Y, et al., 2010a. Application of design theory for restoring the "black beach" degraded rangeland at the head water areas of the Qinghai-Tibetan Plateau[J]. Afr JAgric Res, 5: 3542-3552.

DONG S K, WEN L, ZHU L, et al., 2010b. Implication of coupled natural and human systems in sus-tainable rangeland ecosystem management in HKH region[J]. Front Earth Sci China, 4(1): 42-50.

DONG S K, WEN L, YANG Z F, et al., 2011. Vulnerability of worldwide pastoralism to global changes and interdisciplinary strategies for sustainable pasto-ralism[J/OL]. Ecol Soc, 16(2): 10[2016-01-09]. http://www.ecologyandsociety.org/vol16/iss2/art10/.

DONG S K, LASSOIE J P, WEN L, et al., 2012. Degradation of rangeland ecosys-temsin the developing world: tragedy of breaking coupled human-natural systems[J]. IntJ Sustain Soc, 4: 357-371.

EL-ASHRY M, 2009. Adaptation to climate change: building resilience and reducing vulnerability. Recommendations from the 2009 Brookings Blum Roundtable[R/OL]. United Nations Foundation[2016-01-09]. http://www.brookings.edu/~/media/Research/Files/Papers/2009/9/climate%20 change%20 poverty/09_climate_change_poverty el ashry.PDF.

FAROOQUEE N A, 1994. Transhumance in the central Himalaya: a study of its impact on environment[J]. HNB Garhwal University, Srinagar, India.

FAROOQUEE N A, MAJILA B S, KALA C P, 2004. Indigenous knowledge systems and sustainable management of natural resources in a high altitude society in Kumaun Himalaya, India[J]. J HumEcol, 16: 33-42.

FAROOQUEE N A, SAXENA K G, 1994. Adaptation, conservation and livestock management in high hills of central Himalaya: indigenous knowledge and practice[M]// Somvanshi R, Lokeshwar R R, (ed). Current advances in veterinary science and animal production in India. International Book Distribution Company, Lucknow: 123-129.

FOGGIN J M, 2008. Depopulating the Tibetan grasslands[J]. Mt Res Dev, 28: 26-31.

FOLKE C, 2006. Resilience: the emergence of a perspective for social-ecological systems analyses[J]. Glob Environ Change, 16: 253-267.

GADGIL M, BERKES F, FOLKE C, 1993. Indigenous knowledge for biodiversity conservation[J]. Ambio, 22: 151-156.

GIBBS J N, BROMLEY D W, 1989. Institutional arrangements for management of rural resources: common property regimes[M]// Berkes F, (ed). Common property resources: ecology and community-based sustainable development. Belhaven, London: 22-33.

GILL G J, 1993. Indigenous system in agriculture and natural resource management: the policy dimension.[M]// Tamang D, Gill G J, Thapa G B, (ed). Indigenous management of natural resources in Nepal Tamang. Proceeding of the workshop on indigenous management of agri-culture and natural resources, Dhulikhel, Nepal, 8-9 June 1992. Winrock International, Kathmandu: 3-12.

GILMOUR D A, 1990. Resource availability and indigenous forest management systems in Nepal[J]. Soc Nat Resour, 3: 145-158.

GORDON H S, 1954. The economic theory of a common pool resource: the fishery[J]. J Polit Econ, 62: 124-142.

HARDIN G, 1968. The tragedy of commons[J]. Science, 162: 1243-1248.

HARRIS R B, 2010. Rangeland degradation on the Qinghai-Tibetan plateau: a review of the evidence of its magnitude and causes[J]. JArid Environ, 74: 1-12.

IVES J D, Messereli B, 1989. The Himalayan dilemma: reconciling development and conservation[M]. Routledge, New York.

JANZEN J, 1993. Mobile Livestock Keeping in Somalia-General Situation and Prospects of a Way of Life Undergoing Fundamental Change[M]// Baumann M P O, Janzen J, Schwartz H J, (ed). Pastoral Production in Central Somalia. OTZ, Eschborn.

KASSAM K S, 2010. Pluralism, resilience, and the ecology of survival: case studies from the Pamir mountains of Afghanistan[J/OL]. Ecol Soc, 15(2): 8[2016-01-09]. http://www.ecologyandsociety.org/vol15/iss2/art8/.

KLEIN J A, HARTE J, ZHAO X Q, 2004. Experimental warming causes large and rapid species loss, dampened by simulated grazing, on the Tibetan Plateau[J]. Ecol Lett, 7: 1170-1179.

KLEIN J A, HARTE J, ZHAO X Q, 2007. Experimental warming, not grazing, decreases rangeland qual-ity on the Tibetan Plateau[J]. EcolAppl, 17: 541-557.

KREUTZMANN H, 2012. Pastoralism—a way forward or back?[M]// Kreutzmann H, (ed). Pastoral practices in High Asia. Agency of 'development' effected by modernisation, resettlement and trans-formation. Springer, Dordrecht: 323-336.

LAND RESOURCE MAPPING PROJECT, 1986. Summary report of LRMP[R]. His Majesty's Government of Nepal and Government of Canada. Land Resource Mapping Project, Kathmandu.

LIU, J G, DIETZ T, CARPENTER S R, et al., 2007a. Complexity of coupled human and natural systems[J]. Science, 317(5844): 1513-1516.

LIU, J G, DIETZ T, CARPENTER, S R, et al., 2007b. Coupled human and natural systems[J]. Ambio, 36: 639-649.

LONG R J, ZHANG D G, WANG X, et al., 1999. Effect of strategic feed supplementation on productive and reproductive performance in yak cows[J]. Prev Vet Med, 38: 195-206.

LONG R J, DING L M, SHANG Z H, et al., 2008. The yak grazing system on the Qinghai-Tibetan plateau and its status[J]. Rangeland J, 30: 241-246.

MA Y S, LANG B N, LI Q Y, et al., 1999. The present status of the grassland eco-environment at the headwater areas of Qinghai-Tibetan Plateau and resume strategies of degraded grassland[J]. Grassl China, 55: 59-61.

MACCHI M, GURUNG A M, Hoermann B, et al., 2011. Climate variability and change in the Himalayas: community perceptions and responses[R]. International Centre for Integrated Mountain Development, Kathmandu.

MAIKHURI R K, NAUTIYAL S, RAO K S, et al., 2000. Analysis and resolution of protected area-people conflictsin Nanda Devi Biosphere Reserve, India[J]. Environ Conserv, 27(1): 43-53.

MEINZEN-DICK R, GREGORIO M D, 2004. Collective action and property rights for sustainable development: overview[R]// Meinzen-Dick R, Gregorio, M D, (ed). Collective action and property rights for sustainable development: 2020 vision for food, agriculture and environment. 2020 focus II, brief 1 of 16. International Food Policy Research Institute, Washington: 1-2.

MILES M B, HUBERMAN A M, 1994. Qualitative data analysis: an expanded sourcebook, 2nd edn[M]. Sage, Thousand Oaks.

OSTROM E, 1990. Governing the commons: the evolution of institutions for collective action[M]. Cambridge University Press, London.

PATTON M Q, 1990. Qualitative evaluation and research methods, 2nd edn[M]. Sage, Newbury Park.

RAI N, THAPA M B, 1993. Indigenous pasture management systems in high-altitude Nepal: a review[M]// HMG Ministry of Agriculture.Winrock International Policy Analysis in Agriculture and Related Resource Management, research report series, no 22. Winrock International, Kathmandu.

RAJBHANDARY H B, PRADHAN S L, 1990. Livestock development and pasture management[R]// National Planning Commission, The World Conservation Union, (ed). Background papers to the national conservation strategy for Nepal. The World Conservation Union, Kathmandu: 1-10.

RAWAT G S, 1998. Temperate and alpine grasslands of the Himalaya: ecology and conservation[J]. Parks, 8: 27-36.

SCOTT A, 1955. The fishery: the objectives of sole ownership[J]. J Polit Econ, 63: 116-124.

SHANG Z H, LONG R J, 2005. Formation reason and recovering problem of the "black soil type" degraded alpine grassland in Qinghai-Tibetan Plateau[J]. Chi J Ecol, 24(6): 652-656.

SHARMA V P, ROLLEFSON I K, MORTON J, 2003. Pastoralism in India: a scoping study[M]. Centre for Management on Agriculture, IIM, Ahmadabad.

SHRESTHA T B, 2001. Status review national strategies for sustainable development forestry/range-land/ biodiversity[R]. The World Conservation Union, Kathmandu.

SINGH K S, 1996. Peoples of India series[M]. Anthropological Survey of India, New Delhi.

SINGH J P, ROY M M, RADOTRA S, 2009. Grasslands of Himachal Pradesh[M]. Indian Grassland and Fodder Research Institute , Jhansi.

SUNDRIYAL R C, 1995. Grassland forage production and management in the Himalaya: a review[J]. J Hill Res, 8(2): 135-150.

TAMANG D, 1993. Challenges and opportunities in farm and community resource management in Nepal[M]// Tamang D, Gill GJ, Thapa GB, (ed). Indigenous management of natural resources in Nepal Tamang. Proceedings of the workshop on indigenous management of agriculture and natu-ral resources, Dhulikhel, Nepal, 8-9 June 1992. Winrock International, Kathmandu: 13-23.

TESFAY Y, TAFERE K, 2004. A pastoral forum organized by the Dryland Coordination Group (DCG) in Ethiopia, 27-28 June 2003[R]. DCG report no 31, November 2004. Dryland Coordination Group, Mekelle.

TOURISM FOR RURAL POVERTY ALLEVIATION PROGRAM, 2005. Tourism resource mapping profile: Resuwa District[M]. (NPTC limited), Chabahil: Kathmandu, Nepal.

TYLER S R, 2008. Adaptive learning in natural resource management: three approaches to research[R]. Working paper 22. International Development Research Centre.

WALKER B, SALT D, 2006. Resilience thinking: sustaining ecosystems and people in a changing world[M]. Island, London.

WALKER B, HOLLINGC S, CARPENTER SR, et al., 2004. Resilience, adaptability and transformabil-ityin social-ecological systems[J/OL]. Ecol Soc, 9(2): 5[2016-01-09]. http://www.ecologyandsociety.org/vol9/ iss2/ art5/.

WANG G X, WANG Y B, LI Y S, et al., 2007. Influences of alpine ecosystem responses to climatic change on soil properties on the Qinghai-Tibet Plateau, China[J]. Catena, 70: 506-514.

WANG S P, DUAN J C, XU G P, et al., 2012. Effects of warming and grazing on soil N availability, spe-cies composition and ANPP in alpine meadow[J]. Ecology, 93: 2365-2376.

WU N, 1997. Indigenous knowledge and sustainable approaches for the maintenance of biodiver-sityin nomadic society: experiences from eastern Tibetan Plateau[J]. Erde, 128: 67-80.

WU X Y, ZHANG X F, DONG S K, et al., 2015. Local perceptions of rangeland degradation and climate change in the pastoral society of Qinghai-Tibetan Plateau[J]. The Rangeland Journal, 37: 11-19.

Xu W X, Liu X D, 2007. Response of vegetation in the Qinghai-Tibet Plateau to global warming[J]. Chin Geogr Sci, 17: 151-159.

YAN Z L, WU N, YESHI D, et al., 2005. A review of rangeland privatization and its implications in the Tibetan Plateau, China. Nomadic Peoples 9: 31-51.

YEH E T, 2003. Tibetan range wars: spatial politics and authority on the grasslands of Amdo[J]. Dev Change, 34: 499-523.

YEH E T, 2010. Restoring the grasslands?[R]. China dialogue, 26 January.

ZHANG H F, LIU F G, ZHOU Q, et al., 2004. Degradation mechanism of the grass in Qinghai Plateau and its prevention and control countermeasures[J]. J Nat Disasters, 13: 115-120 (in Chinese).

ZHANG Y, GAO Q Z, DONG S K, et al., 2015. Effects of grazing and climate warming on plant diversity, productivity and living state in the alpine rangelands and cultivated grasslands of the Qinghai-Tibetan Plateau[J]. The Rangeland Journal, 37: 57-65.

Chapter 4

第四章

亚洲内陆草地畜牧业的社会文化和生态系统：中国内蒙古以及阿富汗巴达赫尚帕米尔高原的案例

本章著者：卡里姆－阿里·S·卡萨姆（Karim-Aly S. Kassam）
廖　川
董世魁
薛　芳
温　璐

4.1 中国内蒙古自治区的草地畜牧业与牧民的生计多样性

4.1.1 背景

内蒙古自治区位于中国北部，北接蒙古国和俄罗斯，总面积约 183 万 km^2，东西距离约 2400km，是中国五大牧业生产基地之一。全区草原从东到西可以划分为温带草甸草原、温带典型草原、温带荒漠草原。在内蒙古西部，还分布有大面积的草原化荒漠。内蒙古地区的岩画表明，早在 3000 多年前该地区就有了游牧草地畜牧业，且游牧很长一段时间都是该地区主要的土地利用方式（Wu et al.，2008）。

从历史上看，中国内蒙古和蒙古国的草地分散在不同的牧业群体手中，包括匈奴、鲜卑、柔然、突厥、维吾尔、契丹、女真、蒙古等民族（Wu et al.，2008）。结合历史资料，该地区的牧业生产分为三个阶段："第一阶段是 1947 年内蒙古自治区成立之前，囊括成吉思汗统治之前的部族游牧系统、成吉思汗统治时期的封建制游牧系统以及 20 世纪清朝至'中华民国'的会盟和札萨克旗制游牧系统；第二阶段是 1947—1980 年的小区域游牧以及部分区域半游牧半定居系统；第三阶段是从 20 世纪 80 年代开始到现在的土地承包、围栏放牧系统。"

在 1947 年之前的游牧和季节性放牧过程中，牧民的生计方式、生计资本、思维模式较为简单。1947—1980 年，内蒙古实行计划经济，牧民的放牧形式由游牧向半游牧半定居转变，生计资本增加，思维模式由陈旧封闭逐渐改变。20 世纪 80 年代初期，计划经济向市场经济转型，内蒙古开始实施草畜双承包制度，该制度旨在通过加快季节性放牧向定居生活和放牧的转变，加强家畜生产，增加草料和牧草的种植，促进草原保护和畜牧业发展（Li et al.，2009），定居畜牧业后，牧民开始"建设养畜"，生计资本丰富，商品化、科学化观念出现。因此，更好地了解相关政策和项目所产生的影响，以便于帮助牧民和决策者设计可持续牧业生产和草地管理的新模式。本案例研究旨在评价从过去到现在内蒙古牧区人文 - 自然耦合系统的变化，探讨牧民对内蒙古体制机制改革的适应能力。

4.1.2 方法

该研究中使用了综合方法，包括文献综述、实地考察和案例。从公共报告、政府文件和在线图书馆获取内蒙古和全中国关于政策以及草地畜牧业的信息。2020 年 9~11 月进行实地调查，采用参与式调查和深入访谈，收集了内蒙古锡林郭勒盟东乌旗、苏尼特左旗和正蓝旗 274 户家庭的数据。这三个地区分别属于内蒙古的三种草地类型，即草甸草原、典型草原和荒漠草原。对于家庭访谈，调查问卷内容如下：①当地牧业生产和草地管理传统；②受访者特征和牧业生产经营状况，包括基础设施建设等详细内容；③受访者对草地现状和草地保护重要性的认识；④提高牧业生产的行为模式。

4.1.3　草地畜牧业由游牧向定居的转变

4.1.3.1　游牧和季节性游牧

内蒙古是古代游牧民族重要的活动区域。在历史上，匈奴、突厥、鲜卑、契丹、女真、蒙古等民族都在这里建立过自己的政权，各游牧民族形成了与当地自然环境相适应的人文 - 自然耦合系统，最终集成于如匈奴、突厥、回鹘、契丹、女真等强势民族的文化传统与文化创新中，并在元、清两代得到了最充分的体现，形成了以蒙古族文化为典型代表、独具生态意蕴的草原生态文化。清朝之后，牧场被各诸侯国瓜分，内蒙古的牧民生计建立在“旧苏鲁克”制度的基础上。苏鲁克在这里指的是一种雇佣劳动制度。畜牧业主雇用贫穷的牧民照料牲畜，而牧民没有牲畜或牲畜很少。牲畜所有者被称为苏鲁克主人，牧民被称为苏鲁克家庭。

苏鲁克主人和苏鲁克家庭一般签订为期三年的协议。协议期限与特定牲畜的生长周期、牧民的牲畜租赁习惯、饲养牲畜的难易程度以及牲畜的价值有关。在此期间，成年牲畜归苏鲁克主人所有，苏鲁克家庭保留新生牲畜的 20%~30% 作为工资。除了每年将一定数量的牲畜交给苏鲁克主人外，羊绒羊毛、皮革、牛奶和粪便等牲畜产品都归苏鲁克家庭所有。如果生下双胞胎羔羊，苏鲁克家庭可保留一只，如果苏鲁克家庭放牧一年，则可获得一件蒙古袍、10 张旧羊皮、一双蒙古靴或一匹 2 岁的马或一头 4 岁的牛。在协议中，苏鲁克家庭负责生产成本。如果牲畜的死亡是由极端气候和疫病等自然灾害造成的，苏鲁克家庭不承担损失；但是，如果牲畜的死亡是由于牧民的疏忽造成的，苏鲁克家庭就要承担责任，并承担损失费用（奇格，1999；齐伯益，2002）。如果不满意，苏鲁克主人可以随时收回牲畜（齐伯益，2002）。在此期间，牲畜按季节轮流放牧。

这一阶段的畜牧业人文 - 自然耦合系统应对极端气候和疫病等自然灾害的适应能力较差，但该阶段的前期人口数量、放牧压力等尚未大规模增长，因此草地生态系统退化尚不严重，当时的草地退化主要是由于自然因素造成的。而在该阶段后期，由于人口数量和牲畜储量的大规模增长，草地生态系统的压力增加，草地退化较为普遍。

4.1.3.2　半游牧半定居

1947—1952 年，内蒙古自治区开展了畜牧业改革，承认内蒙古的草场是牧民的公共财产，废除封建草场所有制，废除封建阶级的一切权力和奴隶制度，苏鲁克主人和苏鲁克家庭都受益于此。此时，“新苏鲁克”制度开始实行。苏鲁克主人和苏鲁克家庭签订的劳动合同一般不少于三年。新生牲畜仍作为工资，但提高到将 40% 的新生牲畜作为工资，有时甚至提高到 50%。苏鲁克家庭仍像以前一样保留畜产品，但取消了原来不合理的牲畜损失补偿规定（齐伯益，2002）。对于既没有自己的牲畜又没有与苏鲁克主人签订雇佣合同的贫困牧民，政府每年会从畜牧税中拿出一些牲畜作为额外补助。

1951 年，内蒙古自治区提出“在有条件的地区逐步推广定居”的号召，1953 年，中国提倡牧区畜牧业采用定居游牧方式。国务院指出，定居有利于人口增长，但由于草原产草有一定限度，不利于牲畜的发展和繁殖。而定居游牧可以综合两者的优点，克服两者的缺点。因此，在有条件的地方，提倡定居游牧。在这一阶段，内蒙古呼伦贝尔市和锡林郭勒盟东部地区仍然过着传统的游牧生活，每年迁徙多达 10 次。最长的迁徙距离为 150~200km。大多数牧民则采用“半游牧半固定放牧”的生活方式。他们根据气候条件、水源、地形和草场条件将草场分为四季。有些地区在冬季和春季固定放牧，夏季和秋季游牧；有些地区在冬季固定放牧，春季、夏季和秋季游牧。游牧距离相对较短，季节性迁徙距离一般小于 100km（邢莉 等，2013）。

随着定居点的扩大和生产的发展，牧民的生活进入了合作化阶段（1954—1958 年）。草原归各族人民所有，草原使用权归旗、苏木、嘎查，牲畜归私人所有。牧民加入合作社，合作社统一管理牲畜，收入按股份和劳动贡献分配（李毓堂，2008）。

1958 年，内蒙古自治区提出牧区定居放牧。牧民逐步实现了半定居和定居，牲畜有了棚圈和草场，牧区人民公社制度也在这一时期开始实行。生产资料继续由本地区居民管理。人民公社本质上是一个工农合作的基层组织单位。人民公社分为三级，即公社、生产大队和生产队。生产大队负责各生产队的活动，生产队直接管理牧民。这时，在生产队的领导下，实行统一计划分配、统一积累、统一调配生产资料，牧民领取劳动报酬。牧区定居点不断扩大，这意味着游牧距离不断缩短（张昆，2018）。为了放牧牲畜，牧民们仍然分散居住，有些家庭彼此相邻，住在蒙古包里，而放牧则由一个或几个家庭完成。草场一般分为放牧场和打草场。牲畜的移动取决于牲畜、季节以及草场、水源和积雪的状况。与之前相比，人民公社巩固了定居放牧形式，以有组织、有计划的放牧取代了自由放牧。从 20 世纪 60 年代人民公社成立到解散，牧民一直从事畜牧业的集体生产。

由于全球经济快速发展以及体制机制的改变，加之在上一阶段后期，已经有大面积的草地出现退化，使得此时的草地畜牧业人文 - 自然耦合系统中的农牧生态系统较脆弱，虽然牧民生计的选择增加，但由于牧民对其他生计方式的不适应，使得可供牧民选择的生计方式仍然有限。

4.1.3.3 定居畜牧业

20 世纪 80 年代初，内蒙古牧业体制改革，实行草场使用权固定归户。从本质上讲，畜牧业制度发生了变化，个体家庭的作用得到了加强。这种生产和管理体制使生活条件从半定居变为定居，游牧生活开始淡化。

1983 年 7 月，内蒙古第六届人民代表大会常务委员会第二次会议通过了《草原管理条例（试行）》，规定自治区的草原属于社会主义劳动群众集体所有。1984 年 7 月，内蒙古牧区工作会议决定在牧区实行“草畜双承包”制度。该制度将草场所有权划归嘎查，牧民可以承包使用。此外，所有牲畜、牲畜棚圈和房屋都被评估价值，并与草场一起被牧民承包。牧民开始以家庭经营方式进行私人畜牧业生产。随后，内蒙古自治区正式颁布了《草原管理条例》，要求各地按照草原所有权和使用权分离的原则，将草原（包括放牧场和打草场）承包到户。承包期延长至 30 年，并为承包者颁发长期土地使用证。这一制度结束了集体化时代，游牧的必要条件逐渐消失。学术界提到：“牧民拥有的牲畜牛、马、驼、羊品种齐全，难以按畜群放牧；牧民承包的草原范围小、零碎，不能按季节分别利用，游牧基本不可能或没有必要”（李新，2007）。

1997 年 1 月，为了落实草原“双权一制”改革，内蒙古要求将所有草原划分到户，无法划分的草原用于小规模经营，以完成所有权和土地使用权的划分。草原承包到户后，牧民们修建围栏，将家庭财产和牲畜圈起来，并将草原划分为 2~3 个季节性营地，进行轮牧。此外，由于草场靠近固定住所，牧民允许牲畜自行放牧。牧民会把牲畜赶到草场，偶尔检查一下牲畜，确保有水喝，晚上再把牲畜赶到棚圈里。定居畜牧业特征明显。2000 年后，内蒙古 90% 的牧民都已定居，不再游牧。畜牧业生产从传统的游牧业彻底转变为定居畜牧业。2009 年中国首次下达“游牧民族定居工程”投资时，内蒙古牧区牧民基本实现定居，2009—2015 年内蒙古牧区（县）牧民定居问题得以解决。

综上所述，牧区实行经济体制改革以来，从盟旗制到公社制，再到家庭联产承包责任制，游牧民的生产经营方式由半定居变为定居，逐步形成了一家一户的小牧经济。这一阶段的草地畜牧业人文 - 自然耦合系统虽然仍面临草地生态系统退化、人口及牲畜压力增加、气候变化等问题，但由于体制机制的调整，区域草地退化的趋势得到遏制。牧民逐渐适应新的生活生产方式，为了追求好的生活品质，更多的牧民选择多样的生计方式，因此在这一阶段，牧民可选择的生计方式更加多样化。

4.1.4 牧民的生计多样性

4.1.4.1 单一系统

在游牧和半定居半游牧占主导地位的两个时期，牧民的生计相对单一。在游牧时期，畜牧业是游牧民的主要生产活动。内蒙古传统的游牧畜牧业生产采用严格的轮牧制度，即根据牲畜对草场和水的需求四季更换草场，而牧民则随牲畜移动。经验丰富的牧民能够利用夏季的大部分草场资源，尽可能推迟进入冬季草场的时间，从而在生物量稀少、质量较差的冬季节省草料。此外，为了满足日常需要或换取其他必需品，牧民们给牲畜挤奶，制作黄油、奶酪、酥油和其他奶制品，剪羊毛，收集骆驼毛，屠宰牲畜，制作肉制品，收集粪便。挤奶和生产奶制品主要由妇女和老人负责。在春、夏、秋三季，牲畜每天要挤两三次奶。即使在冬季和早春，牲畜也必须每天挤奶。牲畜的粪便被收集起来，然后晒干堆放，用作取暖和做饭的燃料。虽然牧场周围都是山林，但许多牧民认为牲畜粪便是最好、最稳定的能源。畜牧业为游牧民提供了基本的生活必需品。

随着定居化的推行，牧区出现了半游牧半定居和定居的游牧形式，但以半游牧半定居为主。半游牧半定居形式是指牧民建造房屋和牲畜棚圈作为固定的永久住所，在春、夏、秋三季继续从事传统的游牧活动，在冬季返回固定的住所和棚圈，为牲畜提供食物。这种畜牧生产方式使老人、孩子和病人能够常年留在固定的地方，而年轻牧民则与牲畜一起迁徙。在这一阶段，牧民开始在秋季收割牧草，晒干后作为干草储存在牲畜棚里，是牲畜越冬和越春的主要饲料。与此同时，牧民开始关注牲畜棚舍的建造（王建革，2006）。

4.1.4.2 多样系统

发展到完全定居时期，即草原和牲畜双承包之后，牧民开始定居下来，在自己的草场附近饲养牲畜。最初，大多数牧民从事单一经营，即只饲养和出售牲畜。在草原公有制和家庭联产承包责任制的基础上，地方政府还实行了草场流转制度，促进了畜牧大户规模经营的进一步发展。

此外，随着人口的增加，牲畜的数量也逐渐增加，因此牧民必须为牲畜增加饲料。牧民们开始种植饲料作物，并租用荒废的草地为牲畜提供草场。与此同时，牧民们继续投资改善牲畜所需的设施。牧民的生产方式开始多样化。

（1）经济合作组织

经济合作组织是以家庭承包经营为基础，与合作社相结合的一种新型经营方式，是解决草原分散经营和家庭联产承包经营带来的发展制约的有效途径，也是畜牧业实现规模经济的重要手段。根据农民专业合作社的定义，结合牧区实际情况，牧民专业合作社可以认为是“牧民在草场、牲畜、劳力、机械等承包经营的基础上，自愿联合、民主管理的互助性经济组织”。

2006 年 10 月，中国全国人大常委会通过了《农民专业合作社法》，规定农民专业合作社在中国具有合法地位。2009—2015 年，内蒙古牧民专业合作社从 882 个发展到

1.45 万个，社员数量也大幅增加。根据内蒙古自治区农牧业厅的相关统计数据，合作社的类型也呈现多样化，包括畜牧养殖合作社、大型农机合作社、旅游合作社等。其中，畜牧业合作社的比例达到 70% 左右。

合作社的快速发展为促进当地经济发展发挥了重要作用，但同时也存在诸多争议和弊端。例如，社员公平持股、责任共担的产权制度尚未形成。因此，控制权掌握在少数人手中，民主治理结构和管理制度流于形式。许多合作社仅由少数核心成员领导，公平有效的利益分配制度严重缺失（刘钟龄 等，2001）。

（2）产业化经营

产业化经营是指利用现代企业管理手段，延伸畜牧产业链，满足市场需求，解决生产规模小、生产能力低、生产效率低等问题。产业化经营应主要包括现代畜牧业、畜产品加工业、家庭牧场和龙头企业等新型畜牧业经营方式。

2013 年，《内蒙古人民政府关于全面深化农牧区改革加快推进农牧业现代化的实施意见》强调，牧区要发展现代产业经营。2016 年，内蒙古印发了《关于推进农村牧区一二三产业融合发展的意见》。2020 年，中国出台了《关于促进小农户和现代农业发展有机衔接的意见》，要求各地结合实际认真贯彻落实。相关文件提出要引导牧户合作，支持牧民与产业有效对接，特别是与经济组织在资金、技术、采购、生产、加工、销售等方面开展互助合作。同时还提出要延伸畜牧业产业链条，开展畜牧业生产全过程社会化服务创新试点，对牲畜屠宰和畜产品加工企业实行税收减免，建立健全畜产品营销体系。这一系列政策旨在鼓励牧户与家庭牧场、企业、合作社等经济合作组织合作，努力参与市场经济，实现产业化经营，增加家庭收入。

在这样的政策支持下，到 2022 年，一个以市场为导向，集畜牧业生产、加工和销售为一体的生计模式，即产业化经营模式出现了。这种模式有机融合了经济合作组织和产业化经营方式。从根本上说，它将以小规模、分散型为主的传统畜牧业转变为专业化、产业化、规模化生产和销售的综合系统。

4.1.5　牧民的可持续资本

4.1.5.1　人力资本

人力资本是指人们对生产技术、文化基础、劳动力等生计策略的选择。因此，人力资本一般表现为促进生计转型、实现生计目标的生计和劳动能力。牧民文化教育水平是牧民人力资本的重要组成部分。

内蒙古牧区畜牧业牧民平均受教育水平普遍较低，特别是在 1990 年普及小学教育之前。2015 年的一项调查显示，80% 的畜牧业劳动力文化程度在初中以下（王海春，

2017)。到 2021 年，据笔者调查，畜牧业劳动力的文化程度主要在初高中水平，仅有部分牧民是本科生，具有研究生学历的牧民很少。因此，牧民由游牧型向定居型转变，文化程度亟待提高。

4.1.5.2 实物资本

有形资本包括维持生计的基础设施和牲畜资产。基础设施包括固定资产，如稳定的住所、交通工具、卫生设施和生产手段（如设备、燃料和工具），使牧民的生产活动能够有效进行。牲畜资产是牧民拥有的牲畜数量。牲畜资产的数量和质量，与牧民的生计直接相关。

牧民的家经历了三个阶段：从传统游牧生活中使用的移动蒙古包，到蒙古包，再到自制的“房车”。每个牧民都有自己固定的放牧点和放牧范围，在牲畜进入夏令营之前，牧民自行选择一处地点，用机动车运输蒙古包和日常用品。再后来，从蒙古包变成了固定民居。在此过程中，牧民的居所经历了建筑造型由圆形变为长方形，建筑材料由木材、毛毡变为泥、砖、石，内部空间从单一的开放空间变为多个空间，并且增加了更多的家具，住宅也更加舒适等一系列过程。例如，笔者于 2020 年 11 月 8 日在锡林郭勒盟拍摄的现代住房（图 4.1）。由马匹放牧到马匹放牧与摩托车放牧并存，最后发展到摩托车放牧。机动车已经成为牧民主要的交通工具。现代化的全封闭砖砌牲畜棚逐渐取代了早期的泥墙牲畜棚（图 4.2~ 图 4.4）。随着现代技术的进步，割草机、收割机、自动挤奶机、水泵、电动剪毛机和现代化的洗羊方法逐渐被纳入现代畜牧业生产体系。

图 4.1　内蒙古牧民的现代化住房（薛芳 / 摄）

图 4.2 现代牲畜棚舍的内部结构（薛芳 / 摄）

图 4.3 牲畜模型棚的内部结构（薛芳 / 摄）

图 4.4 内蒙古的牲畜棚舍（薛芳 / 摄）

牧民饲养牲畜的数量、种类和构成受自然环境和社会的影响，并随着畜牧业发展的需要而不断调整。1947—1952 年，内蒙古的牛、马、驼等大牲畜和羊的数量从 842 万头增加到 1602 万头，翻了近一番（吴海山，2017）。1958—1960 年，牲畜数量以年均 9.9% 的速度递增。1965—2018 年，牲畜数量在 3500 万头以下波动（陈洁 等，2018）。实行“畜草双承包”后，牲畜实行有偿还户、私养，1978—1990 年内蒙古牧区五畜总数增长率超过 90%（1859 万 ~3588 万只；陈洁 等，2018）。20 世纪 90 年代以后，传统牧区的牲畜数量增长开始放缓，出现了许多波动。进入 21 世纪，内蒙古畜牧业生产由传统的以数量为目标转变为以质量和效益为目标。2021 年内蒙古大牲畜、羊存栏分别达到 1376 头、7430 万只（内蒙古自治区统计局，2022）。从牧民的角度看，牲畜的数量并没有随着草原生态奖励机制的实施而增加，甚至很多牧民的牲畜数量还有所下降。

从牲畜种类来看，内蒙古牧区特别是锡林郭勒盟的牧民主要饲养山羊和绵羊。2016 年，锡林郭勒盟羊年存栏量达到 1445 万只，占牲畜总头数的 89%。对肉羊产业的过度重视，带来了养殖效益和生态保护的双重压力。内蒙古自治区和锡林郭勒盟提出了“减羊增牛，利用草原生态补偿资金补贴引进优质肉牛，鼓励牧民调整畜群结构”的政策。随后，内蒙古出台了多项肉牛产业发展扶持措施。根据作者 2020 年的随机抽样调查，锡林郭勒盟牧民养牛的比例远远大于养羊（图 4.5）。

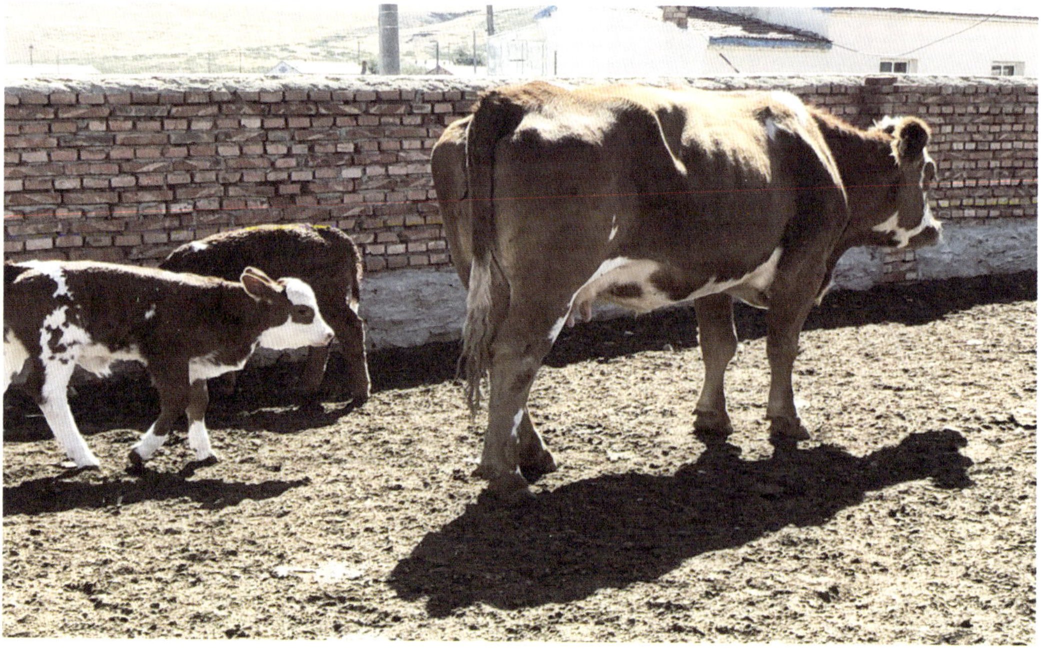

图 4.5　锡林郭勒盟牧区牧民饲养的牛（薛芳 / 摄）

4.1.5.3　自然资本

自然资本是指从自然资源储备中产生的有利于生计的资本。对于牧民来说，草原是最重要的自然资本，他们的生计取决于草原的大小和质量以及生态环境。

总的来说，草地总面积和可供放牧的面积一直在减少。据 1952 年内蒙古自治区林业和草原局的初步调查，内蒙古草地总面积为 8800 万 hm^2，可供放牧的草地面积为 6910 万 hm^2。而 2010 年，内蒙古牧区草原总面积 7590 万 hm^2，可供放牧的草地 6380 万 hm^2。此外，草原退化、沙化、盐渍化面积不断增加。20 世纪 60 年代至 2000 年草地植被覆盖度呈逐年下降趋势，随后 10 年呈上升趋势，但仍未恢复到 60 年代水平。20 世纪 60 年代、80 年代及 2000 年和 2010 年内蒙古牧区草地牧草产量分别为 1243、1069、838 和 878kg/hm^2。内蒙古草原载畜量不断下降，20 世纪 60 年代、80 年代及 2000 年和 2010 年前后草原的载畜量分别为 9304.2 万、54475.05 万、3392.67 万和 3456.85 万羊单位。2010—2020 年，牧草质量和承载力有所改善，但仍低于 1980 年代的水平。据内蒙古自治区林业和草原局统计，2018 年草原植被覆盖率为 43.8%，比 2000 年增加 13.8 个百分点，部分地区的草原生态已恢复到 20 世纪 80 年代中期的水平。

4.1.5.4　金融资本

金融资本一般指现金或等价物。金融资产有三个重要来源，包括维持生计的工资、贷款和政府补助或投资。这一部分主要用内蒙古牧民人均纯收入指标来衡量。

据内蒙古自治区统计局统计，1984 年内蒙古牧区改革带动了畜牧业经济的发展，牧民人均纯收入稳步增长，年均增长 14.8%。到 1992 年，牧民年人均纯收入突破千元大关，达到 1022 元，年均增长率为 7.5%。但近年来随着市场经济的发展和草原保护措施的实施，牧民收入增长速度相对缓慢。2000 年牧民年人均纯收入达到 1898 元，2006 年 3342 元，2010 年 5530 元，2013 年 8521 元，2014 年 9021.6 元，2021 年 18337 元，牧民年人均纯收入水平始终呈现增长趋势。

4.1.5.5　社会资本

社会资本是指人们使用和获取有利于其生计的社会资源的能力。即人们在自己的社会交往或组织中获得的社会资源。

传统游牧方式中，社会关系一般由家庭、氏族和部落构成。游牧时期的社会关系网络主要是通过血缘关系和邻里关系形成的，除此之外，轮牧或走“敖特尔”也会产生社会交往，并形成特有的社会关系网络。在草原公有制的背景下，牧民们通过互助来保持合作。以移动转场为例，当一个牧民转场经过水源时，水源所在地的牧民不得拒绝其饮水请求。这种社会关系标志着游牧社会的社会制度。人民公社时期，牧区形成了集体化制度，基本延续了早期游牧时期的社会交往习惯。牧民之间保持了互利互助的合作关系。

当需要大量劳动力时，如给牲畜接种疫苗或剪羊毛，其他牧民会集体提供帮助。草场承包到户后，牧民定居，家家户户建棚打井。互助的合作模式逐渐消失，寺庙和那达慕节成为维持社会关系的重要手段。调查结果显示，2015 年牧区大部分牧民家庭社会资本资源匮乏（王海春，2017）。牧民家庭居住分散，大多远离城镇、旗政府所在地等聚集地。因此，牧民之间的交流有限，限制了社会资本作用的发挥。牧民家庭的社会资本结构相对简单，主要是邻里之间的联系。根据笔者 2019 年的调查，自 2015 年以来，牧户的社会资本资源并没有显著增加。

4.1.6 牧民思维模式的改变

4.1.6.1 游牧方式下牧民思维方式单一

游牧时期牧民“逐水草”“随水草”放牧，力求最大限度地利用优质的牧草维持生存。由于历史时期的牧民在游牧生产中并没有意识和技术去大范围干涉牧草的生长，因此他们的生产多依靠于牧草自然的生产周期，且在游动使用牧草的过程中不是竭泽而渔，而是极为注意保护草场，以实现长久的利用，牧民在生产生活中积累了丰富的植物知识（陈祥军，2012），他们熟悉牧草的特点与生长周期，因而会根据牧草生长状态的不同及时安排移动时间、路线以及下一个营地的地点，从而形成了有规律的季节性转场。在新营地或转场过程中出现水草不佳等情况时，牧民还要灵活调整新的线路，走“敖特尔”。当牲畜及其产品的国内外市场扩大，需求量增加，而传统游牧生产单纯利用天然牧草，不仅数量有限且季节变化大，无法保证牲畜全年的饲料供应，使牲畜难逃“夏壮、秋肥、冬瘦、春乏”的命运时，牧民开始转变观念，牧草利用也产生了一些变化，如打草储草活动增加、牧草的商品化有所提升等。此外，逐水草而居的模式，使得牧民对于基础设施的需求不旺盛。

长期游牧的历史促使牧民形成了老旧的自然经济观念，使得牧民对生产方式缺乏相应的思想解放和观念转变。同时，由于历史遗留原因和社会生产的局限性，牧区畜牧业生产中技术含量低，缺少科学技术带头人和专业技术人才，而且牧民文化程度不高，接受新事物和新技术的能力弱。

4.1.6.2 半游牧半定居牧民思维方式保守

由游牧向半游牧半定居转变的过程中，传统的自然经济逐渐转向商品经济，但总体上，“重牧轻商”“自给自足”“靠天畜牧”等传统观念仍然根深蒂固，牧民的财富观念（崇尚牲畜拥有量越多越富）、商品观念（抵制牲畜出栏和商品化）、科学观念（淡漠结构调整和抗灾能力）依旧保守。

由于生产力水平较低，长期以来形成的以牧业为基础的初级生产体系，以家庭为单元的自给自足生活格局是草原牧区基本特征，受自然环境和历史条件的制约，分散经营、自主经营、封闭经营现象还很普遍，体现了广大牧民对自然和自然资源的高度依赖性，尤其是对草地资源的依赖，在这种传统经济条件下，牧民普遍认为财富的母体是草场、牲畜，从而抑制了社会分工和工商业的发展。此外，牧区水利建设比传统游牧时期有所发展，但整体依然处于低水平状态，部分牧区缺水状况依然严重，水利设施建设也极为薄弱，这影响了牲畜饮水，也使部分草场无法得到充分利用。

1953 年内蒙古开始进行草原水利建设，解决牧业供水问题被列为重要任务，畜牧业生产开始将以水井为代表的牧区水利建设放在重要位置上，这与晚清、民国时期以畜种、畜产改革为核心，兼顾水、草建设的理念有明显不同。

随后一直到改革开放之前，内蒙古地区受全国实行集体所有制和全民所有制的影响，以"热爱集体、先公后私"为当时的口号和行为准则，强调集体利益。这种做法在一定程度上脱离了当时牧区生产力发展的状况和牧民思想觉悟的水平，压制了牧民追求经济利益的欲望，挫伤了生产积极性。

4.1.6.3　定居畜牧业牧民思维方式现代化

定居畜牧业开始后，牧区进行经济体制改革，逐步提出以水利建设为中心，把棚圈、人工草地以及其他配套设施和定居点建设结合起来。随着牧区改革的不断深入，广大牧民的思想观念开始发生大变化，主要表现在 5 个方面：一是由重畜轻草向畜草并重转变。牧区生态资源的利用方式由粗放型利用向可持续循环型利用转变，由浅度开发利用向深度开发利用转变。在牧区实施人草畜三配套工程，建设优质高产饲草饲料地，发展草地农业，形成新的草原生产力，以新增草料进行冷季舍饲为前提，冬春草场改为夏秋利用、由全年放牧改为半年利用天然草原。截至 2021 年 9 月，内蒙古常年青干草储备能力达到 70 亿 kg 左右，羊单位平均储备过冬饲草 164kg，可基本满足牲畜 3 个月过冬需求，仔畜成活率达到 98% 以上，大小畜死亡率控制在 1.2% 以下。二是由靠天养畜向建设养畜、科学养畜转变。根据内蒙古农牧业厅发布的数据，截至 2021 年年底牧区储草棚和牲畜棚圈面积分别达到 824 万 m^2 和 5507 万 m^2，通过优化农机购置补贴政策，鼓励企业开发牛羊养殖亟须的饲草打捆、饲料搅拌饲喂等牧业机械，全区畜牧业机械达到 29.85 万台，畜牧养殖机械化率达到 40.1%，较 2020 年提高 2.1 个百分点。良种及良种牲畜比重超过 91%。三是由追求头数畜牧业向效益畜牧业转变。牲畜的出栏率、商品率和畜产品加工转化率逐年提高。根据《中国农业年鉴》以及《内蒙古统计年鉴》，2001—2020 年，内蒙古自治区羊出栏率从 60.4% 上升至 107.6%，其中，2008 年开始突破 100%，并在 2017 年达到峰值 113.7%。值得一提的是，2019 年，自治区牛出栏率为 62.2%，猪为 152.5%，大牲畜和羊的出栏率为 101.91%。2015 年内蒙古农畜产品加工转化率达到

58%，比“十一五”末提高了 7 个百分点，2020 年农畜产品加工转化率达到 65%。2019 年大牲畜和羊的商品率为 107.16%。四是由单一牧业经济发展为多元化畜牧业模式。畜牧业新型经营主体涌现，比如家庭牧场、合作社、龙头企业。此外，牧民与新型经营主体联合，以家庭承包经营为基础，依靠龙头企业和其他经济组织的带动，将畜产品的生产、加工、流通紧密结合起来，实行一体化经营。例如，内蒙古阿巴嘎旗洪格尔高勒镇萨如拉图雅嘎查牧民廷· 巴特尔承包 3000 亩草场，租赁 3000 亩草场，发展家庭牧场，科学划定夏秋冬放牧场，优化畜种结构，全部实现良种化，注重贮草备料，设置防灾备用草场 800 亩，配齐暖棚、储草棚、饲喂槽斗、活动栅栏、饲喂机械等基础设施，家庭牧场生产生活区布局科学，牛群结构合理，经营管理规范，注重草场改良，采用不同牧草品种进行人工种草，不仅实现了年人均收入 20 万元，还真正做到了生态保护与牧民增收的“双赢”。赤峰市阿鲁科尔沁旗北部巴彦温都苏木、昆都镇等地牧民，冲破单一养牧的束缚，群众集资入股，筹资开矿。五是由牧业经济向其他经营转变。越来越多的牧民脱离牧业生产，转入了二三产业。根据笔者 2020 年实地调研情况，19.3% 的受访者任职嘎查干部火防疫站公职人员等、饲草料销售商、奶食品销售商、开饭店、在外打工等。

总之，受市场经济的逐渐影响，牧民打破传统和习惯，开始接受新的生产、生活方式以及大多数新事物、新观念，追求新经验、新体验，以前那种不思进取、满足现状、缺乏竞争、“等、靠、要”的思想意识在随之改变。此外，转变了淡漠经商和视经商为耻的意识，从懒惰、不讲效益的劳动价值观逐渐向参与市场竞争观念转变。

4.1.7 结论

从传统游牧和季节性游牧到半游牧半定居放牧，再到定居畜牧业，内蒙古畜牧业人文 - 自然耦合系统发生了较大变化。在传统游牧和季节性游牧阶段，内蒙古畜牧业人文 - 自然耦合系统的农牧生态系统应对极端气候和疫病等自然灾害的适应能力较差，但该阶段的前期人口数量、放牧压力等尚未大规模增长，因此草地生态系统退化尚不严重。当时牧民生计方式单一，其弹性力较弱。到半游牧半定居放牧时期，内蒙古草地畜牧业人文 - 自然耦合系统中的农牧生态系统较脆弱，虽然牧民生计的选择增加，但由于牧民对其他生计方式的不适应，使得可供牧民选择的生计方式仍然有限，因此牧民生计的弹性力虽然较上一阶段有所增加，但仍处于较弱水平。到定居畜牧业阶段，内蒙古草地畜牧业人文 - 自然耦合系统中的农牧系统虽然仍面临草地生态系统退化、人口及牲畜压力增加、气候变化等问题，但由于体制机制的调整，区域草地退化的趋势得到遏制。牧民逐渐适应新的生活生产方式，为了追求好的生活品质，更多的牧民选择多样的生计方式，因此，牧民可选择的生计方式更加多样化，其抵抗力增强。

4.2　阿富汗巴达赫尚帕米尔高原上生态和社会文化多样性的作用

4.2.1　背景

帕米尔高原地处亚洲中部，与阿勒泰山脉和天山相邻，处于欧洲东部和亚洲西部之间、中东和欧亚大陆之间。历史上，该地区以游牧、农牧和农业来维持生计。在该地区曾经还用冰川灌溉生产粮食、种植经济作物来维持生计。帕米尔高原是丝绸之路的一部分，不同民族通过从事贸易促进了文化交流，因此该地区并不像其他山区社会那样与世隔绝（Bliss，2006；Felmy et al.，2004；Grotenhuis，2002；Kassam，2009a；Kreutzmann，2003；Olimova，2005；Wood，2002）。据记载，当地历史活动丰富，包括有农牧业活动、采矿、贸易和运输等，这也间接证明了这一点（Kreutzmann，2003）。帕米尔高原的地理位置虽然偏远，但这并没有阻止外界的政治干预，也没有阻碍该地区与其他地区的商业关系和交流。由于其战略意义，该地区一直是阿拉伯、蒙古国和波斯等周边地区各种入侵的目标。历史上曾受波斯帝国的影响，直到 7 世纪，倭马亚王朝和阿拔斯王朝统治下的阿拉伯人入侵。法蒂玛宗教和文化精神也影响了当地伊斯兰教的多元化思想、哲学和神秘主义的发展（Daftary，1990；Hunsberger，2000）。

自 19 世纪以来，由于地缘冲突等，该区域生计受到牵连，饥荒威胁时刻存在。由于持续的政治不稳定，政府在很大程度上忽视了阿富汗帕米尔高原的经济问题，所以地方农牧业知识依然在维持人口的生计和小规模生产中发挥重要作用。物质、制度、基础设施受到限制，如道路、医疗卫生、教育和电力等（Bliss，2006；Felmy et al.，2004；Kassam，2009a）。尽管如此，阿富汗帕米尔高原的研究揭示了在战争、气候剧烈变化和存在潜在的粮食危机情况下对多元化和弹性力的重要性（Kassam，2009a）。

4.2.2　多样性的定性研究

帕米尔高原案例研究表明当系统受到压力或扰动时，系统内部如何运作就会凸显出来（Kassam，2009b）。这里我们探讨了帕米尔高原上牧民与农民之间的关系，定性研究生态位、文化和宗教差异、生计方式的多样性的重要性，探讨多样性，尤其是牧民与农民之间的关系，如何影响当地人民获得粮食和维持生计的能力。

4.2.3　方法

2006 年，卡里姆 - 阿里・S・卡里姆以参与式行动研究为基础采访普勒 - 伊 - 齐雷邦村的村民（Chambers，1997；Greenwood et al.，1998；Kassam，2009b）。小组访谈后进行个人访谈以获得更细节的信息。最初采访了 38 名男性。在访谈中发现,这些人在战争、社会文化和环境变化的不确定性下生存，他们的生存取决于民族之间的相互支持。2008 年进行的后续访谈，以验证 2006 年收集的信息，并更详细地研究当地社会文化和生态差异在帮助人们适应各种挑战方面的作用。这次共采访了 61 人，包括男性 45 人，女性 16 人。2009 年开展了额外访谈，共有 32 名受访者。在普勒 - 伊 - 齐雷邦村附近访谈阿拉伯普什图族人 20 名（13 名女性和 7 名男性），普勒 - 伊 - 齐雷邦村的舒格尼人（Shugnis）人 12 名（9 名女性和 3 名男性）。研究采用了迭代方法，深入地探讨多样性（生态和文化）与帕米尔高原生态区之间复杂的相互作用。

4.2.4　生计和粮食安全差异的作用

虽然有证据表明，为了共同的粮食和生计安全，阿富汗瓦罕地区的吉尔吉斯斯坦牧民和瓦罕农民之间存在合作（Kassam，2010）。但本案例主要集中研究阿富汗的阿拉伯普什图族和巴达赫尚舒格尼人之间的互动和相互关系上。

阿拉伯普什图人是牧民，他们春季从巴格兰省、昆士都省和塔哈尔省的低地迁移到巴达赫尚省普勒 - 伊 - 齐雷邦村附近的高地。巴达赫尚的村民历来都在法扎巴德等低地市场购买人和家畜所需的盐（Barfield，1981），这些联系建立了两个群体之间的贸易关系。阿拉伯普什图人是逊尼派穆斯林，使用达里语，一种与波斯语有关的印欧语。他们 6 月来到巴达赫尚省，9 月返回南部，每次迁移要走 3 周到 1 个月（图 4.6）。舒格尼人是高原农民，生活在巴达赫尚省的希瓦湖附近，他们也饲养家畜。舒格尼人是伊斯玛仪派穆斯林，使用舒格纳尼语（像瓦罕语，帕米尔群体中的印欧语）。夏季，普什图牧

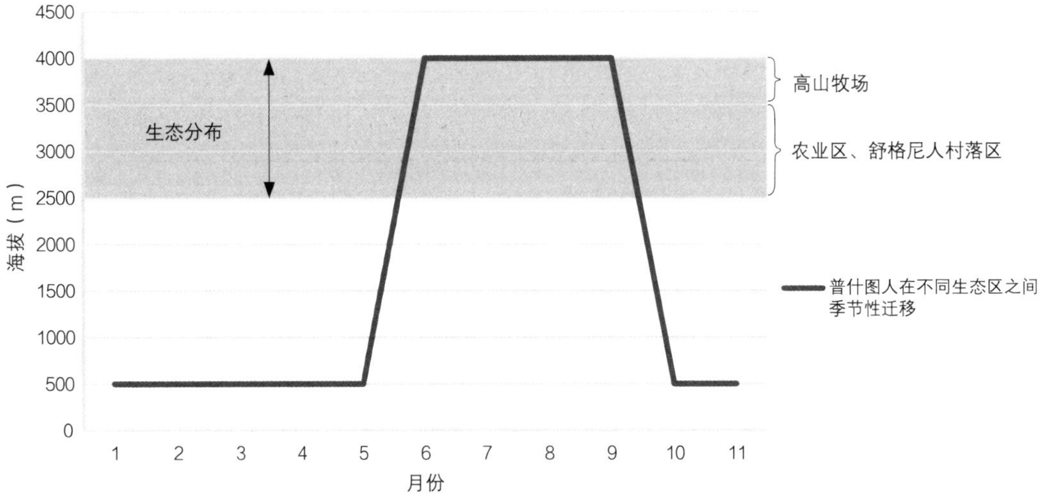

图 4.6　普什图人和舒格尼人在生态空间上的季节性重叠

民的营地和牧场与他们的村庄和牧场接壤。

尽管在民族、宗教和职业方面存在差异，但阿拉伯普什图牧民和舒格尼农民之间是互补的，普什图人认为自己相较于舒格尼人更富裕。他们的财富用拥有的家畜数量来衡量：比如普什图牧民有800~1000只绵羊和山羊，而舒格尼农民有50只家畜，就认为普什图牧民更富有。普什图人公开表达他们的舒格尼邻居更贫困："我们（普什图牧民和舒格尼农民）没有冲突，我们是兄弟，他们（舒格尼农民）太穷了。"舒格尼人也同样这样认为。

舒格尼人主要种植小麦、大麦和豌豆，并饲养山羊、绵羊、少量牛以及马和驴等家畜。当他们有剩余作物时，舒格尼人无法将这些商品运到可盈利的南部市场，所以他们依靠与普什图人的贸易出售商品。虽然在向巴达赫尚高地迁移的时候，阿拉伯普什图人为了维持自己的生活用他们的家畜携带了充足的大米，但他们也会向舒格尼人购买小麦和干奶酪。阿拉伯普什图人是巴达赫尚省连接南部低地与北部高地的一支重要（虽然是季节性的）力量。这些生态区之间的差异有助于贸易，促进了阿拉伯普什图人与巴达赫尚舒格尼农民的共生关系，这种关系是互惠互利的。舒格尼人从普什图人手中购买茶、盐、油、金属器具、布料和厨具，有时还有驴、牛、绵羊和山羊。大多数情况下是以物换物而不是用现金交易。舒格尼人的自给农业并没有为巴达赫尚的村民提供足够的现金，便于他们从遥远的市场购买盐、茶、布料和金属器具，因此他们必须长途跋涉到法扎巴德和鲁斯塔克市场购买必需品。普什图人意识到村民的现金需求后，带来了足够的现金，从舒格尼人那里购买小麦（Barfield，1981）。这样舒格尼人也可以用现金购买其他物品，同时促进了货币的流通。

这些交易发生在个人（一般是男性）之间，是基于舒格尼人和阿拉伯普什图人几代人之间建立的贸易关系。访谈期间，村民和牧民都表示："47年前他们的祖父建立了这一关系。"我们观察到阿拉伯普什图人骑着骆驼、马或驴来到村庄，在Mamon Khana（宾馆）喝茶，拜访村庄里的朋友，订购他们所需的小麦，并把小麦磨成面粉，有时候会在舒格尼人家里住一晚，然后回到他们的营地。2008年，由于大气干旱和雨水不足，导致收成不好。由于道路关闭，2009年寒冷的冬季和大雪加剧了粮食问题。据保守估计，66人因严重营养不良死亡：其中包括57名儿童、7名孕妇（新生儿不计算在内）、一名75岁的男性和一名60岁的女性。村民们在接受紧急粮食援助时，普什图牧民来购买小麦。一些村民出售了一些应急物资去购买其他必需品。对于舒格尼人来说，生存与饥荒之间有着微妙的平衡。

由于与普什图人的关系，舒格尼村民可能会要求他的游牧朋友下一次北行时从南方市场带来一些物品，比如布料或厨具。当舒格尼人到南方时，普什图人也同样热情好客。

虽然舒格尼妇女在低地时不去普什图人家里做客，但是普什图妇女在高原时会拜访舒格尼妇女。在舒格尼村里，普什图人不仅有一个安心睡觉的地方，而且也维持着长期稳定的友好关系。

普什图人还确保他们在低地的舒格尼朋友的季节性就业，特别是在农业活动较少的冬季。贫穷的舒格尼人在南部低地寻求这样的就业机会时，往往住在普什图朋友的家中。他们的工作涉及照顾和饲养家畜、收集燃料供暖和取水。他们也可以从事农业劳动，比如在低地耕田或种植稻米。他们来南方工作前就已经相互协商决定，雇佣者将会用现金支付他们的报酬。这种季节性工作一般会持续 1~2 个月。

如前所述，舒格尼农民也在夏季使用高山牧场牧养家畜。然而，由于他们缺乏资源在冬季牧养大量家畜，所以用山羊和绵羊与阿拉伯普什图游牧民交易。普什图游牧民可以用现金或者从南方市场运输来的贵重物品交换山羊和绵羊，以便更新或增加畜群规模。这一贸易节省了舒格尼农民去低地市场出售物品的时间成本和路程成本。夏季，比较富裕的舒格尼人（拥有 50 头以上的家畜）会将一些公山羊和绵羊交给普什图人照料。到了秋季普什图人返家时，会将家畜还给舒格尼人。同样地，在高原放牧期间，普什图人会将受伤的家畜带到舒格尼人的村庄附近照料。到了冬季，普什图人将舒格尼人的马和牛作为交通工具带回到南方，春季再将它们带回。普什图人还将茶和盐等剩余物资储存在舒格尼人家中。

舒格尼人与普什图人的冲突较罕见，但是当普什图牧羊人疏忽，在舒格尼人的牧场或田地上放牧时，可能就会发生冲突。尽管有生态位重叠，但空间边界的存在验证了“好墙睦邻”这一古老谚语。舒格尼人还指出，解决冲突时地方政府仲裁员倾向于支持拥有更多资源的一方（通常是普什图人）。

然而，舒格尼人和普什图人都受到地方政府指挥官的支配，他们从这两个社区索取家畜。这些地方指挥官对拥有相对较多财富的普什图人索要更多的家畜。长期战争和联盟导致了任意执法。使用巴达赫尚省牧场的竞争激烈。新牧场可以通过购买、租赁或盗用获得。1921 年纳第尔汗（Nadir Khan）建立并重新制定了牧场权利。普什图人以政府下发文件（契约）的形式获得了牧场的使用权。这个权利是由国家保障的，牧场可以被买卖、出租或继承。阿拉伯普什图人拥有夏季牧场的使用权，而舒格尼村则拥有他们在传统夏季牧场的集体所有权。牧场租赁强化了私有制的概念（Barfield，1981）。在我们的采访中，普什图人表示，因为地方指挥官的威胁，他们与地方政府之间的矛盾越来越大。指挥官从政府手中购买了大量普什图人牧养家畜的牧场，然后他们每季度以 4000~5000 阿富汗尼（80~100 美元）的价钱将其租给牧民，这在该地区是一项重大的资本支出。有些普什图人有从祖辈那里继承的放牧契约，但地方指挥官仍坚持要求他们支付土地的使用费用。此外，在普什图人从巴格兰省、昆士都省、塔哈尔省等低地向高地的春季牧场迁移的过程中，指挥官控制了很多迁移路线，要求以家畜换取安全通行证。当普什图部族成员拒绝时，指挥官可能会殴打部族成员，用武力夺取他们的家畜。

普什图人和舒格尼人之间不实行通婚，从而保留了各自的文化独特性。然而，舒格尼妇女回忆说，过去当她们的家人无法偿还更富有的普什图人的债务时，会用妇女来抵债："早期，我们的祖先非常依赖普什图人，因为他们的生活很富裕，而我们的祖先总是处在无法偿还债务的困境中，他们会用自己的女儿来抵债。上帝保佑，现在已经没有这样的情况了。"用女儿抵债的情况已经不复存在了。Barfield（1981）认为，富有的舒格尼农民和普什图牧民之间的密切联系是由舒格尼妇女与阿拉伯普什图男子之间的单向婚姻关系来保障的。他认为，阿拉伯普什图人禁止自己部族的妇女与舒格尼男子结婚。不过，采访表明事实上双方之间没有婚姻关系。

普什图人和舒格尼人宗教习俗不同。"我们不会说他们（舒格尼）的 Jamat Khanas（祷告的地方）不好，但我们也不会去那里朝拜。同样，他们也不会说我们的祈祷场所不好，但也不会来朝拜。因为我们都有各自独特的宗教信仰。"伊斯玛仪派穆斯林做礼拜时男性和女性都在场，男性在一边，女性在另一边，他们之间没有物理障碍。这种做法保障两性享有平等的空间，被平等对待。夏季，当普什图人来访时，舒格尼妇女不能参加 Jamat Khana 祷告。舒格尼男人解释说，这样做是因为害怕受到一些对伊斯兰教持更极端解释的普什图部落成员的迫害。当被问及是否可以拍照时，普什图妇女说她们也很害怕这些极端分子。支持塔利班的普什图人可能会首先受到其自身极端主义意识形态的负面影响，甚至可能早于其他种族和宗教团体。极端主义暴力的实施者最终可能成为自己意识形态的受害者。

4.2.5　讨论

普什图人和舒格尼人之间的关系并非完全基于经济因素或简单的利益计算。相反，这是一种生态、文化和社会文化因素的复杂相互作用，有助于双方的粮食和生计安全。表 4.4 总结了普什图人和舒格尼人之间的关系。

普什图人和舒格尼人的主要区别在于他们的生态位和职业。普什图人是逊尼派穆斯林牧民，同时也拥有农田，而舒格尼人是伊斯玛仪派穆斯林定居农民，同时也饲养一些牲畜。这些生计上的差异为他们之间的关系奠定了基础。普什图人和舒格尼人存在宗教差异，尤其是在对待妇女和伊斯兰教极端教徒的敏感性方面。尽管差异存在，但他们仍试图相互尊重。文化传承导致了语言差异，但他们已经学会了相互沟通，从而克服语言上的障碍。普什图人和舒格尼人之间的能力和专长存在差异，但是他们对彼此的能力和

表 4.4　普什图和舒格尼之间关系的差异

	阿拉伯普什图人	舒格尼人	对比
海拔	500~4000m	2500~4000m	普什图人生活在较低海拔地区，迁移到舒格尼人高地
生态位	低地到高地：巴格兰省、昆都士省、塔哈尔省的山谷和村庄以及季节性利用高山牧场	高地：Pul-i-Zirabon 的山谷和村庄以及季节性利用高山牧场	普什图人和舒格尼人的生态位之间有季节性重叠。这种重叠有助于维持普什图人和舒格尼人间的长期关系，普什图人可以在舒格尼人家中为下个季节储存货物，下一次迁移到高地时带来舒格尼人所需的物品或帮助舒格尼人寻找季节性就业机会
宗教	逊尼派	什叶派伊斯玛仪派	表现出宗教的多样性，并试图尊重彼此的信仰
语言	达里语	舒格纳尼语	文化独特性
行业	游牧民，耕种少量农田	定居农民，饲养少量家畜	逊尼派穆斯林是耕种少量农田的牧民，伊斯玛仪派穆斯林是饲养少量家畜的定居农民
贸易项目	家畜、厨具、金属器具、盐以及来自南方市场的其他商品、现金	小麦、家畜、干奶酪	普什图牧民从南方市场带来商品与舒格尼人交换农产品
雇佣关系	雇主	雇员	牧民雇佣农民，农民也让牧民照料家畜

专长都表示理解和赞赏。一些舒格尼人会在普什图人的土地上工作，而普什图人会让舒格尼人照看弱小的家畜。这凸显了两种职业的互补关系所带来的实用知识和技能。

这个案例研究揭示了什么？尽管阿富汗宗教和民族冲突不断，但是不同民族的农民和牧民不仅能够相处，而且还可以相互保障对方的福祉。考虑到生态环境和社会文化差异可以产生复杂且持续的结果，关心粮食和生计安全的决策者应关注行业多样化以确保各行业共同生存，而不是仅使用同质的对应政策。这个案例研究表明，草地畜牧业的社会文化应被纳入生态和政策制定实践中。阿富汗长期的战争使之长期处在人为干扰下。尽管存在差异，但他们已经找到了相互合作和支持的做法，在不稳定环境中群体间的差异为共同的粮食和生计安全带来了价值。

参考文献

陈洁，原英，乔光华，等，2018. 我国传统牧区转变畜牧业发展方式问题研究 [M]. 上海：上海远东出版社 .

陈祥军，2012. 游牧生态 - 环境知识与草原可持续发展——以新疆阿勒泰哈萨克为例 [J]. 湖北民族学院学报 (哲学社会科学版)，30(05)：52-56.

李新，2007. 内蒙古牧区草原土地产权制度变迁实证研究 [D]. 呼和浩特：内蒙古农业大学 .

李文军，张倩 . 解读草原困境——对于干旱半干旱草原利用和管理若干问题的认识 [M]. 经济科学出版社，2009.

李毓堂，2008. 中国草原政策的变迁 [J]. 草业科学 (06)：1-7.

励汀郁，谭淑豪，2018. 制度变迁背景下牧户的生计脆弱性——基于“脆弱性 - 恢复力”分析框架 [J]. 中国农村观察，141(03)：19-34.

刘钟龄，额尔敦布和，2001. 游牧文明与生态文明 [M]. 呼和浩特：内蒙古大学出版社 .

罗意，2020. 游牧民定居与草原生态环境变迁——基于新疆吐尔洪盆地的考察 [J]. 民族研究 (05)：69-81+140.

内蒙古自治区人民政府办公厅，2014. 内蒙古自治区党委《自治区人民政府关于全面深化农村牧区改革加快农牧业现代化的实施意见》[J]. 内蒙古自治区人民政府公报 (06)：4-12+1.

齐伯益，2002. 锡林郭勒盟畜牧志 [M]. 呼和浩特：内蒙古人民出版社 .

奇格，1999. 古代蒙古法制史 [M]. 沈阳：辽宁民族出版社 .

王海春，2017. 可持续生计资本对牧民收入影响研究 [D]. 呼和浩特：内蒙古农业大学 .

王建革，2006. 农牧生态与传统蒙古社会 [M]. 济南：山东人民出版社 .

吴海山，2017. 乌兰夫牧区工作思想的逻辑构架 [J]. 内蒙古社会科学 (汉文版)，38(02)：21-25.

邢莉，刑旗，2013. 内蒙古区域游牧文化的变迁 [M]. 北京：中国社会科学出版社 .

张昆，2018. 东乌珠穆沁旗定居牧民的生计选择与草原情结 [M]. 北京：社会科学文献出版社 .

BARFIELD T，1981. The Central Asian Arabs of Afghanistan：pastoral nomadism in transition[M]. University of Texas Press，Austin.

BECQUELIN N，2004. Staged development in Xinjiang[J/OL]. China Q，178：358-378[2016-01-09]. http：// www.10.1017/ S0305741004000219.

BEHNKE R，1993. Range ecology atdisequilibrium：new models of natural variability and pastoral adaptation in African savannas[M]. Overseas Development Institute，London.

BENSON L，Svanberg I，1998. China' slast Nomads：the history and culture of China' s Kazaks[M]. ME Sharpe，Armonk.

BLISS F，2006. Social and economic change in the Pamirs，Tajikistan[M]. Routledge，New York.

BROWN C，WALDRON S，LONGWORTH J，2008. Sustainable development in western China：managing people，livestock and grasslands in pastoral areas[M]. Edward Elgar，Cheltenham.

CERNY A，2010. Going where the grass is greener：China Kazaks and the Oralman immigration policy in Kazakhstan[j]. Pastoralism，1(2)：218-247.

CHAMBERS R，1997. Whose reality counts? Putting the first last[M]. Intermediate Technology Publication，London.

CHILONDA P，OTTE J，2006. Indicators to monitor trends in livestock production at national，regional and international levels[j]. Livestock Res Rural Dev，18(8)：117.

DAFTARY F，1990. The Ismailis：their history and doctrines[M]. Cambridge University Press，Cambridge.

DONG S K，GAO H W，XU G C，et al.，2007. Farmer and profes-sional attitudes to the large-scale ban on livestock grazing of grasslands in China[J]. Environ Conserv，34(3)：246-254.

DONG S K，WEN L，ZHU L，et al.，2010. Implication of coupled natural and human systems in sus-tainable rangeland ecosystem management in HKH region[J]. Frontiers of Earth Science in China, 4(1): 42-50.

DONG S K, REN Z, 2015. Animal husbandry civilization and grassland health: understanding the coupling system between grassland animal husbandry ecology and human society[J]. J Lanzhou Univ (Soc Sci), 43(4): 105-110.

EVERITT B S, LANDAU S, LEESE M, et al., 2011. Cluster analysis, 5th edn[M/OL]. Wiley-Blackwell, Oxford[2016-01-09]. http: //onlinelibrary.wiley.com/book/10.1002/9780470977811.

FELMY S, KREUTZMANN H, 2004. Wakahn Wolusswali in Badakhshan. Observations and reflections from Afghanistan's periphery[J]. Erdkunde, 58(2): 97-117.

FERNANDEZ-GIMENEZ M E, LE FEBRE S, 2006. Mobility in pastoral systems: dynamic flux or downward trend?[J]. Int J Sustain Dev World Ecol, 13(5): 341-362.

GOODMAN D, 1989. China's regional development[M]. Routledge for Royal Institute of International Affairs London, London.

GOODMAN D, 2004. China's campaign to "Open up the West": national, provincial, and local perspectives[M]. Cambridge University Press, Cambridge.

GREENWOOD D J, Levin M, 1998. Introduction to action research: social research for social change[M]. Sage Publications, London.

GROTENHUIS E T, 2002. Along the silk road[M]. Smithsonian Institution, Washington .

HARDIN G, 1968. The tragedy of the commons[J]. Science, 162: 1243-1248.

HARRIS R B, 2010. Rangeland degradation on the Qinghai-Tibetan plateau: a review of the evidence of its magnitude and causes[J]. JArid Environ, 74(1): 1-12.

HUNSBERGER A C, 2000. Nasir Khusraw, The Ruby of Badakhshan[M/OL]. IB Taurus, London[2016-01-09]. http: //www.ecologyandsociety.org/vol15/iss2/art8/.

KASSAM K-AS, 2009a. Viewing change through the prism of indigenous human ecology: findings from the Afghan and Tajik Pamirs[J]. Hum Ecol, 37(6): 377-390.

KASSAM K-AS, 2009b. Biocultural diversity and indigenous ways of knowing: human ecology in the Arctic[M]. University of Calgary Press, Calgary.

KREUTZMANN H, 2003. Ethnic minorities and marginality in the Pamirian Knot: survival of Wakhi and Kirghizina harsh environment and global contexts[J]. Geogr J, 169(3): 215-235.

LI J, 1991. Xinjiang climate[M]. Meteorology Press, Beijing.

LI W J, ZHANG Q, 2009. Jiedu Caoyuan Kunjing: Dui Ganhan Banganhan Caoyuan Liyong he Guanli Ruogan Wentide Renshi. [Understanding the Grassland Dilemma: several problems on grassland use and management in Arid and Semi-Arid Areas]. Economic Science Press, Beijing.

LI W J, HUNTSINGER L, 2011. China's grassland contract policy and its impacts on herder ability to benefit in Inner Mongolia: tragic feedbacks[J]. Ecol Soc, 16(2): 1[2016-01-09]. http: //www.ecologyandsociety.org/vol16/iss2/art1/.

LIAO C, BARRETT C, KASSAMK-A, 2015. Does diversification improve livelihoods?[R] Pastoral Households in Xinjiang, China.

LIAO C, SULLIVAN P J, BARRETT C B, et al., 2014a. Socioenvironmental threats to pastoral liveli-hoods: risk perceptions in the Altay and Tianshan mountains of Xinjiang, China[J]. Risk Anal, 34(4): 640-655.

LIAO C, MORREALE S J, KASSAM K-AS, et al., 2014b. Following the green: coupled pas-toral migration and vegetation dynamics in the Altay and Tianshan mountains of Xinjiang, China[J]. Appl Geogr, 46: 61-70.

LIU J G, DIETZ T, CARPENTERS R, et al., 2007. Coupled human and natural systems[J]. Ambio, 36: 639-649.

LONGWORTH J, 1993. China'spastoral region: sheep and wool, minority nationalities, rangeland deg-radation and sustainable development[M]. CAB International, Wallingford.

MI'ERZHAHAN J, 2004. Kazak people, 2nd edn[M]. Minzu Press, Beijing.

MILES M B, HUBERMAN A M, 1994. Qualitative data analysis: an expanded sourcebook, 2nd edn[M]. Sage, Thousand Oaks, CA.

MILLER D J, 2000. Tough times for Tibetan Nomads in western China: snowstorms, settling down, fences and the demise of traditional nomadic pastoralism[J]. Nomadic Peoples, 4(1): 83-109.

NATIONAL DEVELOPMENT AND REFORM COMMISSIONS, 2011. New policies for returning rangeland to grassland[R/OL].[2016-01-09] http: //www.sdpc.gov.cn/xwfb/t20110831_431891.htm.

OLIMOVA S, 2005. Impact of external migration on development of mountainous regions: Tajikistan, Kyrgyzstan, Afghanistan, and Pakistan. Strategies for development and food security in moun-tainous areas of Central Asia[R]// International workshop, Dushanbe, Tajikistan, June 6-10, 2005.

OSTROM E, DIETZ T, DOLŠAK N, et al., 2002. The drama of the commons[M]. National Academy Press, Washington, DC.

PATTON M Q, 1990. Qualitative evaluation and research methods, 2ndedn. Sage, Newbury Park, CA Sandford S, 1983. Management of pastoral development in the third world[M]. Wiley, Chichester.

STARR S, 2004. Xinjian : China's Muslim borderland[M]. ME Sharpe, Armonk.

TOOPS S, 2004. Demographics and development in Xinjiang after 1949[R].

WANG X Y, ZHANG Q, 2012. Climate variability, change of land use and vulnerability in pastoral society: a case from Inner Mongolia[J]. Nomadic Peoples, 16(1): 68-87.

WOOD F, 2002. The Silk Road[M]. Folio Society, London.

Wu Z Z, Du W, 2008. Pastoral nomad rights in Inner Mongolia[J]. Nomadic Peoples, 12(2): 13-33.

XINHUA, 2007a. China's economic and social development plan[N/OL]. China Daily, [2016-01-09]. http: // www.chinadaily.com.cn/china/2007-03/19/content_830762_2.htm.

XINHUA, 2007b. Hu Jintao proposes scientific outlook on development for tackling China's immediate woes, challenges[N/OL]. China Daily, [2016-01-09]. http: //news.xinhuanet.com/english/2007-10/15/ content_6883135.htm.

XLDRC(Xilingol League Development and Reform Commission), 2011. Survey report on the implementation of Xilingol League Beijing-Tianjin sand source control program, 9 Dec 2011[R/OL].[2016-01-09] http: //www. xlgldrc.gov.cn/gzdt/vzhgggzdt/201112/t20111209_721907.html.

XUAR CHOROGRAPHY COMMITTEE，2010. Xinjiang Yearbook 2010[M]. Xinjiang Statistical Bureau Press，Urumqi，China.

YEH E T，2009. Greening western China：a critical view[J]. Geoforum，40：884-894.

ZHANG M A，BORJIGIN E，ZHANG H，2007. Mongolian nomadic culture and ecological culture：on the ecological reconstruction in the agro-pastoral mosaic zone in northern China[J]. Ecol Econ，62(1)：19-26.

ZHANG Q，2012. The dilemma of conserving rangeland by means of development：exploring eco-logical resettlement in a pastoral township of Inner Mongolia[J]. Nomadic People，16(1)：88-115.

Chapter 5

第五章

为南美牧场的可持续管理构建新的人文-自然耦合系统

本章著者：赫耳墨斯・莫拉莱斯（Hermes Morales）
费尔南多・科罗纳托（Fernando Coronato）
索拉娅・卡尔瓦略（Soraya Carvalho）
亚历杭德罗・萨拉维亚（Alejandro Saravia）
亚历杭德罗・施韦策（Alejandro Schweitzer）
阿莫里・布尔拉马奎（Amaury Burlamaqui）
让・弗朗索瓦・图兰（Jean F. Tourrand）

摘要：本章通过对三个截然不同的生态区（阿根廷南部的巴塔哥尼亚高原、乌拉圭中部的潘帕斯平原和坎波斯以及巴西西部的亚马孙）进行对比研究，揭示了近年来在南美洲地区地方社会采取更可持续的牧场管理方式的一系列复杂原因。本章节首先简单介绍了三个生态区的概况，然后明确了具有代表性的牧区人文 - 自然耦合系统，分别描述了各自的牧场管理历史，特别是殖民和拓荒者的定居过程，以及后续的耕种制度，主要对生态区放牧和牧场管理的相关实践进行了比较。最后，分析了与畜牧业和土地所有权相关的地方和国家政策。运用基于农牧生态系统弹性、生计改善和机构能力的三维脆弱性模型，评估这三个区域中草地畜牧业人文 - 自然耦合系统的演变。书中还分析了居民关于对畜牧业看法的思维模式的演变，以便更好地了解当地居民对自身所在的社会 - 生态系统的看法以及他们对畜牧业的未来设想。研究结果揭示了牧场的管理动态、牧区社会 - 生态系统的脆弱性以及当地居民对畜牧业看法的思维模式的演变，探究了不同的转换节奏和临界阈值的存在。除了各种不同的土地和社会问题，当务之急是加强畜牧业生产、采用新技术的供应，并确定一些相关的人为影响因素，如当地居民对生活改善的需求、近年来与全球变暖和生物多样性保护有关的国家和国际环境政策及消费者可持续发展观念的增强。在全球变化的大背景下，牧场管理的方法将会朝着更加可持续的方向发展，从而改善人类社会与自然环境之间的相互作用关系，令人与自然的关系更加融洽。

5.1 南美洲畜牧业概述

在地理和历史方面，南美洲是研究影响畜牧生产系统人文 - 自然耦合系统主要因素社会与环境相互作用的极佳场所。南美洲的牧场在变化过程中没有出现旧大陆和北美洲常见的大型食草动物群（Melville，1997；Milchunas et al.，1988）。这归因于南美洲大陆的地理历史。南美洲有大面积的草地、干草原、热带稀树草原和灌木丛，均可用于放牧。然而，在 16 世纪欧洲人到来之前，南美洲并没有大型的反刍动物。这样的历史也使南美洲具备进行上述研究的独特条件。欧洲人的到来和新物种（包括牲畜）的引入所引发的大规模变革被称为“生态帝国主义”（Crosby，2004）。本章即在生物地理进化的范畴内讨论各区域的畜牧业。

自 16 世纪以来的半个世纪内，在南美洲地区，人与自然的关系是建立在人类开采自然土壤资源（水、自然植被、生物多样性）和地下资源（金、银、石油、天然气、煤炭等矿产资源）的基础上。欧洲殖民者和他们的后代在非洲大陆定居，并从殖民地向外扩张。在不到 5 个世纪的时间里，将美洲印第安人与来自世界不同地区的移民，尤其是来自欧洲以及亚撒哈拉地区、地中海南部和东部、日本和中国的移民混合在一起，建立了新的社会类型。在这种社会类型中，开拓精神被继承和弘扬。此外，自 20 个世纪末以来，民主的进步为建立可持续的人文 - 自然耦合系统带来了新的机遇。

拓荒者们到达南美洲后早早地将牛羊赶到热带稀树草原和干草原，他们利用牧场的自然草料牧养牧群。因此，南美洲的几个牧场包括潘帕斯平原和巴塔哥尼亚、潘塔纳尔湿地的低地和亚诺斯大草原、安第斯高地的帕拉莫和普纳的高山草甸，还有一些亚马孙的岛屿，比如马拉若岛，这些地区的牲畜牧养迅速发展。畜牧业对这些地区农牧民的发展起着至关重要的作用。另一方面，在森林生态系统中，如亚马孙雨林和大西洋热带沿岸的森林，欧洲移民者通常先通过砍伐和烧毁森林的方式来开垦土地，然后利用天然植被焚烧后的灰烬作为一年生和多年生作物的肥料。反刍动物被圈养起来，它们用来生产食物供自己家庭食用，也用来生产商品、增加储蓄以及提供各种各样的服务。作为交换，农耕系统生产草料和谷物用以养殖牲畜。这构成了稀树草原人文 - 自然耦合系统的相互关系。在这些地区的农场里，牲畜和畜群可用于耕作、运输和从事其他农场工作，在农场中发挥着重要的作用。因此，在整个南美洲，牲畜牧养在后移民期的农业系统中扮演着重要且多样的角色，而牲畜一直是维系人文 - 自然耦合系统及其变化的关键因素。

因生态系统地理位置不同，殖民过程不同。那些到海岸附近（比如潘帕斯草原和大西洋沿岸的大西洋森林）定居的移民通常比那些在大陆中心（比如亚马孙、塞拉多和格兰查科）定居的人早得多。虽然巴塔哥尼亚也位于沿海位置，但是由于该地区环境恶劣，很晚才有移民定居于此。干草原和热带稀树草原地区被殖民的时间比森林地区早，是因为当地居民的抗拒。例如，在安第斯山脉的一些地区，当地的美洲印第安人有很强的组织能力来抵抗外来殖民，阿根廷潘帕斯平原的阿拉库坎人和格兰查科的托巴人也是如此。

牧场管理的弱可持续性导致了天然草地和人工草地逐渐退化，其退化速度不仅取决于生物气候条件和生态系统类型，还取决于一些人类的活动，比如过度放牧、不合理焚烧和不遵循植物自然生长周期的行为。以巴塔哥尼亚的中部地区为例，在 1880—1920 年短短的 40 年时间里，过度放牧加上低降水量和强烈的风蚀作用，使该地区草地迅速退化。在亚马孙流域，草地退化是由于在草地种植播种到放牧期间所实施的一系列不可持续的做法所致。在潘帕斯平原，几个世纪以来，天然草地和牧场的轻微退化一直被关注着，特别是牧场内的原生树木长期被用于建筑、烹饪和取暖。然而，引起潘帕斯草原退化主要是因为人们将天然植被转化为耕地，以及近期的人工造林（桉树和松树）和一年生作物（主要是大豆）的出口。

潘帕斯、巴塔哥尼亚和亚马孙，同位于南美洲，但在生物气候条件和自然植被方面有显著的差异。各区域被殖民的时期和定居过程，以及当前社会经济发展状况、国家背景等，也形成了鲜明对比。在这项比较研究中，主要是以乌拉圭的潘帕斯、阿根廷的巴塔哥尼亚和巴西的亚马孙三个人文 - 自然耦合系统为对象进行研究的。潘帕斯草原是在 16 世纪到 18 世纪被殖民的，巴塔哥尼亚是在 19 世纪末到 20 世纪初被殖民的，而亚马孙是在过去半个世纪被殖民的。亚马孙流域的自然植被主要是热带雨林，巴塔哥尼亚高原主要是干草原，潘帕斯平原的天然植被主要是大草原（prairie）。自殖民开始以来，尽管当地的人文 - 自然耦合系统发生了很大变化，但主体仍是牧民。近些年，特别是由于全球经济的变化以及对食品和饲料的大量需求，当地的人文 - 自然耦合系统改变更加显著，使得南美洲正在成为世界粮仓之一。此外，其他全球性变化，如气候变化（无论是在亚马孙流域还是在潘帕斯和巴塔哥尼亚）以及年轻人在生活和工作条件、社会网络、信息和通信方面的新需求，也正在影响人文 - 自然耦合系统。

本章的目的是，在全球变化的背景下，利用案例研究来描述三个不同的畜牧生产区域生态 - 社会系统的结构和功能的变化以及当前和未来的发展趋势，主要讨论牧场和草地管理中的人与自然的新型伙伴关系。采用 Dong 等人于 2011 年提出的三维脆弱性模型（农牧生态系统、生计改善和机构能力），对三个生态区域的人文 - 自然耦合系统脆弱性进行比较，确定其相同和不同的影响因素，以分析连续时空过程的突变点以及阈值和不可逆情况的存在。这个三维模型是基于：社会生态系统的脆弱性、当地居民对牲畜的思维模式以及不同生态阈值的识别。对农牧生态系统稳定性、农户生计和机构能力的连续情况进行分析，以评估畜牧业人文 - 自然耦合系统的弹性和脆弱性及其发展趋势。文中比较了当地居民在过去、现在和未来不同情景模式中对畜牧业的看法的思维模型，以便更好地了解三个案例中人文 - 自然耦合系统的变化趋势。

5.2 乌拉圭潘帕斯平原坎普斯草原管理中的人文 - 自然耦合系统动态

在 16 世纪欧洲征服者到来之前，乌拉圭的所在地被认为是毫无价值的。安第斯山脉蕴藏着人们所喜爱的金属、金、银而吸引大批移民，拥有天然植物和动物资源的森林地区也因丰富的资源而吸引了移民。与安第斯山脉地区相比，移民在乌拉圭地区定居晚一些才出现。然而，乌拉圭与大西洋海岸相邻、容易到达、气候温和。正是由于这些原因，欧洲人很早就移居于此。

在 17 世纪初，一些来自巴拉圭的牛被引入乌拉圭南部的开放牧场。这标志着该地区牧牛业的开始。随着时间的推移，牲畜喂养成为最主要的经济活动。同时，基督教徒组织传教，占领了这个国家的北部，并将他们的文化特征以及他们当时为河流取的名字（乌拉圭河 Uruguay、夸拉伊河 Cuareim、塔夸伦博河 Tacuarembó）遗留下来。Moraes（2008 年）指出，在 18 世纪中叶，乌拉圭南部土地私有，人口 1 万人；而北部是公有土地，被基督教徒统治，有超过 10 万人居住。

乌拉圭的牧场或草原通常被称为“坎波斯（Campos）”（Allen et al.，2011），他们位于地势起伏的丘陵地带，土壤肥力不一，主要由禾本科植物、杂类草、低矮小灌木和稀疏的树木组成（图 5.1）。坎波斯（Campos）与塞拉多（Cerrado）不同，这里的树木更少，冬天更长也更寒冷，但这里有相对丰富的本土豆科植物。坎波斯地处潘帕斯草原的北部，与巴西南部、阿根廷东北部接壤，气候类型是亚热带湿润气候，表现为夏季温暖、冬季温和。

图 5.1　乌拉圭的潘帕斯草原和草原上的牛羊

坎波斯草地的产量约为每年每公顷 4t 干物质，呈季节性变化，冬季产量不低于总产量的 14%，春季不高于 35%（Guido et al.，2014），是世界上生产力最高的草原。这里天然草地的载畜量一直没有发生很大的变化——每公顷不超过一头牛。现在通过遥感技术可清楚地了解到该区域草地的产量、分配及其变化情况。结果显示在过去四五个世纪，这里的草地生态系统发生了一定的变化，但变化不大（Morales，2007）。人们认为或许在原始时期，这里的草更高且存在更多的树。大型反刍动物的存在影响了当地草地生态系统的碳氮循环。据 Piñeiro 等人（2006 年）和 Paruelo 等人（2010 年）估测，在过去的 5 个世纪里坎波斯草地中的土壤碳流失了大约 1/5。

在此生活的农户的生活条件和生计发生了很大的变化，就像高乔人（注：居住于南美大草原上的印第安人和西班牙人的混血种族）的社会一样。高乔人建立了最著名、最高产的牲畜饲养系统之一（图 5.2）。

图 5.2　高乔文化：农村住房（左）、肉食（中）、集体和合作社（右）

此外，高乔社会在短短几个世纪里就成为养殖社会的一种参考。其他牧民完成这一过程往往需要用好几个世纪甚至几千年，如西非和中非的佩尔斯人（Peulhs），地中海南部和东部的贝都因人，以及中亚的蒙古族人、维吾尔族人和藏族人。在第一次世界大战期间，潘帕斯草原为欧洲国家提供肉类和谷类食品，这使得高乔人饲养牲畜的能力得到进一步的肯定。

高乔人的人文 - 自然耦合系统有一个重要特征，即生态的独特性。他们生活的地区属亚热带湿润地区，它不属于热带，因为它有太多的霜冻，平均每年霜冻 25 次，但夏天炎热，气温高达 42℃，所以也不属于温带，该地区降水量约为 1200mm/ 年，分布均匀，但年际变化不规律。

乌拉圭的肉类产业是从 18 世纪末期开始的，最初是从屠宰牛供当地消费的做法开始的。在此之前，畜牧业的主要产品主要是皮革。那时，肉是一种没有任何价值的副产品；盐渍肉供种植业中的奴隶所消费；棉花、咖啡和甘蔗的种植在古巴、巴西和北美蓬勃发展。直到 19 世纪末，肉类消费才占主导地位，当时典型的工业产品就是李比希的肉类提取物，这些产品几乎被运送到世界各地，以满足英国军队的需要。肉类加工产业在建立围栏、土地私有，以及为了适应新环境对牛进行基因改良的基础上慢慢发展壮大。到 1910 年，产业转型为由屠宰场将冷藏肉运往欧洲，这种方式一直延续至今。

除了肉类工业外，羊毛工业在乌拉圭的经济发展中也非常重要。在某种程度上，牛和羊起到了互补作用，并控制了经济和气候的风险。在干旱的时候，羊有更好的适应性，可以在一定程度上补偿牛的损失。而且羊毛和肉类在市场中价格互补，当其中一种价格较低时，另一种则价格较高。这样的现象不仅有助于增强农场企业抗风险能力，而且对整个行业也有益处。

1870—1970 年，羊毛和肉类占到了乌拉圭出口的 85% 以上（Moraes，2008），由此创造的财富成为国家的支柱，但即使在很大的努力下，国家也未能成功开发其他的经济活动，这导致在 1973 年爆发了严重的政治危机（图 5.3）。

图 5.3　牛（左）、羊毛（中）、马背上的高乔人（右）

第二次世界大战后的机械化栽培给经济发展带来了巨大的变化。在天然牧场运用机械化的手段种植牧草，大幅提高了草地生产力。到 20 世纪 70 年代末，随着技术推广，传统的牛肉和羊毛生产略有改变（Jarvis，1981）。与此同时，牧场管理技术的进步促进了牛奶的生产。自 20 世纪 90 年代起，随着农业综合企业的发展，植树造林以及出口作物的生产等方面也发生了巨大变化。由于 2001 年以来大豆种植大幅增长，使得粮食产量增加，农产品在 2010 年首次成为较为重要的出口产品。因此，在乌拉圭，取代草原生产的另一个重要活动就是植树造林。在乌拉圭，桉树和松树生长得很好。在 1987 年通过的一项法律的支持下，桉树和松树的种植成为当地重要的产业，吸引了很多外国投资者的目光。北美洲的人、智利人、西班牙人、芬兰人等在乌拉圭购买土地，开发种植园，并建立相关产业。

当地牲畜养殖的主要特征之一就是空间开放。为了连接这些空间，马出现了。根据农场主的管理策略，牧场有几种组织方式，但以家庭劳动力为基础的家庭农场是最重要的农场类型。农场被分为几个围场，以便更好地控制牲畜，促进天然牧场的管理。围场的划分方式是多变的，有的围场更适合饲养牛犊，有的适于待宰杀的牛，等等。到目前为止，马一直被用来将牲畜运送到围场，有时还会在几个围场间使用（图 5.3），即使现在卡车已经成为最主要的运输方式，但马在牛群运输中仍然很重要。在全国各地都有的养殖户联盟，它们不仅是牧民们的“扩音器”，也是技术和社会交流的中心。

现在的年轻人并不认为农业是一种时尚的生活方式，这对农场甚至整个牧业的未来都是一个问题，所以很难想象未来几十年将会是什么样子。虽然在农村工作、生活的人越来越少，但是在社会活动中传统活动（如纪念活动或体育活动，或仅仅是当地的节日）仍然很重要，马匹和骑手吸引来越来越多的关注。

乌拉圭人正在努力解决两个关键问题。第一个问题涉及国家对自然资源的支配权。非本地居民是否可以享用当地自然资源？因为受益者和受影响人群是不同的，且他们位于世界的不同地区。乌拉圭的电力生产部分依赖于径流，而径流有可能因植树造林而减少，乌拉圭是否应当冒着这个风险进行电力生产呢？第二个问题与自然资源的使用规范有关。政府通过运用科学知识和公认的数学模型进行土地利用决策，以减少农业用地的土壤侵蚀。而国家天然草地委员会的畜牧业生产部门正在考虑是否促进天然草地的保护。争议涉及是否应该像美国或欧洲那样强制执行，还是应该自愿采取这些措施（Cattan，2014）。同时，乌拉圭这个南美洲国家，应该从事多少农业活动，在全球气候变暖或生物多样性丧失等全球性的问题上又应该贡献多少？

5.3 阿根廷南部的巴塔哥尼亚牧区管理中社会 - 生态系统的动态

直到 19 世纪末，巴塔哥尼亚的干草原还没有永久定居点，只有一小群游牧猎人居住。到 1880 年，阿根廷扩张农业，特别是在温带地区进行动物养殖（图 5.4）。

图 5.4　定居巴塔哥尼亚，利用天然草地发展畜牧生产

这导致了牛和农作物快速占领了肥沃的潘帕斯草原，而贫瘠的巴塔尼亚地区则是成为大型放羊场，为英国人、佛兰德斯人和德国人的羊毛公司生产羊毛（图 5.5）。

图 5.5　20 世纪初主要基于美利诺羊（右图）饲养的羊毛生产

根据早期在巴塔哥尼亚大部分地区的载畜率记录，早期的定居者高估了牧场的承载能力，从而过度放牧。从下列数字可看出巴塔哥尼亚草原的初级生产力较低。根据 Paruelo 等（1998 年）估算整个地区干草的年平均生产力为 610kg/hm^2，也就是说在其他地方的牧场，适度的载畜率是每公顷约 2 只绵羊，但在巴塔哥尼亚干旱草原，这个载畜量已经非常高了。然而无论其实际的承载能力如何，这就是当时该地区大部分牧民使用的放牧率。因为过去该地区积累了大量的生物量，且之前没有大型食草动物群（骆马不计入），因此最初的过度放牧维持了几十年。

在 19 世纪初，绵羊养殖场蓬勃发展，40 年来，羊场占地 75 万 km^2。第一次世界大战尤其助长了羊群养殖业的爆发性扩张。并且现在这一过程还在继续，直到 20 世纪 50 年代，绵羊数量到达顶峰，当时记录的数量约为 2200 万。从那时起，过度放牧开始变得明显，并引起了科学家们的注意，科学家预计巴塔尼亚牧场的生产能力将会下降，因此，建议降低载畜量。然而，牧场的健康和可持续性问题并没有真正引起农牧民的关注。直到 20 世纪 80 年代，草地受损严重已经阻碍了生产，并使之付出昂贵的代价，牧民才开始关注牧场的健康问题。就拿羊毛来说，1940—1987 年，位于巴塔哥尼亚西北部管理良好的牧场，其羊毛产量每年下降 0.5%（Soriano et al.，1990）。

虽然在边缘地区存在许多小型农户（养殖少于 1000 只羊），但绵羊养殖大户饲养面积为 1 万 ~3 万 hm^2，养殖 2000~15,000 只羊。一些公司拥有的牧场面积甚至更大。这种规模相当于潘帕斯草原和福克兰群岛等地区的成功案例的规模。

近几十年来，随着生产力的下降以及羊毛和肉类商品化的困难，使得生态和经济都形成了不可持续的发展模式（Ares，2006），但过去 30 年来，载畜率稳步下降，这一点可以从 20 世纪 90 年代后期的巴塔哥尼亚地区牲畜降低至 1000 万只来证明。目前的平均载畜量大约是每公顷 0.3 只羊，最低可能达到每公顷只有 0.1 只羊（图 5.6）。超过这个阈值，则认为经济达到不可持续性的状态。这解释了在巴塔多尼亚境内许多羊养殖场关闭的原因（大约 1/3 或 2/3 的农场关闭，具体关闭的数量因地区而异）。因为在生态限制下，大多数农场都无法重新改造。

因此，在牧民殖民化开始不到 1 个世纪的时间里，巴塔哥尼亚中部和东部的大片草原变成了沙漠。尽管过去 30 多年放牧率大幅度下降，甚至有些牧场关闭，但牧场恢复是非常缓慢的。

图 5.6　恶劣条件——低降水量、风蚀和过度放牧，是牧场退化的主要原因

事实证明，巴塔尼亚的牧场抵抗力比恢复力强。在早期巴塔尼亚的牧场积累的大量生物量，使之在后续的几十年里次生产品的生产得以维持。一旦牧场退化明显，放牧率明显降低后，牧场也并不像传统模式预测的那样发生生态恢复，对于大多数巴塔哥尼亚牧场来说用“状态和转化模式”（Westoby et al.，1989）来描述更准确，它可能到达一个新的较低的状态。

虽然学者和决策者们已经吸取了教训，但是牧场主们并没有意识到，他们应当考虑改变管理方式以应对新的环境背景（草场变差）。由于日常生活的紧迫性，他们依旧高估自己牧场的承载能力，并将问题归咎于气候和阿根廷经济的变化无常，以及国际羊毛市场和羊肉市场的巨大变化。

20 世纪 90 年代的一些运动和 21 世纪前 10 年里不断调整公共政策的努力不断拓宽了农牧民传统的环境观点。在巴塔哥尼亚农牧民使用的词语中出现了很多新词能够反应这一状况。这些出现的新词现在被频繁使用如，荒漠化、灌木侵占、轮牧、电围栏、羔羊剪，甚至饲养场，这些词现在对巴塔哥尼亚牧民来讲都有重要意义。

针对农业的学习并非仅仅是一个自上而下的过程。在很多案例中，农业知识来源于农户的实际经验。例如，如何在退化环境及不稳定的市场中使牧场得以存续。在过去十多年，由于牧场贫瘠和经济不稳定，再加上一些干旱和火山灰泄漏事件，巴塔哥尼亚的牧场遇到了严重的危机。然而，这种近乎全面崩溃的危机，却在某种程度上“重置”了整个地区的绵羊养殖业，导致牧民放弃了那些无法生存的牧场，迫使他们采取更谨慎的牧场管理方式。

放弃牧场对生态是有利的。因为羊一旦被转移走，牧场就可以休养生息。随着羊和围栏的消失，残存的野生动物将可以在完整的栖息地生存和繁衍。在这种情况下，野生动物与邻近的羊群发生冲突是不可避免的，要么是食草动物之间（驼马、美洲驼）争夺牧场或水，要么是与食肉动物一起（狐狸、美洲狮）攻击羊。

从生态保护的角度来说，牧民面对的这些“威胁”是可接受的。在巴塔哥尼亚分布相当均匀的金属开采和页岩油气生产，对生态有负面影响，也使牧民面临越来越大的威胁。在此背景下，资源的开采被广泛讨论。

从这个案例研究可以看出，在殖民开始时，由于天然草原气候寒冷和干旱，巴塔哥尼亚牧场并没有大力发展牧业。由于羊毛收入的增加，农业家庭的生计得到了改善。当地社会开始自行组织，着眼于羊毛贸易和羊的生产供应链。然而，过度放牧、过度使用灌木取暖和烹饪，加之当地降水量低和风侵蚀强烈，牧场逐渐遭到破坏。当时，只有少数学者提到要改变这种做法以维持系统的可持续性。殖民 30 年后，牧场退化导致了牧场生产力大幅下降。然后这却被其他的问题所掩盖，如欧洲第一次世界大战引起的对动物产品的旺盛需求，甚至有人认为是因为巴拿马运河的开通大大降低了巴塔哥尼亚在越洋贸易中的重要作用。因此，20 世纪前 10 年，绵羊生产继续增长缓慢。矿业勘探（特别是石油和天然气）和旅游成为巴塔哥尼亚经济的支柱。到现在羊群养殖被认为是一种遗产，特别是对那些生活在本地的年轻人和生活在城市的人。

5.4 巴西亚马孙东部牧区管理中社会 - 生态系统的动态

从 20 世纪 60 年代中期到 20 世纪末，亚马孙雨林是欧洲拓荒者后裔领导的殖民活动的重要地点（Morales et al.，2011）。在此之前，塞拉多这个广阔的热带稀树草原地区一直是农业前沿。

目前，塞拉多的土地主要用于玉米和大豆的种植及牧民放牧。种植的玉米和大豆可为人和动物提供食物。在塞拉多仅有 10%~15% 的天然区域得以保存下来。与塞拉多一样，亚马孙雨林也受到了殖民化的影响。直到 20 世纪 90 年代，随着当地人口和全球的环境治理意识的提高而逐渐停止。Sayago 等（2010）表明，9 个亚马孙国家全部都受到同样的殖民化进程的影响。巴西亚马孙流域的面积很大，占整个亚马孙热带雨林面积的 65%~70%，因此这在巴西更明显。

亚马孙流域的殖民化旨在实现社会、经济和政治三重目标。首先，把土地分配给无地个人，并鼓励移民到亚马孙流域。这一目的是为了吸引人口移民定居巴西，同时应对巴西其他地区农村人口的外流问题。第二，巴西政府和国企想开发亚马孙热带雨林巨大的土壤和地下资源，以此激励并直接支持所有的国内产业发展。第三，鉴于外国公司提出的多种开发亚马孙的资源方案，确保国家边境安全并防范外国利益对亚马孙资源的潜在开发。其中一个外国提出的资源开发方案是 1933 年的“洛克菲勒计划”，它提出在亚马孙河口建造一座巨大的水坝，以促进石油开发和运输（Veiga et al.，2004）。

多年来，巴西都围绕开发亚马孙的自然资源以支持地方和国家的发展。这种做法的历史根源可以追溯到几个世纪以前。学者们指出，17~18 世纪，巴西政府与探险者们收集了野生动物皮革、药物和水果等资源，与卡伯特部落进行交易（Vaz，2013；Veiga et al.，2004；Poccard-Chapuis，2004）。这被称为德罗加斯（drogas do sertão）时代，sertão 的意思是远离海岸、港口地区的腹地。19 世纪末，巴西橡胶成为出口的主要资源。橡胶贸易促进了主要城市的发展，如马瑙斯、贝尔姆和桑塔姆。巴西坚果也是亚马孙国家消费和出口的重要资源。

殖民统治 50 年后，在亚马孙流域地下开采了多种矿物质（特别是铁、铝、镍、铜和锌），这些矿产为巴西的发展作出了重大贡献。水电是亚马孙流域的另一种资源，在全国范围内有重要的贡献。例如，巨大的图库鲁伊水坝为当地居民提供能源，同时也为采矿和运输提供能源。矿业对人文-自然耦合系统的影响不同于农业。矿业活动占地面积小，并且主要在地下开展，因此对生态系统的影响较隐蔽，然而它对当地就业和工资分配的影响很大。

亚马孙地区的殖民是由农业扩张推动的。在最初的 20 年里，一直到 20 世纪 80 年代中期，“通过牛蹄进行亚马孙殖民”（Santiago，1972）。通过砍伐和焚烧将森林转变为牧场（图 5.7）。

图 5.7　牧场扩张，将热带雨林转化为大型和小型牧场

这个过程如下：① 9~10 月，在干旱季节结束时，砍伐和焚烧天然植被；② 1~2 月，在雨季开始时，种植水稻或玉米；③ 3~4 月，也就是种植 6~8 周后，将肥料直接施到谷物中；④ 5~6 月收割谷物；⑤让草料生长，直到 9~10 月开始放牧。许多小农户都按照这个过程耕种，每年耕种 2~4hm^2 土地。

在这个小农养殖系统中，谷物生产可为人类提供食物，为小动物（猪和家禽）提供饲料以确保粮食安全，谷物生产还可出售以提供其他货物和支付其他费用。牛可以产奶。畜牧业的多功能性，包括作物 - 畜牧一体化，帮助小农户生存。牧民也可以通过这个过程来扩大他们的牧场，年复一年地种植几十公顷的土地。因此，在森林砍伐后，畜牧业是土地的主要用途（Veiga et al.，2004）。在殖民开始 50 年后，大约 100 万 km^2 的热带雨林（即在亚马孙流域大约有 15%~20% 的地区）已经变成了牧场，其中约有 70% 发生在巴西。

在殖民开始的时候，一些农民定居在肥沃的土地上，在巴西的亚马孙地区，种植多年生作物，特别是种植可可、咖啡和胡椒。然而，在 20 世纪 80 年代末的长期作物价格危机迫使许多农民放弃种植作物和草料。最近，一些农民决定再次种植多年生作物，但通常在多样化的农作系统下种植。木材采伐始于殖民，但直到 20 世纪 80 年代，林业工作者开始开发公共雨林保护区时，它才成为一项重要的活动。木材采伐对生态系统影响巨大，主要是在森林开辟通道，让拓荒者和无地者能够进入新的土地进行砍伐、焚烧和耕种。可持续的木材采伐方式很少被采用。相反，几十年来，林业工作者更倾向于砍伐一些有价值的树木，然后砍伐其他树木、焚烧将其改造为牧场（图 5.8）。

并不是所有的天然林变为农业用地都是因为拓荒者、牧民和林木采伐者对土地和天然植被的开发。土地所有权的获取也是森林砍伐的一个重要因素。一些学者指出，在亚马孙热带雨林的不同地区，移民利用殖民过程占领了私人和公共土地，将其开发为农业系统，同时等待当地政府将其土地所有权合法化。Treccani（2001）、Veiga 等（2004）和 Vaz（2013）提到，在 20 世纪 50 年代和 60 年代初，一些先拓荒者占领了这片土地并进行登记，以便把土地卖给新移民。

图 5.8　多年生作物（可可；左）、**木材开采**（中），**以及在亚马孙流域的牧牛业**（右）

随着时间的推移，亚马孙地区的移民逐渐在社区定居。这些社区是由生活在同一地区的家庭组成，他们相互分享一些服务和社会活动，如教会、学校和足球队，并在社区层面开展共同工作（Veiga et al.，2004）。Tourrand 等人（2012）根据几位定居于亚马孙的拓荒者的生活轨迹，发现通常移民是精心策划的事情。移民者通常做好了充分的准备之后迁往亚马孙。当他们迁移时，他们知道他们要去哪里，谁会接待他，通常有已经迁移的亲戚，移民们知道他们到达后将住在哪个区域、他们能做什么工作以及他们的前景如何。有时，他们已经访问过这个地区，以便更好地了解即将定居的新的土地和社区。

亚马孙地区的社区不是独立的实体，而是依赖县。县拥有土地行政权。有的社区依赖两个县，但这种情况并不常见。在 1985 年后，县提供卫生和学校服务、道路和轨道维护、电力、邮件服务和电信以及推广服务等。通常，一个社区必须选出一名成员在县议会任职，在县一级倡导他们的权利。

随着新移民的到来，社区也在发展。其中一些社区最终成为拥有自己社区的村庄。当一个村庄及其社区达到一定规模时，有权要求建立自己的县，特别是当离县城很远或环境非常不同的时候。图 5.9 是位于殖民地沿线的移民村庄的情况，这些村庄与位于河流附近的行政中心相连。

在 50 年的殖民统治期间，地方和区域层面建立了各种社会组织。在县级水平，有农村工人联合会（农村工人联盟）和乡会联盟（农村联盟），分别为小农户和中到大型的农业企业服务。阿克里州有割橡树者理事会（国家橡胶者委员会）。一些组织是在国家层面上，如与天主教会有关的牧区土地委员会（西班牙语：Comissão Pastoral pela Terra）。

最初，亚马孙流域的公共政策通过两家公共组织（亚马孙银行和亚马孙监管机构）提供的特殊贷款和土地所有者激励措施来资助森林砍伐。贷款往往与森林砍伐目标挂钩。贷款标准是至少有 30% 的土地被砍伐。直到 20 世纪 80 年代中期，为了迅速解决亚马孙流域的农业边界问题，政策开始转向阻止砍伐森林。财政支持转向只提供给恢复退化土地的项目贷款，而不是鼓励砍伐更多的土地。

图 5.9　亚马孙流域的开拓者（左）、城市化（中）和社会（右）的发展

与此同时，在地方和区域规模上都可通过遥感监测森林砍伐的区域。土地所有者需要对其土地上的森林砍伐负责，并且还需要提交他们恢复森林的计划。此外，所有的土地所有权都必须得到证明，特别是对于中、大型农场，这些中大型农场与天然林的恢复计划有关。

从这个案例研究可以清楚地看到，在过去 50 年的殖民统治期间，巴西政府的目标是开拓农业边界，利用雨林自然资源促进国家发展。最近，巴西政府已将重点转向减少森林砍伐和自然生态系统恢复。巴西政府采取的措施包括补贴、惩罚和制裁政策（包括取消土地所有权）等。与此同时，巴西政府通过改善小农生计和生活条件的特殊政策，努力减轻小农贫困。

5.5 南美洲热带和亚热带地区可持续牧场的管理策略

基于对不同畜牧利益相关者（饲养者、商人、农工、推广服务者、地方治理者等）的采访，以及公共数据库中的相关信息，特别是连续的人口普查和文献综述数据，我们对比南美洲热带和亚热带地区的三个案例，以更好地了解社会在畜牧业发展方面采取的行动。我们分析了家畜饲养区域（目前或潜在的）与牧民们之间的关系，分析了不同的历史条件和生态系统功能如何在三个案例研究中调节社会与生态系统之间的相互作用关系，这种相互作用在潘帕斯持续了 5 个世纪，在巴塔哥尼亚有 150 年历史，在亚马孙流域有 50 年历史。我们发现这种交互作用是非线性的，在不同时期特点不同，在某些背景下二者交互作用是不可逆的。这也表明人文 - 自然耦合系统的两个连续状态之间过渡是存在阈值的，超过这个阈值就是不可逆转的。因此，评估和监测牧场管理的人文 - 自然耦合系统的演变并适应其动态是不容易的。

5.5.1 三个案例研究的相似之处

尽管亚马孙热带雨林的核心与乌拉圭大草原相距约 3000km，而乌拉圭大草原与阿根廷南部的巴塔哥尼亚草原相距 2000km，气候和农业都存在差异，但这三个案例研究区域有一些共同的地质史学特征。首先，这三个地区都处于 18 世纪殖民南美势力的边缘地带。事实上，葡萄牙和西班牙从未在亚马孙河或巴塔尼亚地区达成永久定居协议，乌拉圭也是两国列强之间的边境（和诉讼的）地区。因为乌拉圭草原处于两国的边缘地带，同时也是地缘政治的根源，造成乌拉圭肥沃草原的边际性。由于环境因素的限制造成亚马孙流域和巴塔尼亚地区的边际性。这样的边际性阻碍了他们被永久的经济占领。尽管存在差异，但这些地区的永久经济占领过程都是从畜牧业开始的。这一进程最早发生在乌拉圭，巴塔尼亚发生在 19 世纪初，亚马孙流域发生在 20 世纪末。

畜牧业使得人们永久占领了这些原本并没人在意的地区。事实上，牲畜养殖（乌拉圭和亚马孙的牛群养殖和巴塔哥尼亚的羊群养殖）吸引了这些移民者，也是殖民者最早在这里开始的经济活动。在 19 世纪和 20 世纪的大部分时间里，养牛几乎是乌拉圭唯一的经济驱动力。20 世纪的前 10 年，巴塔哥尼亚的绵羊养殖蓬勃发展，但在过去几十年中崩溃了。在亚马孙地区，牛的养殖正在蓬勃发展。目前在这些区域经济发展中，其他经济驱动力与畜牧业竞争激烈。这就迫使这三个地区的畜牧业发生了适应性变化。

这三个区域的人口压力都较低。大约 1 万年前，人类从欧洲大陆的北部进入美洲。然而，当时这些地区人口仍然很少，社会也不复杂。人们生活在部落中，从事原始农业，没有复杂的建筑，也没有任何尖端的农业。

这三个地区都为寻求改善生活的移民提供了机会。移民的原因总是相似的：他们需要一个新领域，在那里他们可以过上更好的生活。

三个区域有另一个共同点就是存在有争议的领土。位于大西洋沿岸的乌拉圭东部，是葡萄牙和西班牙之间有争议的地区。阿根廷、智利和英国或多或少宣称对巴塔多尼亚拥有主权。巴西渴望亚马孙流域给其提供更多机会。

在三个案例的研究区域现存的原始野生动物非常丰富，但都没有大型食草动物。据证实，大约在 1 万年前这里发生过大型哺乳动物的一次大灭绝，这导致了目前三个区域大型哺乳动物的现状。在乌拉圭和巴塔哥尼亚地区的草地和牧场地区，都有少量反刍动物（鹿、羊驼等），但它们对植被的影响相对较小。

在这三个区域里，牧业生产的驱动因素是相同的。最初，是依靠当地消费的驱使。但在欧洲人到来后不久，外国和远方市场影响并推动牧业生产。对于乌拉圭来说，牧业生产的驱动力最初是为欧洲衣物生产提供兽皮和羊毛，然后是供给牛肉以及大豆。正如巴塔哥尼亚供给羊毛，亚马孙供给牛肉和大豆那样。这解释了在我们的案例中人类超越自然的特点，以及地方社会组织的建立以及对环境的影响。

三个区域另一个重要的共同特征是作物种植发展困难。即使在乌拉圭和亚马孙流域，某些地区致力于作物或木材生产，但由于当地土壤脆弱或土壤层较薄、气候多变、市场变幻莫测以及与港口的距离、欧洲或亚洲的温带作物适应新环境等问题，作物或木材的生产都具有风险。在巴塔哥尼亚的案例中，严重的干旱使得作物需要灌溉才能在这里栽培，但巴塔哥尼亚的水资源本来就不够充足。

5.5.2　三个案例研究的差异

这三个案例研究区域从南到北，为阿根廷南部巴塔尼亚、乌拉圭的坎波斯、巴西东部的亚马孙地区。这三个区域存在一些明显的差异，生物群落显著不同。

首先，巴塔尼亚南部的气候干旱寒冷，乌拉圭的气候温和，亚马孙是热带地区的热带气候，这种气候差异对人类有重要的影响。这使欧洲定居者的农业开发潜力大不相同。欧洲人没有在热带发展农业的知识、工具和遗传资源，因此这里是最后一个被他们殖民的地区。

显然，由于这些条件的限制，乌拉圭最适合牧养欧洲食草动物：牛、马和绵羊。坎波斯非常适合养殖牛，其优良的可用地表水促进了畜群的繁殖。坎波斯并不适合温带作物（小麦、燕麦和玉米），但可以种植当地消费的作物，而且在某些环境下可以生产供出口的粮食。现在他们种植了很多可供出口的作物。对于巴塔尼亚来说，情况并非如此，那里没有足够的雨水，没有好的水井，只有几条河流。虽然在山谷中偶有种植作物，但其比例很低。

当我们比较区域放牧潜力时，三个区域也有很大的差异。巴塔哥尼亚草原冬季严寒，雨量稀少，每年的草生长量的干重低于每公顷500kg。相比之下，在乌拉圭每公顷可生产4000kg干草。亚马孙地区每公顷可生产3000~5000kg干草，具体产量依据当地土壤环境状况而定。良好的草地管理规范允许在保持资源的同时进行商业生产，这在乌拉圭很容易实现。但在巴塔哥尼亚，成本非常高，他们很难运用良好的草地管理规范进行生产，从而导致资源破坏。乌拉圭的潘帕斯案例研究与之前提到的情况大不相同。与巴塔哥尼亚案例研究不同的是，在16世纪殖民开始的时候，分别由欧洲移民和耶稣会社区所定居在南部和北部地区，在放牧初期，由于其承载能力的限制导致放牧率都很低。

亚马孙的人文－自然耦合系统与此形成了对比。天然草原位于亚马孙的几个岛屿上，尤其是马拉雅的东部，一些河岸附近地带的生产力接近于乌拉圭的天然草原，可持续的放牧率大约是每公顷1头牛。相比之下，亚马孙热带雨林没有草地管理规范，因为草地只能在收割和烧毁后才能生长。一些热带牧草来自南美洲，但大部分是从非洲引进的，尤其是各种各样的圆锥花序和臂形草属植物。这些开垦的牧场为牛肉和牛奶生产创造了新的机会，并将亚马孙地区转变为世界一流产地。三个区域可饲养的牲畜品种也不同。在巴塔哥尼亚和乌拉圭，欧洲的品种可以很好地适应当地环境，但是在亚马孙流域并不适合。亚马孙流域的放牧系统最初是人为选择的，并没有结合生物自身的情况，黄牛的品种来自印度，水牛来自印度和地中海，草种主要来自西非到南美洲间的区域，人口主要是欧洲后裔。

此外，尽管这三个案例研究区是欧洲移民及其后代的殖民地，但他们的历史却不同，特别是殖民化的过程和起源不同。在16世纪的乌拉圭，来自南部西班牙的欧洲殖民者和耶稣会社区，包括欧洲移民和印第安人家庭，基于草地和牧场放牧的牲畜养殖系统在北部发展。从19世纪末期开始，阿根廷军队从美洲土著人那里夺取了巴塔哥尼亚，允许他们从福克兰群岛和帕潘斯岛，以及欧洲和地中海移民到那里，进行殖民统治。从20世纪60年代起，巴西政府决定移民定居亚马孙热带雨林，其目标是确保巴西的土地所有权，利用土地和地下资源。

三个区域土地的变化和羊群管理的实践也存在显著差异。巴塔尼亚大部分天然草原由于牧草管理不善而严重退化，牧场退化主要与过度放牧、降水量低和风侵蚀强有关。目前，许多农场已经变得不可维护，甚至因为沙漠化而被抛弃。亚马孙雨林的大片区域也被殖民者改变，他们采用了砍伐和焚烧的方法来为他们的牲畜提供牧场。然而，地理气候条件允许雨林在数年之后才能逐步再生。在乌拉圭，近 5 个世纪天然草地的放牧均属于适度放牧，直到 20 世纪 70 年代建立的人工草场、20 世纪 90 年代建植人工林以及开展粮食作物的种植，使得部分草场被破坏。

最后，三者最主要的区别是导致的全球环境风险不同。乌拉圭的坎波斯变成树木种植园或农田、调整巴塔尼亚的放牧管理以维持牧羊业、将亚马孙热带雨林改造成农作物的土地等做法，不仅对气候变化和生物多样性丧失等全球性问题产生了影响，甚至影响了全人类。把亚马孙雨林变成牧场可能会改变地球上人类的生活。

5.5.3　三维“脆弱性”评估框架

运用 Dong 等（2011）提出的基于三维脆弱性和弹性模型评估亚马孙、坎波斯、巴塔哥尼亚的草地畜牧业。结果认为，在殖民之前，三个区域的人文 - 自然耦合系统在脆弱性方面是相似的。殖民前三种系统的农牧生态系统（垂直轴）是丰富的，生计水平（横向轴）较低，机构能力（水平轴）较低。红星给出了其在三维模型中的位置，位于第 7 象限（图 5.10）。

评估人文 - 自然耦合系统的现状，得出以下结果。畜牧业在亚马孙流域位于第 1~2 象限的交界处。位于亚马孙流域边界的少数几个县是第一个被殖民的。移民定居路线上的森林几乎被完全砍伐。最新殖民的其他县通常仍然有大片热带雨林，尤其是远离公路的地方。大多数情况下，森林并不完全是天然的热带雨林，因为最好的树木已经被利用了。尽管各县之间存在差异，但一大部分生态系统处于退化状态，约占该地区面积的 20%~25%。这证明当地农牧生态系统的现状是中立的，不是脆弱的。相比之下，与殖民初期相比，亚马孙移民的生计得到了很大的改善，主要是因为在过去的 20 年里制定了具体的公共政策，改善了所有公共服务，包括健康、教育、道路维修、贷款、农业推广、能源和通信。对于体制能力也是如此，尤其是 20 世纪 80 年代民主回归之后。巴西政府

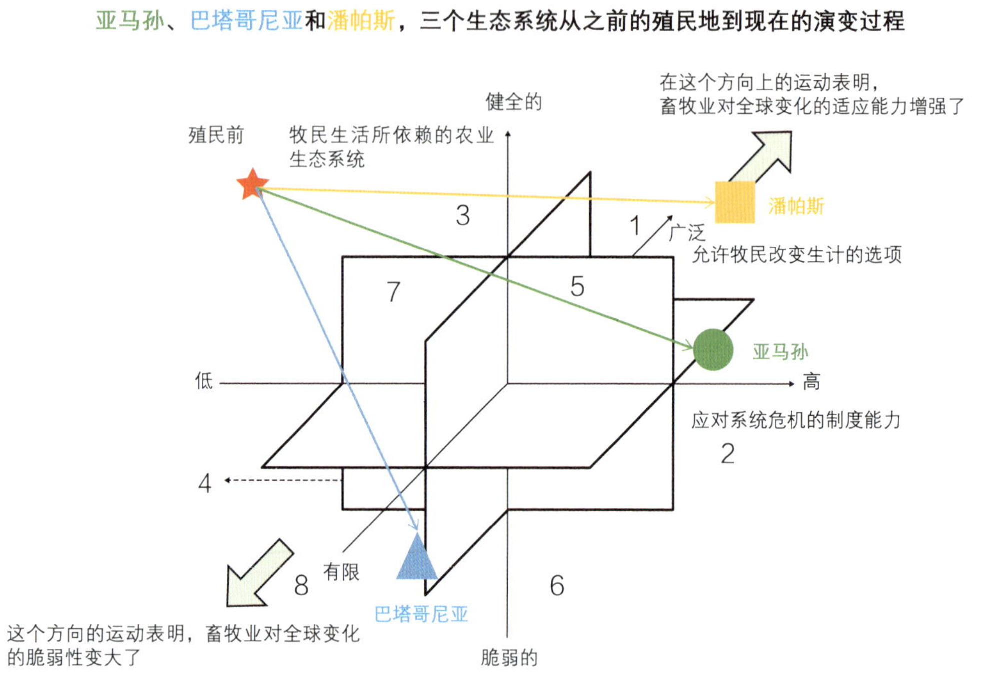

图 5.10　亚马孙河流域、巴塔哥尼亚和坦帕斯从殖民地到现在的社区生态系统演变

现在实施的社会和环境政策应该会使农牧生态系统的恢复力得到改善，民生和机构能力也应得到改善（图 5.10）。

在模型中现在的坎波斯人文 - 自然耦合系统与亚马孙河流域案例接近（图 5.10）。自从殖民开始以来，特别是在过去的几十年里，人们的生计和制度能力得到了极大的改善，原因和亚马孙流域的情况一样。相对于农牧生态系统，天然草地和牧场在 16~20 世纪中叶并没有太大的变化，直到 20 世纪中叶，机械化的发展使大部分天然牧场变成了耕地，以此提高生产力。最近树木种植业的发展和大豆开发正在显著地改变着环境。在 1600 万 hm^2 的天然或人工草原中，不到 10 年的时间里，大约有 200 万 hm^2 被改造成树木种植园或大豆田。坎波斯人文 - 自然耦合系统的未来将在很大程度上取决于社会和环境政策的选择。据称，位于乌拉圭北部的玄武岩区域（300 万 hm^2）的核心地带不适合种植或森林生产。

巴塔哥尼亚人文 - 自然耦合系统的现状与其他两个案例差距较大，主要原因是其自然生态系统的退化和自然恢复过程与其他案例有所不同。即使不放牧 15~20 年，当地的土地覆被也没有得到明显的改善。此外，由于农村人口的减少（其密度可能低至 0.01 人 /km^2）和农场之间的距离较大（通常是几十千米的距离）造成当地居民生活质量不佳。这些原因同时也解释了机构能力薄弱的问题。虽然当地机构存在于城市中心，推广人员也相当活跃，但机构能力薄弱。巴塔哥尼亚草原的自然恢复过程很差，而且重建它的成本很高，当地人文 - 自然耦合系统未来的前景并不乐观。在三维系统中（图 5.10）巴塔哥尼亚系统位于第 6 象限和第 8 象限的交界位置。然而，如果我们不认为弹性是恢复，而是视为转型的话，那么必须说巴塔哥尼亚社会正在寻找不同的转型方式来应对今后退化的生态系统。巴塔哥尼亚可选择露天采矿、国家公园、保护区，还有农业旅游或可持续畜牧业等中间替代方案（Coronato et al.，2011）。但是转型开始后，最后的结果将取决于地方甚至国际竞争（Schmink et al.，1992）。

5.5.4　不可逆的阈值和学习适应可能性

在第 2 章的分析中已提到，弹性可以被看作是稳定性（缓冲能力）、恢复力（反弹力）和转化力（创造力）。这些组分有助于研究这三个案例区如何应对各种挑战和变化。虽然学习并不是总来源于经验，尤其是那些行动效果和后果在短时间或较近范围不能实现的经验，他们并不能带来什么启示。但是，从经验中学习是适应性管理的核心（Walker et al.，2006），它表现为把实际行动视为实验，通过监测、反映和提出改变以增加适应性，可以与创造力视为等同。即使这一定义被广泛接受，但国际文献中的自然资源适应性管理的成功例子也很少见（Williams et al.，2014）。我们的案例研究让我们有机会分析这一重要课题：畜牧业人文 - 自然耦合系统能否适应不同的动态环境？我们对比三个案例的研究分析结果是什么呢？

经过 5 个世纪放牧，乌拉圭的坎波斯生态系统似乎状况非常好，尽管在这段时间内由于欧洲放牧者的出现，其初始碳含量的 1/5 已经丧失（Piñeiro et al.，2006），也很难确定在未来 5 个世纪这一趋势是否还会继续，但目前还没有出现产量降低的迹象。牧场管理的实践并没有显著地破坏自然生态系统。换句话说，自然生态系统不容易受到牧场主们放牧的影响。所以，坎波斯人文 - 自然耦合系统是有弹性的，在这种情况下，弹性意味着具有稳定性（缓冲能力）。

此外，乌拉圭的草地和牧场的恢复力（反弹）较好。有充分的证据表明，即使在严重干旱后，草地的生长也可以恢复。1989 年，当地经历了非常严重的干旱，草地也恢复得很好。

相比之下，巴塔哥尼亚的案例中，由于管理实践不足，人文 - 自然耦合系统在不到 50 年的时间里（从 19 世纪末到 20 世纪的第一个 10 年）崩溃。在不到半个世纪的时间里，由于管理不当，巴塔哥尼亚中部大片干旱草原遭到破坏，其中一些土地由于不再用于生产成为弃荒地。它的人文 - 自然耦合系统不再具有稳定性，因为区域内的活动已经超过阈值（缓冲区容量）。

一些牧场主试图通过减少载畜率或采用牧草轮作来恢复草场，但是由于草场退化严重，自然恢复非常缓慢的，绝大部分的土地都没有被植被覆盖，土壤风蚀也相当严重。人工恢复可能会恢复退化草地，但高昂的成本限制了这些小块地的恢复，比如那些被采矿或石油开发破坏的地块。此外，数十年来羊毛的低价格对投资者来说也没有了吸引力。因此，巴塔哥尼亚中部的人文 - 自然耦合系统没有弹性，因为它们的恢复能力太差了。换句话说，这些系统的弹性已达到不可逆的阈值。

与巴塔哥尼亚中部相比，巴塔哥尼亚南部地区和安第斯山脉附近地区的退化程度较低。在这些地区，气候条件更佳，即降水多，少干旱、少强风，这里的气候条件与坎波斯最干旱的地区非常相似（虽然较冷）。因此，正如在坎波斯那样，天然草原的退化程度较轻，甚至有的天然草原没有明显的退化。最明显的是，这些地区几乎没有被遗弃的土地。因此，巴塔哥尼亚草原的脆弱性和恢复力似乎与牧场的类型有很大的联系，特别是放牧影响与当地牧场的再生能力之间的平衡。

亚马孙雨林的状况有所不同。这里的自然植被被破坏用以种植牧场。许多学者报告说，在几年的时间里，牧场的退化相当明显，退化的土地被遗弃，从而导致了新的地块被砍伐，以供牧群养殖。Veiga 等（2004）将这种退化与不充分的牧场管理联系起来。在焚烧自然植被后草原植物可从灰烬中获取所需营养而迅速生长，从而覆盖土壤并与杂草竞争。在这个过程中，有些自然植被得以恢复。但经过几年的放牧，土壤肥力下降，自然植被生长并与牧草竞争，直到自然植被占主导地位。然而，自然的再生使退化草地的次生林及时恢复，恢复情况取决于退化程度和土壤类型。因此，经过几年的时间，通常是 4~5 年，牧场主们开始砍伐并焚烧次生植被以开始新的循环，这是殖民 30 年来最常用的方法。

根据 Veiga 等人（2004），可持续的牧业管理需要：①适宜的载蓄率；②适应牧场自然周期的轮牧管理；③杂草控制；④使用一些肥料来补充土壤养分。自 20 世纪 80 年代末以来，许多退化的牧场在这一系列实践基础上得到了恢复，首先是大中型牧场，后来扩展到较小的牧场。

在这一系列实践的基础上，亚马孙流域的新人文 - 自然耦合系统的恢复能力（缓冲能力）提高，具有真正的恢复潜力（反弹性），尽管它的自然森林生态系统遭到破坏。在这个案例中，牧场主将自然生态系统转变为一个有弹性（创造力）的人文 - 自然耦合系统。原始的自然生态系统仍然存在，如沿着河岸，以及容易发生水土流失的地区的森林保护区，从而保护了生物多样性。案例中，从森林到草原，甚至到文化，恢复力的目标是让人们谋生。此外，与遥远地区和专业知识的互动对于这一转型成功也至关重要。如果没有非洲牧场科学家创造出牧草品种，没有印度农民和他们创造的抗性品种，没有巴西科学家建立的高效农业系统的技术，没有其他生存选择的先驱者们的合作，那么亚马孙雨林的草地和牧场就永远不会存在。

本研究中面对人文 - 自然耦合系统表现出不同形式的稳定性。坎波斯核心地区（玄武岩区域）可以维持几个世纪的稳定，而其他地区可能只能维持几十年。亚马孙河流域的稳定性能够适应新的形态变化。正如巴塔哥尼亚的农民所展示的那样，适应的不确定性与未来对阈值的感知有关。

5.5.5 南美牧场管理中对人与自然关系思考的思维模式

Tourrand 等（2014）根据“畜牧业和地方发展”（LiFLoD）网络在位于五大洲的 13 个畜牧业人文 - 自然耦合系统中收集的数据，识别利益相关者群体之间对于畜牧业看法的思维模式的相似之处。主要群体包括牧场主（从小农到大规模的牧民）、贸易商和进口提供者、农业产业的管理者、推广服务者、资助机构、科学家、政策制定者、工会代表、协会领导人和消费者。

Tourrand 等人（2014）将思维模式定义为由一群人共同享有的集体代表制度。从长期来看，思维模式相对稳定，因此在短期内不会发生太大的变化。任何对畜牧业看法的思维模式都可以被定义为以下 8 种思维模式的复杂集合（图 5.11）。

- 生活方式：认为牲畜是牧民生活的基础，主要表现在游牧。
- 安全：认为通过牲畜养殖提供商品、收入和储蓄。这在小农群体中尤其占主导地位。
- 商业：认为畜牧业是农场，是地方和全球规模的商业活动。这在供应链和市场链的工作人员的话语中是非常常见的，也是牲畜养殖扩展服务的一部分。

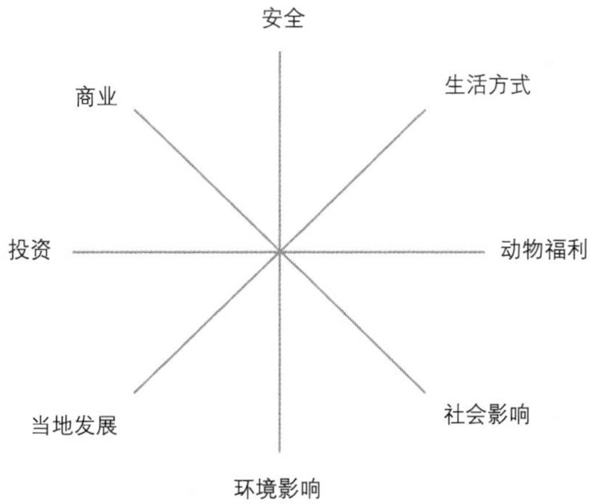

图 5.11 八项基本思维模式

- 投资：认为畜牧业是一个不错的投资选择。过去是这样，现在更是这样。
- 当地发展：认为畜牧业在当地发展中发挥着重要作用。主要在地方治理、政策制定、机构发展、大学和研究中心处论述。
- 环境影响：特别注重畜牧业生产中的温室气体排放，还有其他的环境影响。这种思维模式如今更频繁地出现在"绿色浪潮"中，人们对全球变暖这样的环境问题的环境意识越来越强了。
- 社会影响：认为畜牧业导致社会分化。这种思维模式经常出现在社会科学界的话语中。
- 动物福利：认为动物首先是一种非常接近人类的生物，必须被尊重，而不是被吃掉。

当我们运用这个模型分析研究案例中的三个人文-自然耦合系统时，我们发现不同的思维模式会随着时间的变化而相互转化。例如，如果我们认同"用牛蹄殖民亚马孙"，巴西决策者的思维模式应该是以下几种模式的复杂组合：投资，主要是国家利用自然土壤资源求发展；安全，尤其是粮食安全以保障移民的生存；商业，因为牲畜是边境的生意；当地发展，定居并将人文-自然耦合系统纳入国家领土内。当时除了一些科学家和当地的非政府组织意识到牲畜养殖的负面影响，很少有人关注畜牧业的环境影响（Veiga et al.，2014）。

同样，Coronato（2010）指出，19 世纪末巴塔哥尼亚的殖民化也是由不同和复杂的思维模式所造成的。当时，阿根廷军队的目的是为了保护该地区，并激励地方发展。英国羊毛公司想要新的土地投资并拓展业务。移民主要对他们的粮食需求感兴趣，其中一些人利用他们的养羊技能和他们饲养的牲畜生活。相比之下，定居者拥有的土地大小和位置均有很大的差别。当时，还没有人意识到牲畜对环境的影响。

根据 Moraes（2008）所述，在 18 世纪，在定居潘帕斯的过程中至少有两种主要的思维模式存在。在里约热内卢的南部，西班牙定居于此，他们通过向欧洲移民和给他们的后代分配或大或小的土地来发展牛羊养殖。由于天然草地和牧场的主导地位，他们没有其他选择。在北部，耶稣会社区希望能与美洲印第安人和欧洲移民或其后裔共同管理土地。在乌拉圭的思维模式中商业始终占有重要地位，这与该地区动物产品出口的重要性直接相关。在过去的 3 个世纪里，高乔社会逐渐建立起来。这是畜牧业和天然牧场相互作用的结果之一（Litre，2010；Morales et al.，2011）。

目前情况正在发生变化，尤其是在巴西亚马孙地区。出于不同的原因，巴西政府最近决定对亚马孙流域的发展实施更加严格的环境政策。这些措施强有力地激励了拥有以环境影响为主的思维模式的利益相关者。与此同时，巴西政府也推出了高效的小型农业项目。这些项目激励并直接支持那些更注重社会影响和地方发展的思维模式的利益相关者。因此，聚焦于可持续发展，所有其他利益攸关方必须就环境问题进行友好的讨论。对其中的一些人来说很容易做到，因为他们拥有相关自然技能。对另一些人来说，这很困难，他们不得不强迫自己提出更可持续的策略。即便如此，这些讨论也发生了变化。到目前为止，思维模式还没有完全改变，因为就像之前提到的那样它们具有很强的弹性。他们需要更多的时间来改变，通常是几年到一代人的时间。

在巴塔哥尼亚，利益相关者的情况与亚马孙流域的情况不同，因为现在的饲养者不用对几十年前发生的牧场退化负责。只有少数利益相关者认识到过度放牧直接导致牧场退化。另外一些人则认为低的年降水量和频繁的干旱是造成牧场退化的主要原因。此外，在 19 世纪末，一些利益相关方并没有意识到与殖民早期相比草地和牧场的生产力已经大幅减少。他们认为许多养殖者停止饲养羊、放弃他们的农场是由于绵羊和羊毛市场的疲软以及缺乏有效的农业政策。尽管如此，对畜牧业看法的思维模式正在发生改变。与目前旅游业的发展有关，一些农民和决策者已经意识到养羊业在当地发展中的作用。Coronato（2010）表示，绵羊是巴塔哥尼亚游客最常见的风景。此外，对于几乎所有的利益相关者来说，养羊是唯一能够在该地区维持定居生活的活动。此外，从长远来看，国际需求的增强将鼓励发展牧养羊的牧场，并刺激投资者投资。

乌拉圭的畜牧业在市场和环境影响方面也有差异。直到几年前，所有利益相关者都认为乌拉圭的畜牧业是一种没有重大环境影响的自然活动（Morales，2007）。牲畜是乌拉圭自然景观的一个非常重要的组成部分。因此,2006 年联合国粮农组织出版的报告“牲畜的长阴影”详细描述了动物生产对环境的巨大影响，这对乌拉圭畜牧业造成了冲击。许多人认为这是全球范围内反对畜牧业活动的战略。现在，一些利益相关者已经意识到反刍动物会排放很多温室气体，在潘帕斯生态系统大规模的畜牧业生产中尤其如此。其他利益相关者也知道这个问题，但它们并不接受这个问题。还有一些人不认为他们的畜牧业系统对环境的影响。相比之下，许多利益相关者都知道大豆扩张对土壤侵蚀的影响，以及松木和桉树种植园对土壤酸化和生物多样性丧失的影响（Arbeleche et al.，2011）。因此，决策者目前正在启动一套旨在通过作物轮作控制水土流失的环境措施，以避免今后对环境造成更严重的影响。然而，环境政策对于动物生产和种植园还没有非常严格的限制。此外，乌拉圭对畜牧业看法的思维模式建立在国际肉类市场发生变化的基础上，特别是肉类价格的频繁突变，以及长期低价和短期高价交替出现的现象。与来自亚洲强劲的国际需求相关，2008 年以来肉类价格高涨，影响了整个乌拉圭畜牧业。一些利益相关者认为这是国际肉类市场的永久性变化，而其他利益相关者认为这一过程只是一个暂时的假象。

从这一分析中可以清楚地看到，对畜牧业看法的思维模式正处于一个变化的过程中，这主要是由于全球范围内的新环境政策，以及强大的国际畜产品市场和农村地区的社会发展问题。这些因素影响了人们对畜牧业看法的思维模式。现在，所有的思维模式是与环境状况相关的，至少知道有些问题是与环境影响有关的。一些外部的声音彻底改变支持环境政策和反对环境政策的人。相比之下，由于思维模型的弹性，思维模式的内部转变进展缓慢。市场和社会问题所导致的变化略有不同，不同之处在于这种变化的持久性或暂时性。此外，其他大陆，特别是中国、东南亚和欧洲的消费者，认识到粮食安全和食品质量的重要性，这与最近有关动物产品的危机（例如，牛奶粉中的黑色素、马肉和牛肉混合、禽流感等）直接相关，这种变化可能会持续影响肉类来源及生产方面的消费和国际需求。

5.6 结论

南美洲见证了新的畜牧业系统，这主要是由欧洲移民及其后代实现的。它是基于草原和牧场动物生产为基础的多样化的人文 - 自然耦合系统。这些系统随着时间的推移不断发展，具有不同程度的可持续性。比如在乌拉圭北部的高乔社会、在亚马孙盆地的天然草地和牧场上的放牧系统，以及在巴塔哥尼亚部分地区的养羊系统，已经发展了可持续的畜牧系统。另一些区域的人文 - 自然耦合系统是不可持续的，这些不可持续的牲畜人文 - 自然耦合系统和牧场管理方法严重破坏或毁坏了自然生态系统。这个过程发生在不同的时间范围内，有的在 2 个或 3 个世纪内，而有的则在几十年里。相比之下，不可持续的畜牧系统和牧场管理方式导致了自然生态系统的破坏。而且与强劲的国际食品需求有关，这种不可持续还在继续。例如，在格兰查科、潘帕斯和塞拉多地区，过去几年这些区域的农产品（主要是大豆、纤维素和生物燃料）出口大幅扩张。同时，由于各种社会政治和经济原因，这个过程在安第斯国家的亚马孙雨林中仍在继续。与此形成对比的是，由于环境政策愈加严格，巴西亚马孙流域的这一过程已经大幅减少。

然而，目前的全球生态挑战使其备受争议，在短期内可能无法继续扩大农业用地，将天然的草原、牧场，尤其是森林改造成农田。如巴西亚马孙流域环境相关法律要求牧场主在其至少一半的土地上保留或恢复和维护天然森林，尤其是在某些特定地区，如水源地、河堤和斜坡。此外，法律规定他们采取可持续的牧场管理做法（例如，不燃烧）。在乌拉圭，新的环境政策正在迫使出口农业企业综合整改，采用可持续发展的做法，特别是作物牲畜一体化，以减少土壤侵蚀。

在消费者意识和需求的推动下，全球生态挑战正推动所有农业部门都必须逐渐采取生态和社会均可持续发展的做法。农业行业的主要参与者正在利用新的信息和通信技术促进可持续发展。例如，巴西的牛肉农业企业，正迫使亚马孙雨林生产商和合作伙伴减少其对环境的影响，从而使其在国际牛肉市场上保持新的主导地位。

三维脆弱性模型为监测这些变化提供有力工具。该模型可以根据当地的知识、科学成果和采取的政策或变化来评估可能的情景。因为它易于使用，并且可以应用于特定的小组或人口众多的访谈和参与性研讨会，这个模型可以用来定义人们的希望和恐惧、辩论情景，最重要的是制定相关的决策结果。此外，它还可以应用在农场、地方和地区尺度上。

使用这种模式主要的挑战之一是与利益相关者讨论人文 - 自然耦合系统的变化（包括稳定性、恢复力和创造力）、不可逆阈值和适应过程。

虽然环境政策正在随着时间变化，但思维模式的变化相对缓慢。面对新的环境政策，个人和机构代理人通常会在面对被边缘化的风险和逐渐消失的风险之间做出选择，或者将他们的话语和做法应用到新的环境背景中去。这个决定并不意味着他们正在改变或已经改变了他们的思维模式。他们刚刚接受新的想法，并开始去适应这个转变的过程。亚马孙和潘帕斯的案例研究表明，这个过程是缓慢的，通常至少需要一代人的时间。在亚马孙地区建立可持续人文 - 自然耦合系统的一系列环境政策始于 25 年前，并取得了一些重大成果，尤其是在制止森林砍伐方面。在潘帕斯，由于从草原到牧场，然后到农田的逐渐变化进程是不同的，并没有必要摧毁自然生态系统来发展动物生产。然而，即使环境意识不断增强，但实施更可持续的政策也是多年来的重大挑战，主要是因为在没有基金支持的情况下，缺乏有效的公认机制来强制规范的执行。在巴塔尼亚中部地区，发展可持续的人文 - 自然耦合系统的挑战似乎很大，因为农牧生态系统退化，生计水平偏低，这对年轻的农民和投资者没有吸引力。在一些养羊的畜牧业系统中发展生态旅游和进行重大补贴可能是正确的选择。在所有案例中，可持续管理的方案需要长期有效的政策和强有力的监督。这种广泛的监督需要实践者以及地方政府在内的所有当地人都参与其中。

可持续发展的恢复力具有多重意义。畜牧业似乎完全能够适应生态、社会或经济方面的限制，以使得不同尺度的草地和牧场生态系统适应各种影响因素及其复杂组合。农场可能会面临更多的困难，而且可能很快就会有不同的生产组织出现，就像已经在农作物生产中发生的那样。

参考文献

ALLEN V G, BATELLO C, BERRETTA E J, et al., 2011. An interna-tional terminology for grazing lands and grazing animals[J]. Grass Forage Sci, 66: 2-28.

ARBELETCHE P, PERRUGORRÍAA, SARAVIA A, et al., 2011. El norte del Uruguay: ¿cómoanalizan los actores ladinámica de laganadería?[R]. II jornadas interdisciplinar-ias deestudios agrarios yagroindustriales, Buenos Aires, Argentina, 1-4 November 2011.

ARES J, 2006. Systems valuing of natural capital and investment in extensive pastoral systems: lessons from the Patagonian case[J]. Ecol Econ, 62(1): 162-173.

BLANCO P D, 2013. A land cover map of Latin America and the Caribbean in the framework of the SERENA project[J]. Remote Sensing of Environ, 132: 13-31.

CATTAN A, 2014. La préservation des prairies dans la PAC: Les raisonsd'une illusion[J]. Le courier de l'environnement de l' INRA, 94: 91-103.

CORONATO F R, 2010. Le rôledel'élevagebovin dans La construction du territoire dela Patagonie[D]. ABIES/ AgroParisTech, Paris.

CORONATO F R, Fasioli E, Schweitzer A, et al., 2011. Rethinking the role of sheep in local development of Patagonia, Argentina[R]. 9th international rangeland congress, workshop: live-stock farming embedded in local development, Rosario, 02/03-04-11: 19-20.

CROSBY A, 2004. Ecological imperialism: the biological expansion of Europe, 900-1900[M]. Cambridge University Press, Cambridge: 390.

DONG S, WEN L, LIU S, et al., 2011. Vulnerability of worldwide pastoralism to global changes and interdisciplinary strategies for sustainable pastoralism[J/OL]. Ecol Soc, 16(2): 10[2016-01-09]. http://www.ecologyandsociety.org/vol16/iss2/art10/.

DROULERS M, 2001. Brésil, une géohistoire[M]. Presses Universitaires de France.

GUIDO A, DÍAZ V, BALDASSINI P, et al., 2014. Spatial and temporal variability in aboveground net primary production of Uruguayan Grasslands[J]. Rangeland Ecol Manage, 67(1): 30-38.

JARVIS L S, 1981. Predicting the diffusion of improved pastures in Uruguay[J]. Am J Agric Econ, 63(3): 495-502.

LITRE G, 2010. GaúchosGlobais. As percepçõeseestratégias de adaptaçãodospecuaristasfamili-aresgaúchos da Argentina, Brasil eUruguainum Pampa em transformação[M]. Tesede Doutorado, Centro do Desenvolvimento Sustentável—Universidade de Brasília (CDS-UnB), Brasília-DF, Brasil/IHEAL La Sorbonne Nouvelle Paris 3, Paris.

MARCH J, 2010. The ambiguities of experience[M]. Cornell University Press, Ithaca: 152.

MELVILLE E G K, 1997. A plague of sheep. Environmental consequences of the conquest of Mexico[M]. Cambridge University Press, Cambridge: 220.

MILCHUNAS D, SALA O, LAUENROTH W, 1988. A generalized model of the effects of grazing by large herbivores on grassland community structure[j]. Am Nat, 132: 87-106.

MORAES M I, 2008. Lapraderaperdida. Historia yeconomíadelagro uruguayo: unavisiónde largo plazo, 1760-1970[M/OL]// Linardi, Risso, Montevideo[2016-01-09]. https: //books.google.com.br/books/ about/La_pradera_perdida.html?id=RGEVAQAAMAAJ&redir_esc=y.

MORALES H, 2007. Évaluation des conséquences dedécisions stratégiquesen élevage à l'herbeen Uruguay. Une approche par les systèmes multi-agents (SMA)[D]. ABIES/ AgroParisTech, Paris.

MORALES H, HOMEM V, CHAMPREDONDE M, et al., 2011. South American livestock farming expansion. the long way to sustainability[M]// Kammili T, Hubert B, Tourrand J F, (ed). A para-digm shift in livestock management: from resource sufficiency to functional integrity. Cardère , Lirac: 73-85.

PARUELO J, JOBBÁGY E, SALA O, 1998. Biozones of Patagonia (Argentina)[J]. Ecol Aust, 8: 145-153.

PARUELO J M, PIÑEIRO G, BALDI G, et al., 2010. Carbon stocks and fluxes in rangelands of the Rio dela Plata Basin[J]. Rangel Ecol Manage, 63: 94-108.

PIÑEIRO G, PARUELO J M, OESTERHELD M, 2006. Potential long-term impacts of livestock introduction on carbon and nitrogen cycling in grasslands of southern South America[J]. Glob Chang Biol, 12: 1267-1284.

POCCARD-CHAPUIS R, 2004. Les réseaux dela conquête. Élevage bovinet structuration del'espace en Amazonie brésilienne[D]. Université de Paris X.

SANTIAGO A A, 1972. O zebu na India, no Brasil e no mundo[M]. Inst. Camp. Ens. Agric., Campinas: 744.

SAYAGO D, TOURRAND J F, BURSZTYN M, et al., 2010. L'Amazonie, undemi-siècle après la colonisation[M]. QUAE, Versailles: 271.

SCHMINK M, WOOD C, 1992. Contested frontiers in Amazonia[M]. Colombia Press University, New York: 387.

SORIANO A, PARUELO J, 1990. El pastoreo ovino: principios ecológicospara el manejo de los cam-pos[J]. Ciencia Hoy, 2(7): 44-53.

TOURRAND J F, VAZ V, VEIGA J B, et al., 2012. Pionnier d'Amazonie: une vision particulièredel'incertitude[R]. Agiren situation d' incertitude. QUAE, Paris.

TOURRAND J F, BARNAUD C, DOBREMEZ L, et al., 2014. Mental model about Livestock at global scale in a global per-spective[M]. Animal.

TRECCANI G D, 2001. Violência & grilagem: instrumentos de aquisição da propriedade da terrano Pará[M]. UFPA, ITERPA, Belém: 600.

VAZ V, 2013. A formação dos latifúndios no sul do estado do Pará: terra, pecuária e desfloresta-mento. Tesede doutorado[M]. CDS/ UnB. Brasília.

VEIGA J B, TOURRAND J F, PIKETTY M G, et al., 2004. Expansão e trajetórias da pecuária na Amazônia: estado do Pará, vol 1[M]. Editora da Universidade de Brasilia, Brasília.

WALKER B, SALT D, 2006. Resilience thinking: sustaining ecosystems and people in a changing world[J]. Island, Washington: 192.

WESTOBY M, WALKER B, NOY-MEIR I, 1989. Opportunistic management for rangelands not atequilibrium[J]. J Range Manage, 42: 266-274.

WILLIAMS B K, BROWN E D, 2014. Adaptive management: from more talk to real action[J]. Environ Manage, 53: 465-479.

Chapter 6

第六章

埃及西北海岸带地中海贝都因人人文-自然耦合系统畜牧管理的适应与恢复

本章著者：易卜拉欣·达乌德（Ibrahim Daoud）
莫娜·阿卜-杜勒-扎哈尔·阿曼
（Mona Abd-El-Zaher Oman）
维罗妮克·阿拉里（Veronique Alary）
纳依姆·莫塞尔希（Naeem Moselhy）
埃哈布·萨拉尔（Ehab Salal）
阿德尔·阿布·纳加（Adel Aboul Naga）
奥马尔·萨拉马（Omar Salama）
劳拉·G·杜阿尔特（Laura G. Duarte）
让·弗朗索瓦·图兰（Jean François Tourrand）

摘要：依据 ELVULMED、MOUVE 和 CLIMED 3 个研究项目的结果，本章对埃及西北海岸带（NWCZ）的贝都因人社会进行长期分析，分析该社会在应对全球性变化时人文 - 自然耦合系统的恢复能力。NWCZ 位于地中海沿岸，与利比亚西部接壤，东部是尼罗河谷腹地，南接撒哈拉沙漠的东北部。贝都因人部落定居于此，西北海岸带是北非牧区的一个典型研究案例。在这个干旱地区，全球变化的特点是频繁的干旱和水资源短缺、粮食安全的结构性赤字、人口快速增长、农村人口流失、新的社会需求不断涌现，尤其是年轻人的新兴社会需求以及目前与地缘冲突或笼统说“政治军事冲突”有关的严峻社会挑战。

本章第一部分阐述了从罗马时期到 21 世纪初，有关西北海岸地区的历史，以更清晰地理解贝都因人社会建立的背景。其中许多历史并不是独属于西北海岸地区的，而是涉及整个北非和西亚地区。第二部分讲述了 20 世纪西北海岸地区发生的重大事件，目的是为了更好地定义贝都因人人文 - 自然耦合系统的主要阶段，并了解其长期变化的驱动因素，从而在新的全球变化背景下分析其可持续发展的关键影响因素，包括牧场管理与恢复。第三部分论述了贝都因人面对全球变化所采取的战略，特别是在 1995—2010 年这 15 年的干旱期间。还介绍了社会经济的变化，涉及供水基础设施建设、旅游业开发、信息通信技术，以及当地社会新需求，主要是青年人的需求，以及地缘冲突。主要的变化可能是牧场在贝都因人新的社会中处于弱势角色。第四部分描述了根据当地不同利益相关者的看法而起草的对未来设想的 3 种情景。第五部分和最后一部分得出结论，侧重于牧区未来管理以及贝都因人在社会中的角色，简单说就是新北非变化背景下牧区社会的未来。

本章根据 2011—2013 年连续进行的 3 个研究项目收集的数据得出结论。第一个项目基于大量的调查问卷，该问卷由来自西北海岸地区的 6 个村庄的 180 名牧民完成，调查问卷包括家庭的结构和历史、部落、土地、作物和畜牧业系统、家庭和地方网络、观念转变和家庭未来计划等方面的数据。第二个项目是更详细的调查。该项目用相同问卷对西北海岸地区中部马萨鲁市附近的纳加米什 · 瓦迪的 50 个家庭进行了调查。该项目使用了不同学科里的多种方法，包括作物和畜牧业系统、地理学、经济学、水管理科学和政策科学。第三个项目对西北海岸地区 25 个不同利益相关方进行采访，侧重以下主题：

他们对畜牧业的思维模型，对不同地方局势的观点，如当地畜牧业过去、现在、未来功能变化的主要驱动因素，以及他们对当前社会挑战和冲突持有希望还是恐惧的观点，尤其是与干旱、供水和牧区管理相关的挑战和冲突及他们对未来的设想。

6.1　引言

埃及西北海岸带（NWCZ）位于地中海东南部，尼罗河三角洲与利比亚边境之间，西北海岸地区从北部的地中海沿岸延伸到南部的撒哈拉沙漠的西部。在西北海岸地区由牧民在数千年前建立起来的人文-自然耦合系统是北非牧区的典型研究案例。贝都因人定居于西北海岸地区，建立了一个基于复杂的土地使用权和畜牧业的高效人文-自然耦合系统，这里的畜牧业主要是小型反刍动物和一些在牧场放牧的骆驼。贝都因人畜牧业的高效首先是基于大量的牧场资源，这些资源正是畜群所需要的，其次是基于部落对当地的控制。历史遗迹表明，西北海岸地区过去是灌溉的重要场所，特别是罗马时代建造的输水管、水池和水库。这证明水的可利用性在当时已经是一个关键问题。20世纪初，在部落土地分配中土地所有权发生重大变化。当时已经不再能自由出入牧场，他们受限于部落层面，需征得部落首领的同意才可进出。土地分配的主要原因之一是牧民之间对牧场资源的竞争，甚至可能会因此发生冲突。几十年后，至20世纪中叶，牧民家庭开始在村庄周围的小型农场种植大麦以供人们消费，后来也会在干旱季节用来饲养牲畜，在畜牧出售之前会将他们增肥。牧民还会种植一些无花果和橄榄树。1995—2010年，西北海岸地区遭受了严重的干旱。15年来，年降水量不超过140mm。而贝都因人的农作制度可以帮助他们度过3～5年的干旱期，依赖动物的售卖以维持家庭的生计。然而，超过这个时间，由于干旱使得牧草和大麦的生产力降低，牧民不得不转移到更好的地方或购买副产品、集中精力饲养牲畜。为此，他们在卖掉公羊后又卖掉母羊和羔羊，过度消耗他们的羊群。所以干旱持续5～6年后，畜群的数量急剧下降，因此牧民不得不寻找其他收入来源，特别是向利比亚和阿拉伯海湾国家进行经济移民。此外，在过去30年，西北海岸地区发生了其他的重大变化，特别是沿海旅游业的发展和水利基础设施的建设都推动了旱地农业发展。所以，相较于移民，一些牧民倾向于投资那些相对不那么依赖降水的河谷农业。还有一些人更倾向于离开农场，从事旅游业；还有一部分人受过教育，会在私营或者公共部门找一份正式工作。然而，由于许多家庭成员更愿意离开农业去参与其他活动，造成家庭劳动力缺乏，因此牧场只产出少数替代品，而且由于没有足够的预算雇人，许多牧民已经减少或停止季节性游牧。如今，畜群常年在村庄附近的牧场上生活，这导致高产的牧场迅速退化。面对15年的干旱、强风和过度放牧等综合因素，牧场已经逐渐消失，尤其是灌木和多年生作物。牧场破坏后土地也受到严重侵蚀，这导致沙漠扩大，特别是在居住的地区这样的现象更为明显。经过3年的良好降水，2014年，牧场生产力依然较弱。本研究重点关注于改变贝都因人社会的因素、农村家庭对新农业环境和牧场退化的适应，作者收集了182个农场的数据，从纳加米什・瓦迪的50个牧民调查获得更详细的数据，并对25个当地利益相关者进行访谈。基于上述数据，作者与当地的利益相关者联合起草了对未来的设想，特别是针对后续可能实施的公共政策的步骤以及需求等方面。第一种情况是“等待或延续当前的趋势”；第二种情况是“快速发展灌溉农业”，最终使用淡化水或其他水资源供应；第三种情况是“可持续的牧场管理”。选择这三种情景主要是由于在全球变化背景下，贝都因人社会传统规则在牧场管理方面的效率很低。尽管受访的利益相关者已经认识到，从长远上看为了适应新的环境背景，部落制定高效的牧场管理规范非常重要。部落仍然是人文-自然耦合系统中相互作用的主体，特别是牧民家庭与地方政府之间的互动。因此，如果恢复牧场生产力需要从农业生态学的新技术角度出发，那么就应该在牧民之间共享战略决策，用以明确规定未来可持续发展的牧场管理规范。决策和实施过程应在部落级别上进行协调。然而，地缘冲突改变了埃及及其邻国的环境，特别是对利比亚。现在，埃及政府在西北海岸地区的主要目标是控制土地并从土壤和地下资源中获利，第二个优先考虑的是控制牧场可持续发展从而控制人文-自然耦合系统。

地中海地区人与自然的相互作用是非常复杂的，因为这里的人文-自然耦合系统十分多样化，这源于它跨越三大洲的独特地理位置以及融合了很多人类标志性历史文化的特点。地中海处于旧世界三大洲的交汇处：南面是非洲大陆，东面为亚洲大陆，北面相邻欧洲大陆。随着时间的推移，这种地理特征的特殊性使得很多植物、动物和人类移居于此，这同时也解释了该地区人文-自然耦合系统多样的原因。此外，地中海一直是一个聚合区，而不是生物之间的一个障碍或屏障，可以从人们给它起的名字就可以看出。例如，地中海在罗马时期名称Mare Nostrum和现名称Mediterranean分别意味着“我们的海”“被陆地包围着的土地”，而这样的土地常常是山。事实上，地中海被几个山脉包围，如西部的阿特拉斯山脉和比利牛斯山脉，北部的阿尔卑斯山脉、喀尔巴阡山脉、高加索山脉、黎巴嫩山脉，以及东部的西奈半岛山脉，其中一些山脉海拔

3000~4000m。所有这些山脉都是牧群或反刍动物可利用的牧场，特别是绵羊和山羊，还有牛和骆驼。数千年来，几个社会在特定时期统治了部分或整个流域。例如，公元前4000~3000年，在古埃及时代，腓尼基人航行在地中海，他们与不同的社会交易、建交。接着是希腊人，后来是罗马人，他们因为贸易往来建立了与北、南、东、西海岸的伙伴关系。最近，阿拉伯人、土耳其人和欧洲人先后在地中海的大部分地区传播他们的文化。所有这些社会都以海洋资源和贸易为基础。然而，他们非常依赖土地和农业，定居点主要是城市或港口、海岸线和三角洲的平原，以及河流沿岸，因为这些区域能够发展以灌溉为基础的农业。相反，内地主要是围绕山脉的沙漠地区，特别是南部和东部的沙漠地区，由于全年或部分时间的恶劣天气状况，在这些地方定居的人很少。事实上，地中海的另一个特点是它的气候，其特征是干旱和漫长的夏季（5~9月），还有比较寒冷的冬季（11月至翌年2月），特别是在山上冬季特别寒冷，以及春季（3~4月）和初秋（10月）的雨季。在地中海，特别是在南海岸和东海岸，也经常发生干旱，这导致了社区的季节性迁移，在牧区资源可用的时候使用牧场、储藏饲料以应对恶劣季节，所以牧民们就选择冬天在北部，夏天在南部。此外，牧区资源的季节性变化使得动物生产也具有季节性，这迫使牧民将食品加工成长保质期的产品，如奶酪、腌腊肉类，这样他们全年都可以消费畜产品。与此同时，农村社会在平原使用灌溉，种植各种集约化的农作物，建立畜牧业养殖系统，用于粮食和饲料的生产。因此，可供放牧的牧场，包括有限的依赖雨水灌溉的农业，与致力于集约化生产并与有大部分人口定居的平原之间有很强的互补性。在地中海农村各类人文-自然耦合系统和人类-自然的互动中，我们选择了埃及的西北海岸地区为研究区，主要是由于以下三个原因。首先，西北海岸地区是典型的贝都因人居住区，是地中海南部和东部的代表区域之一。第二，西北海岸地区在过去几十年中，人文-自然耦合系统发生变化，但仍然以传统的人和部落规则及典型的饲养实践为社会特征。第三，西北海岸地区正面临一系列问题，如全球变化（特别是严峻的干旱）、强烈的社会冲突、年轻人对新观念的迫切需求。此外，前几年进行的研究项目也可以提供关于贝都因人农业系统和牧民策略的可靠数据库。

6.2　西北海岸地区的历史

埃及西北海岸地区是约 400km 的干旱地带，北部毗邻地中海沿岸，南部是沙漠，东部是尼罗河三角洲，西部是利比亚。

1944—1955 年，这里年均降水量为 140mm。1996—2011 年，该地区遭受了长达 15 年的干旱，严重影响了农业活动。在某些年份，降水量不超过 40mm，仅有 3 年达到了

150mm（图 6.1）。连续的低降水量及降水的不稳定分布，严重扰乱了植被周期，影响了牧场家庭的种植系统。

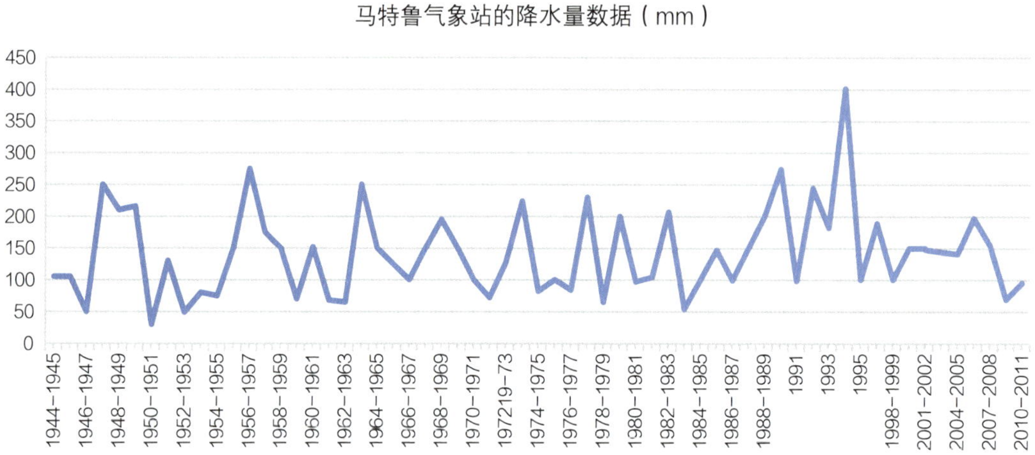

图 6.1 1944—2011 年马萨鲁气象站降水量

根据水资源的可利用性，西北海岸地区可分为三个部分。第一部分从利比亚边界延伸到村庄福卡（位于马萨鲁市和哈克马角市之间的城镇）长达 285km，距南部 70km。这个地区高度依赖降雨，降雨是这里进行农业活动、雨养农业、旱地农业的唯一水源。这部分包括 218 个干涸河道或溪谷。第二部分从福卡向东延伸到亚历山大省附近艾尔 - 哈曼运河的东侧，尼罗河就通过艾尔 - 哈曼运河到达这个地区。第三部分是位于南部约 300km 的西瓦绿洲，这个绿洲有一个巨大的含水层，是灌溉的主要水源。

西北海岸地区主要由贝都因人居住，主要有阿瓦德 - 阿里 - 阿比阿德、奥拉德 - 阿里 - 艾哈迈尔、库坦、戈米亚特、斯奈纳这五个部落以及一些分支亚族。在这一区域土地利用和土地管理较为复杂，特别是牧场生态系统，它们是基于游牧畜群的利用情况确定的。幸运的是，任何一个部落中的农民、牧民和牧羊人都知道部落的边界。如图 6.2 所示，图中有一些不同的标记，这些标记定义了土地的边界。此外，当地委员会负责解决以及避免土地纠纷。

然而，在西北海岸地区，对贝都因人部落及其与埃及政府的关系来说，土地问题是一个严重的问题和挑战。如下文所述，20 世纪初，部落土地的边界就被明确划分。这些边界通常被所有部落认可，然而当地也会时不时地发生冲突。近几十年来，埃及政府将大量的土地分配给人民和一些机构，尤其是埃及军队，但这些被分配的土地大都没有经过贝都因人部落的同意。

由于严酷的干旱条件，贝都因的牧民基于畜牧业已经开发了复杂的牧区畜牧养殖系

图 6.2　内吉拉两个部落之间的边界

统。这些系统包括绵羊、山羊和骆驼的养殖，牲畜的季节性迁移，一定面积的大麦种植，以及一些依靠干旱地区的旱地农业。该地区受海滩旅游业发展的影响很大。这里的海滩旅游业吸引了当地和外来游客，特别是来自阿拉伯海湾国家的游客。旅游业的发展也为当地市民包括农民提供了季节性或永久性的城市就业机会。

6.2.1　罗马时期的漫长时光

历史告诉我们，西北海岸地区是罗马帝国的主要粮食来源之一，甚至在这之前也是古埃及和希腊的重要农业基地。在古代文献中，西北海岸地区曾被命名为“马雷奥蒂斯”“马里奥特”或“马尔马里卡”，这与希腊罗马时期有着密切的联系。如今，从现在的地图上看，很难想象这片巨大的农田曾经被著名的文明所使用，被作为罗马帝国粮食的主要来源。西北海岸地区除了一个 2~3km 的狭窄沿海带有一些大麦、无花果和橄榄树种植，其余地方都是满是沙子的沙漠，带有分散的沙丘和岩石。这种地形的变化是气候变化的结果还是农业的不合理利用造成的？又或者是气候变化和不恰当的农业利用方式相互作用的结果？

Kassas（1972）在对马雷奥蒂斯崛起和衰亡的相关文献综述时提到了水资源的管

理政策。马雷奥蒂斯地区的地形特征是有沿着东西方向延伸的大约 10 个平行的石灰岩脊（柱状），它们形成了如 Ball（1939）和 Said（1962）提到过的更新式的海岸线序列。这些山脊是雨水自然再分配的有效手段。农场通常位于这些山脊的脚下，这样可以使径流积聚于此。这些遗迹证明了当时供水和水管理策略的存在。

据 Kassas（1972）报道，水资源的有效利用需要建立多个基础设施，他引用 Hume 和 Hughes（1921）及 Cosson（1935）的文章来描述这些基础设施之一：卡姆（Karm）。在结构上，卡姆是一个人造小丘，它可能是一座被沙子摧毁和覆盖的老房子。卡姆通常 3~4m 高，40m^2 的底部面积，建造在海拔非常低的海岸上，像一个古老村庄的见证。卡姆的侧面允许地表径流流入内部，因此，地表径流会被收集并用于植物种植的有限区域。同时卡姆也可以发挥蓄水池的功能。一个小的圆形罗马水池位于卡姆的群组附近，为古代村落提供水源，大型矩形水箱放置在田地里供农业使用。Shata（1953）和 El Miniawyet 等（1990 年）描述了也被称为“罗马井”的罗马水池，即在石灰岩山脊中挖掘的大型地下室，上面盖个盖子，雨水汇集在那里（图 6.3）。室内或蓄水池从内部涂上灰泥防止渗漏。储水容量在 200~500m^3 之间不等，并且其位置经过严格选择用来收集径流水。径流水通过辅助通道通向蓄水池。

Shata（1971）估计在亚历山大（Alexandria）和萨卢姆之间共有 3000 个蓄水池，储存了 200 万 m^3 的优质水。这些蓄水池大多数现在仍在使用中，直到 20 世纪初这些蓄水池还是该地区唯一的有效水源。

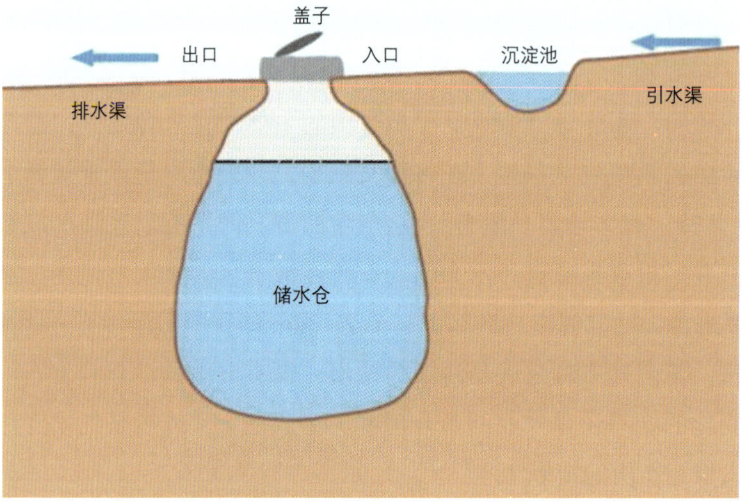

图 6.3　西北海岸带古罗马蓄水池的设计（来自 Daoud，2015）

此外，在 Walpole（1932 年）之后，Kassas（1972 年）描述了 1931 年在马萨鲁市附近发现了一个非常特殊的渡槽，它能够收集水资源用来给几千米以外的地方灌溉。该渡槽由主渠道及多个收集和储存水的侧廊组成。该系统长约 854.5m，平均高度 2.1m，平均宽度 1.1m，并包含 25 个孔。建设该设施的地点并不是随机选择的。它是在一个石灰岩的山脊上挖出来的，这个山脊上有相当多的沙丘，它向海一侧有大量的沙丘，向内陆一侧则是由错综复杂的河谷系统分割而成的广阔岩石高原集水区。毫无疑问，所有这些供水基础设施都帮助马雷奥蒂斯成为古代重要的农业区。

在马雷奥蒂斯还存在的一些其他的采水技术和做法，现在仍然在西北海岸地区和其他一些地区被认可和使用。Kassas（1972）在 Weedon（1912）之后报道说，马雷奥蒂斯衰落的第一个记载日期为公元 950 年。到 10 世纪，该地区的葡萄园已被沙漠所取代。到 1400 年，只有一个小镇保留在亚历山大西部。5 个世纪后，该区域覆盖着城镇和村庄的废墟，水库主要来自希腊和罗马时期。

这些残存在罗马时期（可能是 2000 多年前古希腊和古埃及时代）的集水技术，显示了在西北海岸地区社会面对连续干旱具有极强的适应性，使它们能够基于作物灌溉和草场管理发展农业系统。然而，当时西北海岸的当地社会能通过灌溉生产粮食来维持生存，还能出口一小部分，但也很难想象该地区是这些古文明中的一个主要粮食产地。因为，即使在过去的两到三千年的时间里，西北海岸地区气候较好，但低于 250mm 的低降水量也无法保证粮食产量。

此外，Renouard（2006）认为，与利比亚北部不同，西北海岸地区不包括由罗马人直接控制的地中海土地，因为它受控于尼罗河谷的托勒密王国，相对于西北海岸地区来说，地中海土地属于腹地。因此，西北海岸地区不一定是罗马帝国的主要粮食产地，就像利比亚、阿尔及利亚和摩洛哥的沿海平原一样。该作者还认为，尼罗河谷以东的西奈山也受控于托勒密王国（Renouard，2006），并没有被罗马人直接控制。

总而言之，相较于古老的雨养农田，西北海岸地区对于小型反刍动物和骆驼群体而言是一个很好的牧场，同时也是牛的优良牧场。牧场人口密度低，而沿河流分布的农田通常人口密度高，这也是撒哈拉沙漠地区很常见的特征。通常，在这些干旱地区，年平均降水量 250~300mm 足以维持天然牧场，特别是在人口密度低和动物种群稀疏的地方，这就是当时西北海岸地区的情况。

然而，由于家庭和畜群的大量消耗，淡水的缺乏对干旱季节的养殖者来说是一个很大的限制。因此，畜牧系统可能依赖于季节性迁移：畜群在雨季时（北部的 11 月至翌年 4 月和南部的 6~10 月）在草地活动，在旱季（在北部 5~10 月，在南部 11 月至翌年 5 月）依河流和水井等水源活动。冬季和春季，畜群在西北海岸地区放牧，4~5 月旱季时，迁入西瓦绿洲或利比亚绿洲。

6.2.2 第二个千年：游牧民族和游牧的贝都因人

De Cosson（1935）说："风、雨、沙共同造成了马雷奥蒂斯的衰亡，只留下无数建筑基础来讲述这片曾经繁荣土地的故事。"有人认为这种衰落是由于气候变化和干旱条件造成的。De Cosson（1935）提到一些早期的作家，他们支持这一观点，因为鸵鸟在利比亚沙漠附近灭绝。另有学派认为，当亚历山大是艺术和科学的中心时，埃及的希腊智者运动需要一个温和的气候，比现在埃及的气候更适宜。

然而，Weedon（1912）提出证据表明该地区的气候在过去 2000 年没有改变，他最有说服力的证据是一些现存的古老石膏建筑。他认为根据这些现存的灰泥墙推测公元 400 年的气候并不像现在那么潮湿，这种石膏是用黄土、海水和木炭制成的。

De Cosson（1935）回忆说，该地区是罗马扩张战争（913—996年）的战场，此后，法蒂玛人（Fatimids）成功地从突尼斯移民到埃及。在战斗中，马雷奥蒂斯的人民在亚历山大避难，其中许多人在那里定居下来。供水和主要基础设施的缺乏，导致了农业生产系统减少。直到11世纪，居住在埃及的贝尼希拉勒部族和贝尼苏莱姆部族的游牧民向西迁徙，在西北海岸地区和东部利比亚地区定居，在那里建立了他们自己的牧区系统，实施自己的游牧生活方式。然而，在接下来的几个世纪，西北海岸地区经过许多部落和社会群体迁移，这些部族和社会群体移居于正在受到战争和冲突影响的利比亚和埃及之间。

贝都因人畜牧业的现有数据表明，当时所有土地都是公有的，家庭可以自由地从一个地方移动到另一个地方寻找牧场。绵羊、山羊和骆驼养殖是贝都因人部落的主要活动。在这一时期，部落之间的边界尚未确定。贝都因人游牧，但并没有在部落之间确定固定的边界。然而，人类和动物饮用水源非常有限，唯一的供水系统是罗马水池和仅供动物使用的地下盐水。贝都因人部落生活在帐篷里，因为他们需要不断地移动去寻找牧场和水资源。

Daoud（2015）报道了 1840 年，在马萨鲁市附近的纳加米什 · 瓦迪南部居住的艾伊特 · 塞巴克（Aiit Sebak）家族的故事。艾伊特 · 塞巴克家族是门法部落的一个分支。1840 年家庭负责人沙辛与他的儿子哈米德一起从利比亚来到这个地区，他儿子曾就读于利比亚加布邦大学。当时，土地依然是公有的，每个家庭都有权自由移动寻找水和牧场。

后来哈米德结婚了，并有了 11 个儿子。沙辛和他的家人在最初到达的纳加米什 · 瓦迪南部度过了冬天和春天。他们会在纳加米什 · 瓦迪南部和塔米拉绿洲之间移动。塔米拉绿洲位于马萨鲁市与西瓦绿洲之间，距离纳加米什·瓦迪南部约 150km，在夏季和秋季，那里可以为他们和他们的畜群提供水和草。

当时，艾伊特·塞巴克家庭仍然生活在帐篷里，直到1984年，为了建立贝都因人社会，埃及政府与世界粮食计划署合作（1970）开始为他们建造房屋。于1989年，塞巴克族家庭的最后一个帐篷消失。

1920 年，贝都因人所在的地区出现了土地使用权；它被称为阿尔 - 乌兹。艾伊特·塞巴克家族在其他邻居部落的共同努力下拥有了自己的土地。而在南方，由于土地石漠化严重，且当时并没有发现石油，牧场仍然是公有的。

总而言之，这个简短的历史记录给人的印象是，西北海岸地区应该是尼罗河谷和利比亚之间的过渡区，淡水资源的匮乏无疑阻碍了当地农业的发展，同时也阻碍了牧民永久定居于此。此外，由于它位于地中海沿岸和两个战略要地（尼罗河谷和利比亚）之间，多个世纪以来，西北海岸地区已经历经了不同人群，他们在不同的时间内定居，开发和使用土地。所有这些因素使得当地畜牧业社会的发展具有如下特征，即利用天然牧场资源养殖小型反刍动物和骆驼群体，并根据季节性迁移到邻近地区的牧场，尤其是迁移到利比亚和尼罗河谷流域。

6.2.3　20 世纪：从土地公有到集体和“私有”

20 世纪以来，西北海岸地区已经为人类历史上最著名的地中海文明贡献了至少五千年：古埃及和希腊、罗马帝国，以及阿拉伯帝国。在此期间，延续的人文 - 自然耦合系统建立在使用牧场自然资源的基础上，包括利用土壤、水和植被，特别是用来饲养畜群为当地人口生产食物。20 世纪以来，全球变化影响下，人文 - 自然耦合系统有了很大变化，牧场的重要性日益减弱，特别是在过去二三十年间，这与 1995—2010 年为期 15 年的干旱有关。逐渐地，牧场已经成为推动全球变化的复杂因素之一，就像在北非和西亚发生的那样。

6.2.4　20 世纪 20~60 年代：土地公有到集体土地

前面提到，部落之间的边界在 1920 年左右开始出现。为什么土地会被分割？又为什么发生在那个特定的时间？主要原因是当时占领利比亚的意大利建立了埃及与利比亚之间的边界线。这个政策的目标是控制两国之间的自由流动，稳定其土地上的部落，或者更好地控制越境转移。除了这个政治因素，尽量减少优良牧场的畜群数量，也是划定土地边界的原因。

所以从 20 世纪 20 年代开始，每片土地只在部落层面上共享，在这片土地上放牧需要得到部落头领的许可。或许可以看作是贝都因人游牧系统的第一次失败，因为根据格纳沙特部落的领导所说："我们完全依靠牧场，我们曾经寻求草地；因为这个原因，我们才是游牧民族，从一个地方移到另一个地方，寻找草地；而且由于同样的原因，这片土地长期以来是公有的。"

根据现任格纳沙特部落的酋长（omda）的说法，他的祖父也是同一个部落的酋长。在 1925 年，当时赫迪维 - 阿巴斯是埃及之王，他祖父从埃及租了纳加米什・瓦迪的北部地区。干河谷内主要种植无花果树、大麦和小麦，那里还有鸽子，租金是这片地产量的 1/4。因为在格纳沙特落与其邻居部落之间发生冲突，所以这片土地由格纳沙特、马瓦莱克、吉比哈特三个部落分割使用。

基于与利益相关者面谈得到的数据，好年份最佳放牧期为 3~4 个月，时间为 12 月底至翌年 3 月，有时到 4 月初。4 月之后，牧群大概持续吃 2 个月干草。在剩余的 6~7 个月的时间里，牧民有两个选择：要么移动到锡瓦绿洲或南部沙漠中的另一个绿洲，要么搬到尼罗河三角洲的贝内拉省，在那里可以充分利用灌溉进行作物生产。所以，西北海岸地区传统的贝都因人从秋季至春季这 6 个月使用当地牧场，剩下半年移动放牧。

所以，在第二次世界大战爆发时期最重要的事件之一是所有部落迁移到尼罗河谷附近的贝内拉省。这次迁移是由英国军队决定的，其目的是保护在该地区居住的贝都因人免遭潜在战争的伤害。这造成了流动性的巨大变化，在这些部落迁回西北海岸之前战争已经结束。这个时期的另一个重要事件是出台了专门的公共政策：清理具有 2000 年历史的罗马水池。

放牧绵羊、山羊、骆驼曾经一直是贝都因人主要的饲养活动。畜群大小从几百到几千只羊，畜群大小很可能与家庭规模，甚至拥有畜群的家庭数量有关。

大麦栽培开始逐步出现。一些贝都因人家庭在第二次世界大战之前就开始在他们的土地上种植大麦，但大多数在战后才开始种植大麦的。在西北海岸地区贝都因社会的农业发生巨大的改变，这里的农业原本主要依赖于放牧系统。随后机械化和拖拉机出现了，在这个时期快结束时国家还出台政策支持放牧发展。然而麦田并不用于放牧，大麦是用来做面粉和面包的。每年只产一次羔羊。尽管有畜群迁徙，但动物疾病还是很罕见的，这可能是干旱的天气造成的。然而，对于许多贝都因人来说，在 20 世纪 80 年代，由于使用精饲料喂养牛群，疾病开始变得严重。一些人认为，精饲料可能很早就引入了。

20 世纪 50 年代和革命开始时，一些人认为实施了一些旨在吸引贝都因人的家庭到埃及地区定居的政策。例如，从马萨鲁市到亚历山大的贝都因人不再需要提交文件。另一个例子，为了加强西北海岸地区贝都因人的定居，颁布了支持机械化发展的公共政策。

战后的几年这里实施了一些重要举措。例如，在 1947 年，第一个研究和开发项目在福卡地区开始；它利用地下水为贝都因人培育了一种被研究者们称为“阿列克斯（Bersim hegazygazy）”（三叶亚目）的新植物。一年后，在 1948 年，阿尔—什特尔部落的人们开始在达克拉地区种植无花果树。1952 年，莱比亚（Lybia）的国王伊德里斯开始在纳加米什·瓦迪建一些堤坝。

总之，牧民家庭逐步永久定居于此是 20 世纪初的主要特征。它与一些公共政策的执行有密切联系，这些公共政策旨在促进他们定居于此。部落层面上进行土地分配就是这些政策之一；其他还有支持雨养农业、发展基础设施、承认埃及社会贝都因人的需求，以及基于马萨鲁市在尼罗河谷和利比亚边界之间的战略地位推动其地方共治。所有这些驱动力导致了从基于季节性游牧，这种纯粹的牧区制度向整合雨养农业、旱地种植和非农业活动的农牧系统逐步过渡。

6.2.5　20 世纪 60~90 年代：国家地方发展政策实施

20 世纪 60 到 90 年代，埃及通过一系列特殊的公共政策与联合国粮食及农业组织（FAO）和世界粮食计划署合作，政府继续投资以促进贝都因人在西北海岸地区定居。这个政策的主要原因与国家安全有关，因为其地处地中海沿岸和利比亚边界，还有一个原因是为了控制潜在的自然资源，特别是石油和天然气。但同时，因为这个部落具有埃及和利比亚双重身份，他们也想在国家层面上与利比亚维持良好关系，不想把部落置于一个非常复杂的位置。1979 年以来，由于两国之间的战争，边界关闭了 10 年，这强化了埃及政府的定居政策。

不同政府采用不同的政策。过去几十年来，政府做了很多努力来改善交通运输，建设铁路线和跨越西北地区的主要道路，东起亚历山大，西至利比亚边界。这条铁路在第二次世界大战中被经常使用。新投资重点是维护这些基础设施，并建设其他的基础设施，特别是二级道路。同时，新的学校和公共卫生中心也不断建成，主要建立在马萨鲁市以及贝都因人近期定居的中部小城镇和乡村，尤其是通往利比亚沿途的路上。

在 20 世纪 70 年代和 80 年代分别启动与 FAO 和世界粮食计划署 2270 的合作方案。通过第二个方案，贝都因人牧民可通过银行的长期无息贷款和购买房屋。同时，实施的政策也鼓励了贝都因农民在他们的土地上种植大麦、无花果和橄榄树。贝都因人会收到种子和肥料，然后用拖拉机翻耕土地；然而，收获是手工完成的。

除了种植活动外，作物的发展导致了家庭水平的土地分割。这主要与新建村庄附近的农田有关。每个家庭都希望在房子附近有自己的农田。因此，农村地区的土地分配较为分散。如今，放牧地仍然是部落水平的共同土地，尚未在部落的家庭中分割。

在这个时期，考虑到畜牧业对贝都因养殖者收入与生活方式的重要贡献，出台了很多侧重于畜牧业的政策，特别是鼓励养殖者成立合作社和协会。据利益相关者说，合作社采用的政策是集体制定的，但是每个村庄的决策都是地方制定的。这些协会和合作社为养殖者提供低成本的畜牧业投入，主要是提供药物还有动物饲料，如精饲料和干草。据受访者估计，饲料补贴约占生产成本的40%。例如，一个养殖者需要约250埃及镑（30美元）来生产一个羔羊。他将获得约100埃及镑的补贴（12美元）。估计1990年的总补贴约为7.5亿埃及镑（约合9000万美元），相当于今天的40亿~80亿埃及镑。

该阶段的末期有一些特定的政策鼓励出口。羊出口计划由公共机构协调，从而使西北海岸地区的养殖者能够将动物出口到海湾国家。通过与合作社、研究中心、学术机构的合作，养殖者会获得技术援助和金融支持，以提高羊群的遗传学特性。

此外，在同一时期，尤其是在萨达特（Sadat）执政期间，旅游业开始在西北海岸地区发展，在尼罗河三角洲东部（位于距亚历山大市25km处的三四个特别的地方）以及在马萨鲁市。旅游业在干河谷的三角洲逐渐扩大，这里是种植无花果和橄榄树的最肥沃的农业区。养殖者开始出售部分自己的土地给私人企业，这在纳塞尔时期是不可能存在的，因为当时居民没有正式的土地使用权。

在西北海岸地区土地竞争仍然是一个巨大的挑战，因为埃及法律只承认三种合法的土地所有权制度：即私人所有权、合作所有权和国家所有权（Arabic Republic，1989）。法律不认可部落或公有土地所有权。称为“沙漠之地”的牧场被划为休耕地或未开发的土地，由国家（malkiya lil-dawla）拥有，只有国家可以使用、租赁甚至出售这些土地。法律第143号（1981年）规定，国防部有权将所有沙漠土地用于战略目的，土地复垦部可以经国防部许可开发这些土地。

根据这项立法，埃及政府在西北海岸地区东部开始实施新土地开垦计划，先在亚历山大附近和三角洲西部，之后沿艾尔－哈曼运河，以便通过灌溉来开发这些土地。这项计划旨在通过开发新的灌溉土地，把这些新开发的土地给那些没有土地使用权的年轻人，减少尼罗河三角洲和尼罗河流域传统灌溉地的土地压力。除了保障新农民的生计外，新兴土地开垦计划的另一个目标是发展埃及大型农场的出口能力，同时也使得与大型农场相关的小农户得到发展。

总而言之，直到20世纪中叶，贝都因人的牧区制度一直依靠牧场开放的自然资源以及畜群和家庭的流动性。但是，随时代发展，受埃及国家政策和土地分配制度影响，养殖户开始定居。在这一时期部落的作用加强，并且自然资源开始私有化。然而，由于缺乏明确规定的部落权利和自然资源支配管理的法律，情况变得更复杂。许多部落首领认为，这些政策使他们不能再控制这些土地以及土地上的自然资源。尤其是这些政策规定将一些农村和城市土地分配给埃及机构，主要是埃及军队。

6.3 从 20 世纪 90 年代起，面对全球变化贝都因人社会的策略

据多个利益相关者介绍，自 20 世纪 90 年代以来，西北海岸地区有两个引起变化的主要因素。第一个是与过去几十年相比国家政策的变化。政府终止了很多对贝都因人社会的直接支持和特殊政策。第二个是从 1995 年开始持续 15 年的干旱得到了马萨鲁市资源管理项目（MRMP：Matruh Resource Management Project*）的补偿。MRMP 主要是由政府与国家开发机构资助，特别是世界银行。然而，在此期间，全球变化也对西北海岸地区有很大的影响：第一，埃及人口快速增长导致农村人口增加；第二，新的信息和通信技术，特别是手机、卫星电视，以及最近的互联网，已经深深地改变了饲养者的习惯和一些畜牧业的做法；第三，社会的新需求，特别是青年人的需求，直接促进了新环境的建立并给贝都因人社会带来了新的挑战。

6.3.1 共同经历的干旱事件是变化的一个重要因素

持续 2~3 年甚至 5 年的干旱在这个地区非常常见。人文 - 自然耦合系统的恢复力将牧场的自然恢复力与饲养者的适应能力结合起来，使饲养者能够面对干旱。畜群不愿意选择生产力较差的牧场，特别是受年降水量影响导致一年生牧草长势不好的牧场。畜群更倾向于在生长有多年生牧草和灌木的土地上活动，这种方式维护了牧区耕作的基础，包括再生产和羔羊的生产过程。由于缺乏育肥动物的饲料，家庭不得不在育肥之前出售羔羊，而且价格较育肥后的羔羊低。他们还出售很老的母羊。这种过度销售使畜群规模减小，但维持了家庭的收入水平以维持生计。随后几年，当风调雨顺时，畜群的数量再次增加。此外，有一些饲养者决定搬迁到降水较多的地区，这样做减少了该地区的动物数量和牧场的压力。因此，可以得出这样的结论：在短期干旱期间，牧区人文 - 自然耦合系统的恢复能力首先依赖于通过过度销售家畜来减少畜群养殖的规模，在地方层面上是通过一些畜群的迁移。当降水充足时，牧场和畜群规模都会恢复。“牧场生产力”和“畜群的规模”都遵循 Hollings（2001）提出的弹性的概念，即人文 - 自然耦合系统可以在没有替代系统的情况下应对干扰。此外，根据当地利益相关者的叙述，西北海岸地区短期干旱的例子表明 Frazer（2007）为更好地了解环境与社会互动而推荐的经验方法是可行的。

* http：//www.worldbank.org/projects/P005153/matruh-resource-management-project?lang=en&tab=overview

图 6.1 展示了 1995—2010 年 15 年的干旱期间的状况，当地年降水量不超过 150mm。艾伊特·塞巴克家族的报告指出干旱对贝都因牧民生活的影响以及他们面对的困难。报告总结了西北海岸地区所有养殖者和利益相关者的观点。1995 年之前，这里家庭畜群从数百头到数千头不等。家庭成员的主要工作是养殖绵羊、山羊和骆驼，此外还在干河谷的河床上种植大麦，大麦主要供家庭消费，偶尔用来喂羊。1995 年以后，干旱袭击了该地区，使得这里发生荒漠化和牧场退化。这里完全不下雨，牧场受风的影响也很大。植被覆盖度逐年下降，直至植物完全消失，从而使土壤受到侵蚀。在接下来的 15 年里，这种情况一直在持续，造成了土地荒芜，成为覆盖着沙子和裸露岩石的土地。图 6.4 显示了在干旱之前，常规天气条件下春季的牧场。图 6.5 和 6.6 分别展示了在 15 年的干旱之后沿海地区和南部附近牧场的情况。

总而言之，一系列因素导致牧场的放牧系统被破坏，其中最主要的是持续了 15 年的干旱。如今，如果只用贝都因人传统的牧区制度很难在西北海岸地区生存，尤其是缺乏关于动物生产的具体政策时。在北非和西亚的不同牧区情况较为相似，同样是因为干旱频发、牧场管理薄弱，尤其是缺乏依照生产力控制放养率的手段。但大规模畜群依然存在，这些畜群归大型贸易商人或工业管理人员所有，他们投资动物生产，并有财力应对诸如干旱等气候事件。几十年前旧的传统牧区制度在这里已不再存在。

图 6.4　尼格拉自然牧场每年定期降雨

图 6.5　在纳加米什 · 瓦迪海岸线附近的退化牧场上放牧

图 6.6　在南部纳加米什 · 瓦迪干旱的沙漠中严重退化的干旱牧场

6.3.2 干旱替代方案

15 年的干旱导致了人文 - 自然耦合系统的破坏。养殖者靠牲畜生存，他们卖掉一部分牲畜为剩余的牧群买饲料。目前的养殖会在气候较好年份的 7~8 月在市场上购买干草和精饲料，储存起来用于较差的年份，尤其是夏季和秋季。

15 年干旱后，最大的小型反刍动物群从数千只减少到 100 只或 200 只。许多养殖户，尤其是规模非常小的养殖户别无选择，只能寻求其他收入来源。为了维持农业活动，他们大多数成为贸易商；还有一部分迁往城市中心寻找工作，或去利比亚和海湾国家当牧羊人。

面对牧场退化，所有养殖户都扩大了大麦的种植面积，当天气条件不适合粮食生产时，他们就开始在农田里放牧。图 6.7~ 图 6.9 显示了在尼格拉市场上出售的干草（图 6.7），一群用精饲料饲养的绵羊（图 6.8），一群在没有足够雨水来生产谷物的大麦田里吃草的绵羊（图 6.9）。

图 6.7　在尼格拉市场上售卖的干草饲料

图 6.8　用当地市场购买的饲料（干草和精饲料）饲养的羊群

图 6.9　在非生产性大麦地里放牧的羊群

如今，农村周围的牧区不再存在。这些土地都种上了大麦，不论冬天和春天都不能在这里放牧了，这导致了一些新的冲突。这些冲突通常在部落层面得到解决，从而提高了部落在当地的重要性。也有养殖户决定将其劳动力投入旱地农业，种植无花果和橄榄树、大麦和蔬菜。然而，尽管 MRMP 在干河谷的水基础设施方面投入巨资，但现有面积还不足以满足区域内所有养殖户的全部需求。

在西北海岸地区一些养殖户选择投资集约化系统和一些较少见的畜牧业活动，如室内养羊和集约化禽畜生产。然而，这两个新的畜牧业系统需要资本或良好关系背景，尤其是在他们想要融入相应的复杂市场和供应链时。图 6.10~6.12 展示了一个养羊场（图 6.10），一个集约化的肉鸡饲养场（图 6.11）和一个集约化的火鸡农场（图 6.12）。

所有应对干旱的备选方案都具有一个共同点，即通过农业活动以维持生存。主要是因为贝都因人对土地的依赖，他们希望以此证明对祖国热爱和参与国家治理的热情。即使一部分养殖户选择长期迁移到海湾国家，他们也会经常回到自己的农场，至少一年一次。他们会把土地、房子、田地和畜群委托给其他家庭成员，比如父亲、兄弟或叔叔。此外，有当地利益相关者提到在短期内或几年之后，很多移民又大规模地返回了西北海岸地区。

图 6.10　马萨鲁市腹地不放牧绵羊的繁殖和育肥

图 6.11　在纳加米什·瓦迪家禽的集约化生产

图 6.12　在纳加米什·瓦迪供出口火鸡的集约化生产

这些移民回来的时候通常还会带回一些投资资金和新观念、新知识。尼罗河三角洲是验证这些新方法、新知识的绝佳场所；金融资本和农业方面的新知识一定程度上解释了贝都因人在西北海岸地区生产方式的多样性。而国家归属感是确保贝都因人在这片土地上发展的原因之一。

6.3.3　旱地农业的发展

MRMP 是 1993 年由世界银行资助的一项综合开发项目，它旨在改善西北海岸地区农村地区的生活条件。由于西北海岸地区干旱的气候条件，MRMP 侧重于水资源的收集，水资源相关的基础设施建设以及饮用水和农业用水的供应。MRMP 在研究、开发及不同领域的推广方面开展了多项行动，如旱地农业和雨养农业、牧场管理、产品增值、教育、公共卫生等。第一阶段于 2002 年终止，10 年后，在第二阶段结束时，MRMP 与国际资助机构合作，成为沙漠研究中心的特别项目。MRMP 的各项活动主要集中在西北海岸地区的西部，从福卡到利比亚边界。

MRMP 的两项主要活动是在村庄建造水池（图 6.13），并通过在河床上建造堤坝来发展旱地农业（图 6.14）。虽然并不是很多当地农民都到河谷去发展，但 MRMP 的这些活动对贝都因农民继续在农村发展还是有帮助的。

图 6.13　MRMP 为纳加米什 · 瓦迪附近的一个贝都因人家庭建造的蓄水池

图 6.14　为了农业发展在河床上建设的水利基础设施（图中种植的是无花果）

过去 20 年，西北海岸地区的旅游业蓬勃发展，特别是距离亚历山大 80~100km 的东海岸沿线，以及马萨鲁市附近（图 6.15）。旅游业发展和城市扩张直接影响到基础设施和附近的耕地使用，同时也为符合条件的人们，尤其是青年人提供在服务行业就业的机会，施工过程中也为那些不具备资格或其他工种的人提供了就业机会。它还引入了一种新的生活方式，特别是那些决定搬到城市生活的家庭和决定在城市里抚养孩子的家庭。

图 6.15　地中海沿岸马萨鲁市附近的旅游业发展

由于干旱，MRMP 将活动集中在供水、集水和发展农田，减轻了畜牧家庭的脆弱性。MRMP 在牧场进行投资，特别是在管理改善方面，以减少牧场退化，恢复其生产力。由于缺乏明确界定的牧场替代方案，因此这种低投资是合理的。

总之，近 30 年来，西北海岸地区的环境发生很大的变化。尽管他们的永久定居开始于几十年前，但是海岸线沿线都是连续的城镇，他们被小村庄和城镇分隔开，依靠高速公路、铁路和二级道路连通。季节性旅游在所有城市地区都很盛行，尤其是在度假村。海岸线附近都是大麦农田和旱地农业景观，旱地农业主要是种植无花果和橄榄树。在耕地期间，牧场通常由于过度放牧而退化严重。远离海岸线的地区，只在一些河谷有人居住生活，通常由 MRMP 进行种植。河谷之间的牧场都在退化，主要是受过去的干旱和过度放牧的影响。干旱和过度放牧是因为动物种群增加和放弃季节性迁移所导致的。在南方虽然没有河谷，但牧场也因为同样的原因发生退化。

6.4 未来的情景

在与当地利益相关者访谈的基础上，我们提出了三种西北海岸地区未来发展的情景。第一种情景是“继续当前的趋势”，即沿海旅游业继续扩张，但不制定具体的地方发展政策。第二种情景是依靠国家和国际政策资助“发展灌溉农业”。第三种情景是“可持续牧场管理”，即实施可持续牧场综合管理的政策。

6.4.1 继续当前的趋势

西北海岸地区目前的发展趋势是基于以下 4 个部分：贝都因人的放牧系统由于缺乏具体的政策引导正在消失、由 MRMP 管理的旱地农业得到发展、腹地的采矿活动由国家公司控制、沿海旅游不断发展。

由于埃及中高阶层对特定地区的新需求，旅游业可能会迅速发展。例如，他们喜欢在地中海沿岸度过暑假和短暂假期。来度假的人通常在大城市里工作和生活，特别是在开罗和亚历山大市，这两个城市分别有约 2000 万和 600 万居民。过去 10 年来，埃及人民受益于国民经济的增长，也被认为是新兴国家之一。根据马萨鲁省官方数据，马萨鲁市在夏天接待了约 50 万游客，他们被不同的旅游景点吸引（图 6.16、图 6.17 和图 6.18）。每年至少有 200 万～300 万埃及人在地中海沿岸度假，主要是去西北海岸地区东部亚历山大附近的几个度假胜地。

埃及城市（特别是开罗和亚历山大）里很多拿着养老金的退休居民开始在地中海沿岸购买永久性住房，夏季从开罗通过高速公路，从亚历山大通过铁路，可以很方便到达。旅游部门和新落户的人口对城市服务的要求较高，特别是优质食品、医疗保健、饮用水、高效的能源和电话网络。逐渐地，这种需求可能促使地中海沿海城镇的城市设施和城市服务有所改善。例如，马萨鲁市建了一个水淡化站，并建设了一个管道将尼罗河淡水直接运往城市。锡瓦绿洲已成为全国瓶装饮用水市场的主要供应地。

此外，旅游业迄今为止集中在海滩上。然而，未来很可能会扩展到具有考古潜力的地区，或发展生态旅游和内地徒步旅行，并进一步发展海滨旅游、游泳以及沙滩运动。

图 6.16　夏天位于马萨鲁市附近的阿吉巴海滩

图 6.17　马萨鲁市的海滨

图 6.18　马萨鲁市克娄巴特拉海滩

旅游业的发展在很多方面影响了西北海岸地区的发展。第一，为沿海和靠近海滩的游客建造建筑物、酒店和度假村，它们主要集中在城市的周边和河谷的三角洲，在城镇很少。三角洲是最好的农业用地，以前人们在这里种植了树木，橄榄和无花果，主要用于当地和全国市场；也种植一年生农作物，特别是大麦，用于家庭消费，并且为当地市场提供各种经济作物。然而，农民开始向旅游公司出售土地，因为他们给的价格可能会非常高。因此，即使出售给旅游部门的土地在当地规模较小，但影响也是非常大的，因为这些土地本来更适用于农业。随着旅游业的不断发展，这一趋势将会越来越严重。

第二，旅游业的发展对西北海岸地区的就业产生了巨大的影响。特别是在城市地区，建筑行业和各种相关服务的发展为当地的年轻人创造了许多就业机会。许多养殖户因为在动物养殖领域的技能而成为动物贸易商，而且他们还在其他行业投资。建筑行业中有些工作并不需要高的资历水平。有些人开始从事建筑行业，有的变成出租车司机或保安。许多养殖户乐于从事非固定性的工作，这使他们能够同时继续管理农场（Alary et al., 2014）。需要资历的工作往往被来自尼罗河谷的移民或当地毕业生得到。特别是随着新服务行业的开展和现有服务行业的扩大，预计就业机会将继续增长。

第三，西北海岸地区的城市扩张和旅游业的发展创造了一个重要的粮食市场，也为当地的生产提供了很多机会。游客食物，如羔羊、无花果、橄榄、枣、蔬菜和水果（如西红柿和西瓜）等，主要来自尼罗河三角洲。一些农户适应市场需求，调整自己的农业种植结构。例如，在河床上设置蔬菜生产日历，用这种方式确保收获的时间与当地需求的高峰时期相符，从而可以卖个好价格（图 6.19）。集约式家禽的养殖与售卖（图 6.20），也采用类似于在羊需求的高峰期把羊育肥再出售的方式。此外，目前还有一些特定地方产品的市场，如售卖羔羊、枣、无花果和橄榄。利益相关者还提到城市扩张和旅游业发展还为当地生产的天然有机产品出售提供了机会（图 6.21）。

对马萨鲁市的两名小型反刍动物屠宰者进行访谈，他们表示几年来，他们收入的一个重要来源是夏季当地领导人和政客为度假游客组织的烤肉派对。他们还提到当地市场对本地动物生产的需求增加。对于他们来说，未来的本地市场对于贝都因养殖户来说是一个巨大的商机。

图 6.19　马萨鲁市附近的小河道夏季会被用来种植蔬菜

图 6.20　贝都因人养殖户在马萨鲁市市场上销售当地精饲料养殖的家禽产品

图 6.21　马萨鲁市市场出售传统草药的商店

总而言之，基于旅游业发展的趋势西北海岸地区将继续为农村的贝都因人社会提供良好的机会，通过当地市场对农产品的强劲需求，以及为想维持农业发展的农户提供非农的工作机会。在这种情景下，牧场的可持续利用和贝都因人牧区制度的发展或维护并不是一个重大的挑战。然而，主要挑战将是供水。事实上，西北海岸地区虽然拥有广阔的土地，但最好的农田已经或将要转变为建筑工地，因此需要高效率的农民和养殖户来维持高产量的农业生产。尽管过去 20 年里建成的基础设施和供水设施众多，但水资源依然不足。因此，在西北海岸地区制定发展灌溉农业的具体区域政策将成为第二种情景的基础。

6.4.2 发展灌溉农业

正如上面提到的，即使西北海岸地区真的是罗马和希腊帝国以及之前古埃及的粮食基地，但在第一个千年期间作物产量逐渐下降，仅能够支撑本地消费。下降的原因可能是该地区不断发生的暴动以及气候变化和地区冲突（特别是在地中海北部地区），迫使农民离开。

在第二次世界大战之后，西北海岸地区雨养农业开始新的发展。这与停止季节性迁移的贝都因人家庭的定居直接相关。冬季和春季天气状况仅允许种植大麦，但由于播种期间降水量低或分布不均经常颗粒无收，这导致大麦田被用于放牧畜群。为了最大限度地利用降雨他们还在河床种植无花果树和橄榄树。

从 20 世纪 90 年代初开始，MRMP 开始建设水利基础设施，主要是在河床上修建水坝和堤坝以阻止水流并改善其渗透。尽管降水量仅为 100~150mm，但在河床上水分却可渗透到土壤（500~600mm），用以种植无花果、橄榄和大麦（Alary et al.，2012）。为了更好地利用仅有的降水量，218 条河道的主要部分都配备了相应设施。在 1995—2010 年的 15 年干旱期间，许多养殖户投资于旱地农业。通常在部落层面上决定是否可以使用河谷土地。然而，由于这部分土地是有限的，因此并不是所有的家庭都可以使用它。通常下游第一个家庭耕作的土地最好，他们会得到更多的水。目前，许多家庭无法得到河谷农业用地，但当地居民和利益相关方都希望这个问题能够解决。

此外，建设水利基础设施非常昂贵，而且需要具体的政策，特别是在部落和地方政府之间的土地所有权不明确的时候。最近，一个新的水利基础设施建设项目已经开始，其目的是为 65km 的河床配备水利设施。该项目由欧盟资助，并由意大利机构与 MRMP 合作执行。所收集的降雨将在当地使用，这样只有极少量的水会进入海里。

此外，一些养殖户在河谷挖井并用地下水来浇地、浇灌花园，然后在当地市场卖他们种植的蔬菜和水果。不幸的是，在西北海岸地区，地下水通常是盐水。所以，有些利益相关者提出了新的政策，支持在家庭规模和社区规模上采购淡化地下水的设备。由于地下水淡化过程的能源成本高，建议使用绿色能源，特别是太阳能和风能以及西北海岸地区的潮汐能以及天然气资源。

利益相关者还提出了一项艰巨的政策，即根据地方、国家和地区范围内的现有可利用水资源在西北海岸地区发展灌溉。他们知道，西北海岸地区在利用尼罗河的水资源方面不具有优势,除了东部地区以外。因为东部地区艾尔-哈曼运河已经截留了尼罗河的水。对于西北海岸地区的中西部地区，利益相关方建议使用锡瓦绿洲周围地区以及利比亚边界另一边的地下水，虽然最近的社会问题使得这个方案不可能实施。另一个替代方案是用小型设备将家庭和社区的地下水和海水淡化。由于能源成本高和水质淡化的能源需求高，现在已经计划建设几座核电站。

西北海岸地区灌溉农业发展有两个目标：一是随着旅游业的不断扩大，确保食品供应满足当地市场日益增长的需求；二是为埃及的大城市（诸如开罗、亚历山大等）的市场以及出口市场生产足够的食物。第一个目标是容易理解的，前面已经解释过了，虽然这会使得在尼罗河三角洲的生产竞争很激烈。关于第二个目标，当地大部分的生产产品现在已经在尼罗河谷的城市出售，比如集约型养鸡场的鸡以及枣、无花果和橄榄油。有些产品出口到海湾国家，如绵羊。还有些出口欧洲，如火鸡，特别是圣诞节期间。此外，西北海岸地区一些本地产品被欧洲进口公司购买并在欧洲市场售卖，特别是橄榄油。

总而言之，西北海岸地区灌溉农业的发展是一项艰巨的国家和国际政策，特别是对地中海地区而言。在实施这个重大挑战之前，应该对这个巨大的挑战进行认真的分析，特别是对自然资源（即水和土壤）的影响进行评估。此外，这个情景可以不考虑牧场的发展，这意味着放牧作为多个世纪西北海岸地区的贝都因人社会的基础，可能在当地发展中逐渐被边缘化。尽管如此，动物饲养不会消失，至少不会很快消失，因为许多家庭将继续养殖牲畜，同时逐渐采取农牧制度的做法。一些贝都因人肯定会继续在牧场上进行大量的动物生产，为当地市场提供供给，然而，这在当地的影响并不大。放弃和忽略牧场可能对当地发展有负面影响，特别是供水方面的负面影响。事实上，牧场的持续退化将导致更强的土壤侵蚀，从而导致河谷的基础设施更快地淤塞。沿海岸线和河谷地区的建筑群中，将会留下大片无人控制的土地和地下丰富的天然矿产资源。那么相关的替代方案就是将牧场可持续发展的具体计划纳入区域的一系列政策中。

6.4.3　可持续牧场管理

西北海岸地区的自然生态系统是草地。它是贝都因牧区的主要饲料供给源。在地中海沿岸的前几公里，由于城市化、旅游扩张以及农村周边和干旱地区雨养农业的发展，近几十年来草地正逐渐消失。如今，除了残留作物的大麦田之外，这个地区几乎没有牧场可以放牧了。如上所述，在南部地区，许多牧场由于降水量少、风蚀和过度放牧的综合影响，退化严重。在过去的 20 年里，灌木消失，表层土壤消失，包括一年生植物的种子也随之减少或消失，剩下现在所看到的小石块儿。许多饲养者和利益相关者不再去开发低产的牧场，因此，如前所述，他们中的许多人停止了季节性迁移，并投资于其他活动。

尽管牧场退化严重，但当地利益相关者，特别是部落领导人仍然认为利用牧场依旧并且将永远都是贝都因人社会发展的首选方式。他们认为有如下三个原因。第一，牧场的土地所有权没有明确规定，部落的领导人不承认也不接受埃及国家法律，因为该法律不承认他们的土地传统权利。这无疑是贝都因人社会与国家治理之间最为复杂的冲突，特别是在埃及军队收回了一部分土地之后。第二个原因也与土地所有权有关，并且涉及地下的自然资源。事实上，石油和天然气公司正在勘探西北海岸地区南部，其他矿业公司也对该地区的能源开采潜力十分感兴趣。这使部落领导人想要控制这些资源，最终与国家机构和私人团体合作。第三个原因是牧场仍然是主要的饲料来源，而且在良好的天气条件下，预计牧草的生产力将会增加。此外，在南部地区绵羊育肥正在发展，虽然这些羊吃的饲料是在尼罗河三角洲地区购买的。

在西北海岸地区，牧场实施可持续管理计划时应同时考虑社会、经济和环境问题。社会问题与牧区家庭和部落之间分享和决策的规则有关。经济问题涉及怎么处理牧场地下自然资源。而环境问题则更多地关注恢复牧场所需的生态过程，然后加以管理。

据农民和利益相关者介绍，第一步是在地方尺度上达成共识，以便更好地组织畜群，特别是避免某些迁移路径不通（出于多种原因）以扰乱日常和季节性迁移。这种行动的实施需要西北海岸地区的所有牧民家庭的共同认可，也需要部落首领大力推广。因此，需要一个详细的地图，给出一个通用的共享迁移路径和备选迁移路径。最后，可启动决策过程，以尊重不同家庭的利益和各自的制约因素。

另一个行动是恢复临近村庄严重退化的牧场。目标是启动社会生态过程，旨在提高作为牧区饲料资源的灌木和一年生植物的植被覆盖度。这要求对放养率和放牧时间进行严格的、中长期的控制。不同家庭之间必须在这段时间形成正式或非正式的合同。同时，已经发现一些恢复植被覆盖度有效地做法。

在南部，距离海岸和村庄更远的地方，最紧迫的行动是实施可持续的牧场管理，以避免植被进一步退化，保持或提高牧场的生产力。同样，在这一地区，不同政党之间必须达成正式或非正式的共识。

第三个情景更多的是根据当地农民和利益相关者收集的关于牧场、管理、退化及恢复手段的数据中综合得来的一套建议，技术问题并不是主要的挑战。然而，第三种情景的实施首先要求集体决定通过，然后再采取适当措施，这是不容易实现的。集体决定通过可能很难达成，主要因为这需要得到所有农民的认可。例如，规定畜群在大麦田间的迁移路径，或确定开始或停止放牧的日期以恢复牧场。决定的落实也颇为复杂。管理工具和控制手段也必须明确，包括惩罚、决策的后续行动和评估过程。也许 5 年前，部落领导人有权威和信心协调实施第三种方案，也有信心得到地方和国家政府的体制和财政支持。但如今这一情况已发生了较大改变，成为较大挑战。

此外，第三种情景是第一种情景和第二种情景的替代方案。它更多是对牧场管理的补充，可以在另两种情景下实施。

总而言之，第一种情景是基于自然资源的合理利用，并且只是针对近海岸地区，第二种情景是基于这些资源的高效利用，特别是水资源。第三种情景是完全不同的，因为它通过可持续的牧场管理聚焦于社会和环境要素，旨在提高人文 - 自然耦合系统的恢复力。然而，第三种情景面临诸多挑战。此外，当地利益相关者也认为，几年甚至几十年之内，他们执行这项政策的信心不会恢复，而且到那时已经错过了西北海岸地区实施牧草可持续管理的最佳时机。

6.5　关于恢复贝都因人人文 - 自然耦合系统的总结

6.5.1　土地问题：长期的主要挑战

在西北海岸地区土地问题是一个巨大的挑战。从古埃及到现在，历史上不时出现对土地和自然资源的控制冲突。最近，土地问题与西北海岸地区在利比亚边界和地中海沿岸的战略地位，以及旅游业的扩大和农业的发展联系在一起。因此，土地使用权和土地所有权在这三种情景中都是关键因素，特别是从国家法律没有明确部落的传统土地权开始。国家和国际决策者必须在制定西北海岸地区的发展政策时整合这些信息。在北非和西亚，牧民的土地问题和土地所有权也是当地发展的重要因素。

6.5.2　部落——贝都因人社会一直以来的支柱

部落支撑起贝都因人的网络，在社会各个方面发挥着作用，不论是在经济还是政策上，也不论在好的时期还是艰难时期，都是如此。例如，在上一次干旱期间，部落领导人几乎应用了所有贝都因人饲养者的适应战略，如支持一项新活动，为有需要的家庭提供工作或移民，以及允许没有牲畜的饲养者使用河谷土地。所以，部落的贡献在这些决策和执行中至关重要。虽然人们通常认为部落的概念是很传统的，特别是对城市地区的人来说。但年轻和有能力的部族领导人常能成为农村地区的股东，部落支持他们投身于政治舞台。此外，部落在促进民主进步方面占有重要地位，这是区域尺度上的又一挑战。事实上，直到现在为止，每一次投票人们都更愿意支持部落代表，这也激发了年轻人对部落政治的兴趣。

6.5.3 适应过程中贝都因人的高技能水平

贝都因人社会应对严重干旱以及广泛全球变化表现出很强的适应能力（Alary et al, 2014b）。这种很强的恢复能力依靠于很多因素，如①贝都因饲养者有使他们的牧群适应恶劣畜牧业条件的技能；②保持畜群的流动性，以及饲养者流动性，特别是迁移和寻找额外收入；③如前所述，部落系统的团结；④一些国家和国际的有效政策（如 MRMP）。这种很强的适应能力，特别是新技术的整合能力，都是贝都因未来社会发展的积极因素，且更应在发展项目和决策中加以考虑。

6.5.4 牧场的低吸引力

然而，贝都因人社会的适应力和创新力多针对各种生产以及活动部门，而不是针对牧场管理方面。一些农民试图实行牧草管理新体系以恢复和保持牧场的生产力，但结果通常不能令人满意。此外，在三种方案中只有第三种关注牧场管理。这显示了牧场对当地居民，特别是对年轻人的意义。牧场是畜牧业系统的基础，是贝都因人社会生活方式的主要支柱，但现在已经消失了。然而，牧场一直都具有重要的功能，特别是在流域供水、提供地下资源、为牲畜提供饲料以及保持生物多样性方面。

6.5.5 地缘冲突已经改变了环境背景

由于地缘冲突，与灌溉农业和牧场管理相关的技术限制似乎已经是该区域的次要问题，这里的发展主要取决于社会的政治未来以及国家和国际机构投入的资金。过去，社会冲突通常是土地控制问题，既是西北海岸地区发展变化的里程碑又是其发展变化的主要驱动因子。但地缘冲突使得即牧场管理不再是主要的挑战。所以，在未来几年和几十年里，牧场还会持续退化，其他什么都不会改变。

致谢：我们非常感谢 ELVULMED、MOUVE 和 CLIMED 研究项目，特别是由法国国家研究机构、埃及和国际机构进行的研究项目。

参考文献

ALARY V, DAOUD I, ABDELZAHER M, et al., 2012. Adaptation des societies bédouines de la Côte Nord-Est de l'Egypte au changement global[J]. Autrepart, (62): 183-200.

ALARY V, HASSAN F, DAOUD I, et al., 2014a. Bedouin adaptation to last drought in the North Coastal Zone of Egypt: con-tinuity or rupture?[J/OL]. World Dev, 62: 125-137[2016-01-09]. http://dx.doi.org/10.1016/j.worlddev.2014.05.004.

ALARY V, MESSAD M, OSMAN M A, et al., 2014b. Livelihood strategies and the role of livestock in the processes of adaptation to drought in the coastal zone of Western Desert (Egypt)[J]. Agric Syst, 128: 44-54.

BALL J, 1939. Contribution to the geography of Egypt[M]. Survey Department Publications, Cairo.

DAOUD I, 2015. Bedouin society strategies facing drought in north west coastal zone of egypt: A case study of wadi naghamish[D]. AgroParisTech/ABIES, Paris, France.

DE COSSON A, 1935. Mareotis. Notes on the coast road between Alexandria and Mersa Metruh[D]. BSAA: 48-61.

EL MINIAWY H, MARK F, TOBAH S, 1990. Qars rural development project. Development plan-phase II draft report development strategy[R]. The Egyptian Environmental Affairs Agency, Cairo.

FRASER E, 2007. Travelling in antique lands: Studying past famines to understand present vulner-abilities to climate change[J]. Climate Change, 83: 495-514.

HOLLING C S, 2001. Understanding the complexity of economic, ecological, and social systems[J]. Ecosystems, 4(5): 390-405.

HUME W F, HUGHES F, 1921. The soils and water supply of the Maryut District. West of Alexandria, vol 37[M]. Government Press, Cairo.

KASSAS, 1972. Cited by Bruins HJ, Evenari M, Nessler U (eds), 1986. Rainwater-harvesting agri-culture for food production in arid zones: the challenge of the African famine[J]. Appl Geogr, 6(1): 13-32.

RENOUARD M, 2006. Histoire et civilisations dela Méditerranée[M]. Ouest-France, Rennes: 127.

SAID R, 1962. Geology of Egypt, 1st edn[M]. Elsevier, Cairo.

SHATA A, 1953. New light on the structural development of the Western Desert Egypt[J]. Bull Inst Desert Egypt, 3(1): 101-106.

SHATA A, 1971. The geomorphology, pedology and hydrogeology of the Mediterranean coastal desert of U.A.R. Symposium Geology of Libya. In: Faculty of Science[M]. University of Libya, Tripoli: 431-446.

WALPOLE G F, 1932. An ancient subterranean aqueduct West of Matruh. Ministry of Finance, survey of Egypt. Paper no 42[R]. Ministry of Finance, Cairo.

WEEDON, 1912. Cited by Bruins HJ, Evenari M, Nessler U (eds), 1986. Rainwater-harvesting agriculture for food production in arid zones: the challenge of the African famine[J]. Appl Geogr, 6(1): 13-32.

Chapter 7

第七章

东非畜牧业人文-自然耦合系统建模

本章著者: 兰德尔 · B · 布恩（Randall B. Boone）
卡罗琳 · K · 莱索罗戈（Carolyn K. Lesorogol）

摘要：可持续性科学主要研究自然与人类系统变化的驱动力。自然与人类耦合系统可以适应有些变化，但有些变化不能适应。本章聚焦于东非牧场，导致其变化的驱动力包括急速的人口增长、贫穷、草场退化、野生动物数量下降、土地破碎化、人口流动性下降，以及与气候变化有关的更频繁的干旱。计算机模拟是分析耦合系统的一种常用方法。建模可以简化耦合系统，并且可以控制某些系统内元素。耦合系统常包括一个或多个生态系统响应模拟模型，同时还加入代表个人或家庭的模型。运用耦合模型可以模拟生态系统对人类决策的影响，也能模拟人类决策对生态系统的影响，使改变的内部驱动因素被纳入模型的计算过程和规则中，再通过情景分析来确定外部的驱动因素。我们为桑布鲁和肯尼亚提供一个系统耦合模型，那的居民主要养牛、山羊和绵羊。我们量化了在干旱期间牧群迁徙的影响，以及野生动物数量减少对当地家庭福祉的影响。外来动物的迁徙导致当地人均动物数量减少了0.5个单位，并且还增加了食物需求总量。野生动物数量增长导致家畜数量下降，但预期因维持野生动物规模而向家庭支付的赔偿并没有抵消各家庭的经济损失。耦合系统方法允许直接推断变化，并允许生态系统和人类系统各组分相互影响。耦合系统方法也存在挑战，主要包括解决问题的复杂性、模型验证的困难、变化速率的改变及政治意愿，这些政治意愿可能凌驾于科学家之上，从而完全改变科学家所提出的可持续解决方案。但随着心理学研究的细化，模拟的时间和空间精度都会增加，并且随着建模能力的增强，建模将不断完善。

7.1 引言

短期变动和长期变化的驱动因素正在对全球生态系统的可持续性和依赖其服务功能的人们造成沉重负担。如今，可持续发展的问题十分广泛，对人类福祉及人的寿命都非常重要，以至于提出了新的科学领域以研究可持续发展的问题。可持续性科学是在21世纪提出的，它旨在分析生态系统与社会之间的相互作用，以及研究驱动因素如何在现在和未来改变自然与人类系统。可持续性科学有别于传统领域，因为它有明确关注的问题，需要跨越空间尺度，研究的重点可能是根深蒂固但是又迫切需要解决的问题。这些问题十分复杂，需要在研究的同时提出潜在解决方案来引导其未来的发展（Kates at al.，2001）。可持续性科学在考虑自然系统动态特征的基础上开发了一个弹性系统的概念框架。一个具有弹性的系统能够适应扰动并在扰动后恢复到先前的状态，与此相反，非弹性系统会一直面临永久改变的风险（Benson at al.，2011）。人们最关注的是如何应对变化，以及在诸如全球变化等大尺度、变化缓慢的驱动因素共同影响下，系统的弹性与系统对小尺度驱动因素适应能力的变化情况（Gunderson at al.，2002；Hobbs et al.，2008）。

在东非，推动变革的因素尤为紧迫。在那里，多重压力使可持续性问题变得更为复杂。东非（例如，布隆迪、卢旺达、乌干达、肯尼亚和坦桑尼亚）的经济增长迅速（每年增长 6%），人口密度高，许多人依然贫困，肯尼亚的人均收入每天不足 2 美元，布隆迪的人均收入每天不足 1 美元（Eyakuze at al.，2013）。农业是该地区经济的主要贡献者，成千上万的人以土地谋生，其中许多是牧民（他们依靠养殖家畜去赚钱），也有农牧民（他们依靠牲畜饲养和种植赚钱）。这使东非的居民生活和经济发展都面临着环境变化的风险，如气候变化导致更频繁的干旱（Williams at al.，2011）。退化的牧场和森林放大了这些风险（Pricope et al.，2013）。东非地区野生动物丰富（尽管野生动物数量正在下降），当地牧民和农牧民与野生动物共存，这使得当地的可持续性问题更加复杂（Galvin at al.，2008；Reid，2012）。

可持续性科学运用计算机模拟的方法来分析和预测变化的主要方向。本章我们将重点介绍“离散事件模拟”的研究方法。该方法将现实及其过程简化并编译到程序中，程序认定系统运行时可能不断发生一些事件，以及一个事件在某个时刻发生可能导致其他事件在未来发生。生态系统研究中模拟的方法已经使用了很多年。社会科学最近才开始运用模拟的手段，这使得社会科学发生一系列变化。

本章中，我们首先回顾了人与自然耦合系统方法的研究性质。然后我们介绍东非的牧场和其居民的状况，讨论了耦合系统中模拟问题的目的和性质。然后，我们总结了肯尼亚桑布鲁县的一个研究案例，并通过此案例讨论耦合系统建模未来的发展方向。

7.2 人文 - 自然耦合系统

在 20 世纪末期之前，自然系统和人类系统是独立分开研究的。研究者试图忽略人类在生态系统中扮演的角色或将人类对生态系统的影响视为难以控制的因素，去了解生态系统动态（Kareiva at al.，1988）。人类学研究使人们对人类的生活方式及其动态有了更深入的了解（Baker at al.，1976）。朱利安 - 斯图尔特（Steward，1955）最早提出文化生态学，分析生态条件改变人类文化的方式。接着，很多学者紧随其后，为人类文化研究的发展奠定了丰富的理论基础（Bateson，1972；Orlove，1980；Boyd at al.，2005）。总体来说，生态系统与人类学的研究是平行推进的，但很少共享信息，有时甚至还互有敌意。

第一个将人类视为生态系统组成部分的大型研究项目是在东非开展的南图尔卡纳（Turkana）生态系统项目，该项目主要由美国国家科学基金会（National Science Foundation）资助，由科罗拉多州立大学牵头。20 世纪 80 年代，数十名研究人员和学生探究图尔卡纳人如何利用他们的自然生态系统，以及生态系统的变化如何影响人类系统（Coughenour et al.，1985；Ellis at al.，1988；McCabe，2004）。在此之后的几年中，该团队成员和其他研究人员一直在把人类视为生态系统的组成部分（Galvin et al.，2008），这种方法现在被称为"研究人与自然的耦合系统"。美国国家科学基金会（2014 年）资助了该项目，当时预计在 2016 年提供 1,650 多万美元的资金运用该方法开展研究。

研究人与自然耦合系统的方法包括如下 4 个部分（National Science Foundation，2014）：研究自然系统动态、相关人类系统动态、分析自然系统对人类系统的影响方式、人类系统对自然系统的作用方式。例如，在研究中分析生态系统对放牧的响应、人类系统对政策变化的响应、探讨哪种选择放牧地的方式可能会改变生态系统，以及生态系统的这些变化如何影响人类福祉。

7.3 东非耦合系统

东非的系统类型丰富，从沿海渔业，到高海拔的茶园，到有超过 300 万居民的内罗毕城市。本章聚焦于东非牧场。这里的牧场已经被牧民们利用了几个世纪（Reid，2012）。马赛人、桑布鲁人、图尔卡纳人、博拉纳人、波科特人以及其他很多族群都饲养了牛、山羊、绵羊和骆驼，他们主要依靠牛奶和肉类作为畜产品。在这些地区野生动物与家畜竞争牧草，它们之间的相互作用造成了野生动物及牲畜密度的空间差异性（Ogutu et al.，2010）。由于气候、土壤、扰动历史（例如，火、木头燃料的使用及放牧）的差异，食草动物的空间分布并不均匀。这里半干旱牧场气候差异较大，这导致可为动物提供饲料的景观斑块随着时间的推移而发生变化。野生动物和牲畜及其牧民通过流动迁移获得饲料。季节性迁徙使动物能够获得足够数量和质量的饲料，并获得他们所需的水、矿物质和住所。

"热带辐合带"每年在北纬 15° 与南纬 5° 之间移动，在热带辐合带的前缘附近，降水量达到峰值（Ellis et al.，1994）。这使得东非很多地区都是双峰型降水模式。例如，在肯尼亚，小雨季 10~12 月，大雨季从 3~5 月，这使得放牧面积扩大，但并没有扩大雨养农田的面积。在西非地区，作物生产所需的年降水量可能低至 400mm，而在东非，作物生产的年降水量必须达 700mm 甚至更高（Ellis et al.，1994）。人们依旧在干旱地区开垦农田。事实上，许多自称为牧民的人现在已经变为农牧民，放牧的同时耕种土地，他们更倾向于小块耕地（不到 $1hm^2$）。但是，由于降水不规律且不可靠，他们可能每 4 或 5 年才能有一次成功的收成（Case，2006；Hoffman et al.，2008）。

东非牧场的变化在一定程度上决定当地的发展，但现在变化的速度正在加快。土地可饲养的家畜数量没有显著的变化，但人口数量急剧增长。这导致人均牲畜数量下降。还有证据表明，牧民家庭的财富和收入存在分层现象，这可能造成社区内部居民福利产生持续差异（Lesorogol，2008）。仅依靠饲养动物生存的家庭越来越少，他们急需多样化的生存方式。人们现在经常参加小型商业活动、畜产品贸易和手工业生产，或者雇佣劳工。土地被道路和栅栏、建筑物、企业、保护区或其他不允许放牧的区域等基础设施所分割。这些变化使得人口流动比过去更为困难。此外，政府的规章制度和土地所有权的变化使得饲养牲畜更加困难。在某些地区，原本可以通过社会规范所支持的互惠共享用来放牧的土地，现在经常被出租出去，这实际上使许多较贫穷的牧民无法获得这些土地。一些牧民倾向于尽量少迁徙。牧民们重视个人土地的所有权，并不在意集体所有权的土地，也不在意土地所有权带来的诸多不确定性。很多家庭都喜欢住在离学校和医院近，并且能够照料庄稼的地方。因此，许多牧民仍愿意保持固定的家庭地址，在旱季和干旱期间将牲畜迁移到其他地方，而其他家庭成员留在相对固定的家庭地址。流动程度通常取决于干旱和资源丰富的生态斑块的可利用程度，通常越干旱流动性越高。

7.4　建模的目的和方法

建模通常被用来预测（Epstein，2008），很少用于模拟人与自然耦合系统模型。任何一个真实的系统都存在太多的变化，我们无法预测 10 年后的具体结果。相反，模拟方法允许保持大多数生态系统属性不变，只改变预设情景中选定的属性。然后，我们可以在模型中设定所选属性的变化大小和方向，如果这是关键属性，那么模型中的其他部分就会随之变化。然而，建模的实用性远远超出提供解决方案的范围。建模需要形成明确的前提假设，通过对心理模型或关系进行量化和编码，深化人们对关系的理解。在模型中必须将包含的内容与可排除的内容进行划分。例如，研究牧民生计的研究人员可能会将畜牧业动态纳入模型中，但排除稀有牲畜物种。模型的构建可以参照这种做法。建模时还必须决定系统的流程和规则，并对其进行编码，模型中须描述元素之间的相互作用，并分配相应的参数值。

人与自然耦合系统模型的构建涉及非常多的学科专业，因此经常以团队形式开展。团队中可能包括生态学家、人类学家、经济学家、水文学家和仿真专家等。为了使团队在系统元素耦合方面达成共识，团队内部需要良好的沟通。仿真系统中正确编码的过程以及规则的建立是一个独立的难点。模型模拟的价值在于使研究人员明确的理解和量化人与自然耦合系统内部的各种关系，这类研究也是一个很好的团队建设活动（Axelrod，2006）。

建模的优点还包括可以将结果推广到新领域或在未来实施模型结果，可用于分析过于昂贵、不切实际或不道德的事件，可将大量的数据关系整合起来以减少某些关系被忽略的风险。模拟可以指导数据收集，强调需要估测的参数，识别新奇的问题，还可将参数值控制在合理的范围内（Epstein，2008）。建模可以模拟现实世界，也可以使用假设情景，可以测试某些理论，且不受具体环境的约束（Griffn，2007）。仿真模拟经常被忽视的一个用途是，为资源管理中的利益相关者模拟出一个共同的观点，供大家讨论（Boone et al.，2014）。人们可以不同意建模的结果，但为大家提供了一个讨论起点，即从这个结果出发展开讨论。

过去研究人与自然耦合系统的方法通常包括一个生态系统模型与另一个代表人类决策的模型相结合。生态系统模型包括对于生态过程的数学描述，如水的流动、营养物质的循环、不同类型的植物生长、繁殖和死亡的方式等。模型可以是非空间的，也可以是基于点尺度的，在模型中代表景观的点被认为是均质的。在这种情况下，对区域进行情景分析需要综合许多单独的模拟，每一个模拟的均质景观单元都有一个单独模型。模拟也可实现空间可视化，一个模型中能够展示很多景观单元。对于网格尺度，景观可被划分为许多方形单元，在每个单元内模拟生态过程。例如，离散时间模型利用定期（例如，每小时、每天、每月）读取的气象数据，使模型模拟结果更接近真实观测的动态。

将生态系统模型与基于代理模型（agent-based model）相结合，构建新的生态系统模型。基于代理模型非常适合模拟自下而上的系统（Grimm，1999；Railsback et al.，2011），如社会系统。根据规则，模拟包括元素或其他代理，以及他们之间的相互关系以及它们与环境之间的关系。与其他分析方法类似，模型能够输出代理人群的行为特征，但增加了从单个结果跨尺度总结的灵活性。基于代理模型，交互代理可能表现出紧急行为，这不属于代理模型的聚合响应。在人与自然耦合系统中，代理人通常是指个人或者家庭，本研究中代理即指家庭。模型中家庭属性值包括户主和家庭成员的年龄和性别、初始资产和负债、收入来源和开支。模型中还设定一些跟踪的家庭属性值，如货币持有量，这些值会随时间推移而变化。模型中包括使用阈值和逻辑分支的规则，这使模型中的代理在一定程度上能模拟真实世界的行为。例如，可以包括这样一个规则，即每个步骤中，家庭先检查其货币资源再决定是否出售资产以满足家庭需求。基于代理模型，允许单个家庭对空间做出明确的反应，这意味着家庭具有特定的位置，并且与生态系统的某些部分有关。他们的决策会受到当地自然环境的影响，他们所采取的行动也可能会改变他们的环境。

将人与自然耦合系统模型应用于某区域后，对模型组件和连接结果进行评估（Gilbert et al.，2000；Grimm et al.，2005；Wilensky et al.，2007），这可能是模型运行的一个挑战。生态系统模型的各个组成部分通常要经过多次审查，如审核估算潜在蒸散量和土壤表面温度的方法。遥感图像常用于评估生态系统模型的输出，如用归一化植被指数估测的绿值和生物量值与用中分辨率成像光谱仪平台（MODIS）估测的净初级生产力相比较，可以通过长期平均值以及逐月的变化和空间变化来进行比较。主要评估代理模型（以及生态系统模型）的模拟结果与观察的结果是否存在差异（Grimm et al.，2005）。模拟结果与观察模式一致即可为模型程序的适用性提供支持，而不一致则认为其不适用。这些模式有时是新颖的，有时看起来很普通，比如稳定性，但是它们为评估模型性能提供了证据。

评估模型后，可通过实验和情景分析研究人与自然耦合系统。在实验中可以评估模拟结果（Peck，2004；Railsback et al.，2011）。例如，假设放牧资源的空间异质性影响牧民的放牧选址（BurnSilver et al.，2003）；也就是说，他们喜欢在牧草品种分区的区域放牧以使得他们的动物可以得到足够的饲料。分析人员可以构建一个基于代理模型来表示牧民选择的地块，并包含一个选项来启动或禁用选址对空间异质性的考虑。这两种选择都会被模拟，然后将结果与观察到的选址进行比较，以支持或反驳这个假设。

另一种方法是情景分析，即用直观的“假设”进行模拟。在更结构化的方法中（van Notten et al.，2003），可以为人与自然耦合系统提出 3~6 个可供选择的未来情景。一个著名的例子是政府间气候变化专门委员会（2000）制定的排放情景。情景包括不同的经济增长速率，不同的人口增长速度以及不同的技术发展水平，每个因素或水平都会影响温室气体的释放从而影响气候变化。本研究中使用了一个公认的情景定义方法，这个方法不太结构化。团队成员考虑了耦合系统中内部和外部变化的驱动因素，通过参与式会议的方式获取，会议聚集了关心该问题的社区成员的利益相关者（Reid et al.，2009）。模拟过程和规则中通常包括内部驱动因素，可能成为情景分析的目标，也可能不是。缓慢的外部驱动因素通常通过情景分析获得（例如，变暖或降水变化，影响进入或土地保有的政策变化；Crépin，2007；Walker et al.，2012）。在一个富有创造性和回报的实践中（Axelrod，2006），团队成员讨论并商定如何在情景中用易获取的工具或数据来反映驱动因素。例如，应对气候变化的情景可能涉及用全球循环预测的数据替代观测到的温度和降水资料；花费在兽医护理上的资金增加可能意味着在这方面家庭开支的变化，牲畜平均生存率也会小幅增长；例如，在不能被牲畜利用的土地中增加耕地，可以通过编辑模型中的空间面积来实现。

7.5 桑布鲁的人与自然耦合系统

7.5.1 肯尼亚桑布鲁

我们对肯尼亚北部的桑布鲁牧民的人与自然耦合系统进行分析。桑布鲁约有20万人，主要居住在肯尼亚北部的中心城市桑布鲁县。他们主要依靠牲畜维持生计，如放牛、绵羊、山羊，在干旱的地区放牧骆驼。大多数桑布鲁人居住在由大家庭组成的定居点，他们通常是一夫多妻制，通常来自一个男性家族。然而，他们现在趋向于向更小的定居点转变，有时只有一个家庭，特别是在我们的一个研究区，那里的土地是私有的，家庭被要求搬到他们各自的土地上。如前所述，像其他的东非游牧民族一样，桑布鲁人正在以越来越多样的方式维持生计，包括雇佣劳工、从事自然商品贸易（如木柴、木材、牛奶、蜂蜜）、在小型家庭商店转售购买商品等活动。在种族上，桑布鲁人与马赛人关系密切，他们有许多共同的文化传统和社会结构以及语言。

我们的研究地选在桑布鲁县的西南部，两个研究区相距42km，海拔不同。南部研究区为姆巴林贡，海拔约1790m，是更典型的肯尼亚牧场，植被主要为混合草、矮灌木（如双果木 *Duosperma eremophilum*）和灌木（如红皮刺槐 *Vachellia reficiens*）。北部的为桑布鲁，海拔约2425m，气候凉爽，有湿润的草地类型、茂密的灌木林和森林（图7.1~7.2）。西亚姆布的西部边界是大裂谷悬崖。我们估计姆巴林贡有370户家庭，大部分土地都是共同使用的，但也有一些地区被围栏围起来作为私人土地。西亚姆布地区的一部分土地已正式被划分为约 $9hm^2$ 的240个独立地块（每个家庭登记一个）。一些社区成员将他们的一部分土地出售，也有人将土地出租用于机械化小麦种植。这两个研究区都位于洛罗基高原，这是桑布鲁县2万 km^2 以内海拔最高和降水量最高的地区。虽然这片高原的降水量在500~1200mm，但这里仍会有间歇性的干旱。例如，这个地区最严重的干旱期是在1990—1993年、2000年、2006年、和2008—2009年。人口数量增长快，牲畜数量波动，导致人均牲畜持有量减少。根据2010年的数据，平均牲畜持有量约为每人2个热带畜牧业单位（TLUs），并且社区内居民的牲畜持有量差异较大。因此，该地区的一个突出问题就是贫穷的牧民越来越贫困，我们的研究结果也显示人口中营养不良的状况处于较高水平（Iannotti at al.，2014）。虽然很难评估气候变化对桑布鲁环境的影响程度，但土地所有权的改变，特别是公有土地的私有化，使人们对该区域流动畜牧业的未来产生了怀疑，因为一些土地所有者限制其他人进入他们所拥有的私人土地。分析土地私有

图 7.1 肯尼亚西亚姆布地区的一片围封种植地

图 7.2 肯尼亚西亚姆布的一个村庄

化、牲畜持有量下降与家庭层面土地利用决策之间的关系，我们想到可以运用模型模拟进行情景分析。

7.5.2 模拟

东非人与自然耦合系统的主要研究始于称为 PHEWS（牧民家庭经济福利模拟器，Pastoral Household Economic Welfare Simulator）的家庭模型，我们将萨瓦纳（Savanna）生态系统模型加入这个模型中。运用相关工具，我们评估了坦桑尼亚恩戈罗恩戈罗（Ngorongoro）保护区的种植业如何为马赛人的福祉做出贡献（Thornton et al.，2003）。在肯尼亚卡加多县（当时是卡加多区），我们用这种方法量化了生境破碎化对马赛的牲畜和家庭的影响（Thornton et al.，2006）。 PHEWS 能够有效地解决目前的问题，但其局限性是模型中的家庭代表了一类家庭。在恩戈罗保护区，约有 3800 户家庭，可将他们维持生计的策略分成 8 种，每一种都有 3 个不同的财富水平（即贫穷、中等和富裕）。也就是说，模型中只有 24 类家庭。没有办法让每一个家庭在空间上占有特定的地方，或拥有自己的牲畜，或受当地环境条件的影响。为了解决这个限制，我们创建了 DECUMAL（在代理人模型的不确定性条件下决策）模型。该工具将单个家庭表示为代理。因此，它允许家庭在空间上具有特定的位置，拥有自己的牲畜群，以及人民和他们的畜群与当地环境的互动，使得他们决策时受到环境的影响，他们的管理可以改变环境，即改变人与自然耦合系统。下文会介绍 Savanna 生态系统模型和 DECUMA 工具以及二者的结合方式，更多的细节可参考 Boone 等（2011a）的论文。

7.5.3 Savanna 生态系统模型

Savanna 生态系统模型是由迈克尔・库亨努尔编写的一系列福坦（Fortran）模块，25 年前在肯尼亚的图尔卡纳地区首次使用，该地区位于我们的研究区附近。该模型已被世界各国的许多地方使用。该模型使用的空间数据分为一系列定义网格景观的方形单元格。所用的空间数据包括海拔、坡度、坡向、土壤和土地覆盖度。模型利用所选气象站点的气候数据（降水量、最低温、最高温）来模拟天气随时间推移的变化。对于单个气象站，使用附加信息来模拟每周天气和潜在蒸散量，这些附加信息包括风速、相对湿度和普里斯特利 - 泰勒（Priestly-Taylor）系数（Priestley et al.，1972）。用功能团来表征植物，这些功能团之间争夺水、空间、光和营养（图 7.3）。竞争成功的功能群可能会以牺牲其他功能群为代价或者占用裸地以扩大其覆盖范围。光合产物的量是根据竞争的结果来估计的，然后根据植物的生长规律分配到根、茎、叶中。这能够估算出不同功能群的初级生产力，并根据投入种子生产部分的比例对植物种群死亡率进行建模。

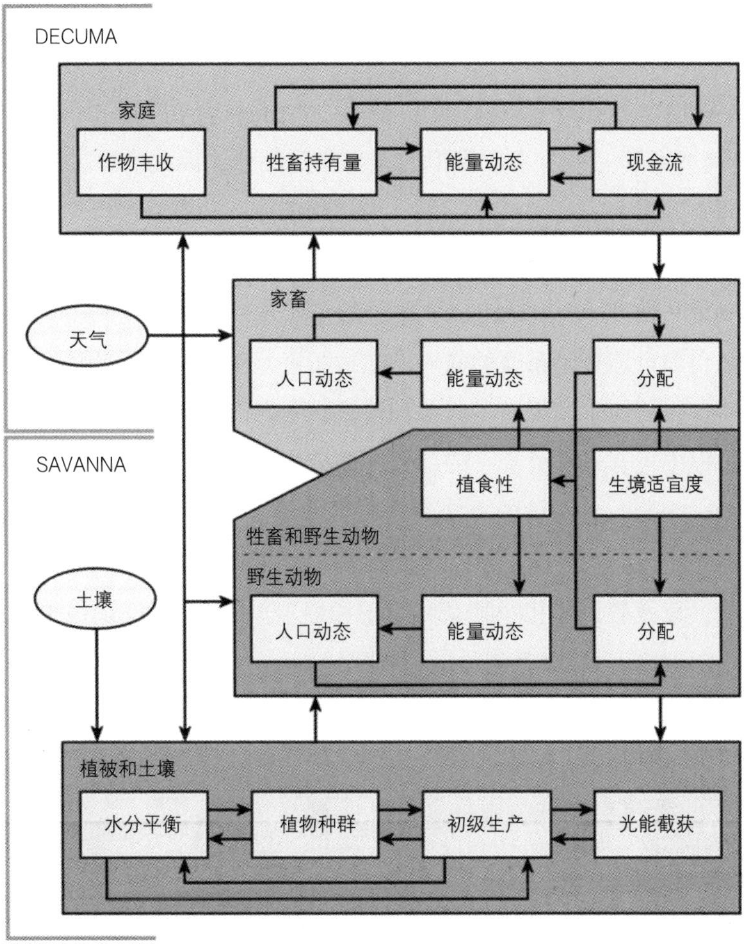

图 7.3　流程图，显示了 Savanna 生态系统模型与家庭决策模型 DECUMA 之间的一般联系，以及每个建模工具中跟踪的主要要素（来自 Boone et al.，2011a）

在 Savanna 生态系统模型中还包括了食草动物，虽然他们以功能群的方式加入模型，但这些群体通常是个体物种。根据栖息地的适宜性，每周给动物选择在适宜的区域放牧。栖息地的适宜性考虑饲料质量和数量、坡度、高度、覆盖度和其他食草动物的密度。食草动物以初级生产者为食并获得能量。他们通过基础代谢、旅行、保暖、繁殖和哺乳失去能量。能量不足会导致体重下降，而能量过剩则导致体重增加。当把 Savanna 生态系统模型加入 DECUMA 模型中后，Savanna 中包括了野生动物，DECUMA 中包括了牲畜，允许个人拥有动物（图 7.3）。每个月对结果进行汇总，并生成时空数据。有关 Savanna 模型的更多信息，请参阅 Ellis 和 Coughenour（1998）、Boone（2000）及 http：//www.nrel.colostate.edu/projects/savanna/。

7.5.4 DECUMA

DECUMA模型包括单个家庭，其初始属性是根据家庭入户调查的结果设定的（图7.4）。因被调查家庭的集合小于模拟的全部家庭集合，因此本研究通过随机选择的方法确定初始调查的多个家庭，以此结果作为初始条件。随着模型模拟的进展每个家庭都会发生变化。家庭户主拥有自己的家畜群，模型会模拟出每周其家畜群的分布，每月更新一次家庭决策（图7.3）。家庭组成、畜群的初始规模和性别比例以及耕作作物的面积这些数据都来自入户调查。家庭的收入，包括工资、政府租赁或补贴、牲畜交易和汇款，以及包括粮食、其他家庭用品、农业和兽医投入在内的开支也是通过入户调查来赋值。模型模拟过程中还有另一组统一的参数，如成人当量值（即将不同性别、年龄类别的人数都转化为一个归一化数值的方法，其中男性等于1.0，女性等于0.86等）、食品的热值、不同性别年龄段的人需要的热量值、牲畜买卖的价格、牛奶和肉类的产量、控制作物收成的参数，以及牧民出售小牲畜（山羊和绵羊）或大牲畜（牛）的阈值。Boone等（2011a）给出了DECUMA及其组件的完整描述。

图 7.4　卡罗琳·莱索罗戈与桑布鲁居民进行面谈

7.5.5　Savanna-DECUMA 耦合系统

可以设想如果采用顺序的方式，可分别使用基于过程的生态系统模型和家庭模型。生态系统模型提供牧草可用性的空间分布情况，然后将这些空间数据输入到基于代理的模型中，输出结果以供家庭决策使用。这种分析可能在某种程度上具有一定的指导意义，但这种方式人类的决策无法影响生态系统服务。相反，如前所述，耦合系统建模通常包括生态系统模型与表示人类活动的基于代理模型，并且将二者以一定的方式进行链接。通过这种有机的组合，模型可以对给定时间内的生态系统服务进行评估，然后人们可以对其土地的使用方式做出决策。他们所选择的土地利用方式在后续的模型模拟过程中会改变生态系统服务的供给。这个工作颇具挑战性。Savanna 模型与 DECUMA 模型的整合提供了链接两种模型的典型范例，人们最关注的生态系统服务是饲料供给，且过度利用也会直接影响饲料供给水平，因此模型的主要连接是生态系统提供的饲料水平。

在两个模型耦合时可以设置许多选项以传递信息。模型里选项之间可能有紧密地联系。模型本质上就是信息透明地从一个计算机过程流向另一个计算机过程的复杂过程。运用这种方法计算效率高，且容易避免出错。这种方法也能使两个耦合模型紧密的联系起来。例如，DECUMA 已经与 Savanna 以外的生态系统模型相结合。

使用计算机动态链接库（DLL）或紧凑的可扩展的数据格式（如分层数据格式 HDF 和网络通用数据格式 NetCDF）传递信息，模型可能会更加松散。经过考虑，我们决定通过简单的美国信息交换标准代码（ASCII）文件进行 Savanna 和 DECUMA 耦合模型的信息传递，这种方式效果良好。空间数据作为建模中使用的空间景观相对应的矩形值块，在两个模型之间来回传递。这种方法允许 Savanna 和 DECUMA 共享信息，但这也意味着 DECUMA 可以与任何可以产生 ASCII 输出的生态系统模型相结合，并且可以轻松地检查文件本身，以验证传递的信息。

Savanna-DECUMA 耦合模型中信息的主要传输途径如图 7.5 所示。图中展示成对的循环。人们可以在任何地方进入该循环，这里我们将创建栖息地适宜性指数作为步骤 1（图 7.5）。Savanna 模型能够计算出每个景观单元格的多个属性。对于每一种家畜，Savanna 模型都能够产生一个栖息地适宜性指数（US Fish and Wildlife Service，1981），这个指数表明该物种在景观斑块上的适宜性。该指数数值范围从 0（不适宜的栖息地）到 1（最适宜的栖息地）。一些参数提供某些特征和某个地区对某个物种的适用性之间的关系。例如，参数文件可以读取坡度数据，获得一系列配对的 x–y 值。0，1.0；20，0.3 意味着 0% 的坡度非常适合于物种栖息，而陡坡在 20% 或更大不适宜物种栖息（0.3），软件对中间值可进行线性插值。这可能有助于确定适宜性的特征，包括饲料生物量和

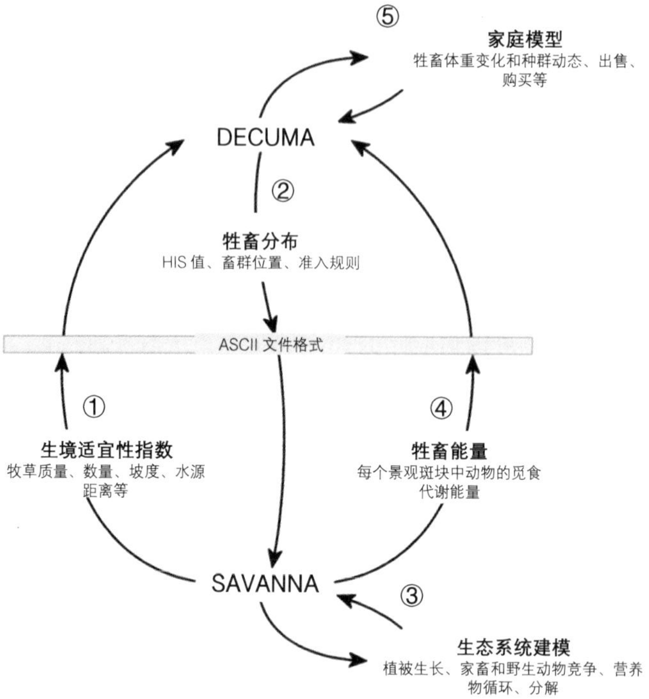

图 7.5 Savanna 生态系统模型与家庭决策模型 DECUMA 之间的详细信息流程，其中显示与信息传递阶段相关的主要处理步骤。所示的数字在文中引用。HSI 值为栖息地适宜指数（来自 Boone et al.，2011a）

质量、距离水的距离、坡度、海拔，其他食草动物的密度、积雪深度、现存生物量的密度、日均温和所谓的“驱动关系”。软件中使用力图来捕获动物活动的限制区域，这些限制可能没有生态学基础，如通过政策划定禁止放牧的地区。每一个关系都可以用于创建栖息地适宜性指数，或者可以在 Savanna 中关闭。根据每个像元属性确定了各特征的适宜性后，将它们相乘以产生栖息地适宜性评分。最后，统一时间步长，将所有像元内物种的适应性进行归一化，得到 0.0 到 1.0 的得分。此时，为每个物种生成适宜栖息地，并放置在单个文件中，每个 ASCII 都会标出对应物种和模拟的月份。软件会进行双重检查，以确保两个型保持同步。在生成栖息地适宜性指数后，Savanna 程序暂停，DECUMA 继续计算生成下一个文件，而在 Savanna 进行这些计算时 DECUMA 程序暂停。

DECUMA检测到时间步长适应性指数的可用性后，恢复执行并读取适用性（步骤2；图7.5）。户主则根据适应性加上自己的决策规则，决定放牧动物。例如，房主有一个指定的放牧轨迹，在晚上返回到永久或临时家庭，他们在一天之内驱赶他们动物移动的距离。DECUMA生成一个文件，显示每个景观网格放牧的每个物种的动物数量，并暂停。

在 Savanna 检测到存储分布式牲畜数量的文件可用之后，它将恢复执行并读取该文件的内容。以编程方式分发，如牲畜的萨凡纳州的材料被保留在原位，以避免引入潜在的错误。在实践中，野生动物的分布信息从 Savanna 获取，家畜的分布信息从 DECUMA 获得。一旦这些信息到位，Savanna 就需要做大量的生态系统建模（步骤 3；图 7.5），如模拟植被生长、水动力学和营养循环、分解和取食。食草行为通过参数纳入 Savanna 知道的动物饮食，并计算了植物功能组在每个动物单位中被吃掉的饲料量。该模型计算每个动物单位中获得的各种物种的代谢能。该信息被写入一个文件，而 Savanna 暂停。

当 DECUMA 接收到含有每个物种饲料代谢能的文件可用时，它恢复执行并摘录该文件（步骤 4；图 7.5）。然后 DECUMA 具有模拟牲畜动态所需的信息。将饲养给定物种的动物获得的饲料代谢能量与动物使用的能量进行比较（步骤 5；图 7.5）。所获得的能量可能会超过动物使用的能量，而多余的能量会导致体重增加。如果获得的能量小于使用的能量，动物的体重就会减轻。将动物的体重与其性别和年龄的预期体重进行比较，得到条件指数。这种条件指数影响出生率，最重要的是影响死亡率，从而影响家畜群体动态。DECUMA 继续其主要的计算活动，对家畜动态、家庭能源动态、牲畜销售和采购、馈赠等进行建模（步骤 5；图 7.5）。

7.5.6　模型在桑布鲁的应用

该模型分别应用于姆巴林贡和西亚姆布两个地区。两区域的植被都可分为 7 个功能群：适口的禾草，适口的杂草，不适口的禾草和杂草，适口的矮灌木，不适口的矮灌木，适口的灌木，不适口的灌木和树林。共有 5 种动物，两个区域都有牛、山羊和绵羊，姆巴林贡有野生动物：斑马和羚羊。在西亚姆布，野生动物很少见，应用模型过程中将其数值设为 0。模拟过程景观划分为 200m × 200m 的网格。

在模型中运用的数据没有包括典型的气象站数据。我们将较粗糙的气候研究单位数据（Mitchell et al.，2005）输入该模型。选择 4 个网格单元，将其中心视为气象站。采用 Savanna 中的一个方法，用卫星图像进行细致的空间降水插值。运用 MODIS 传感器的归一化差异植被指数（Carroll et al., 2004），使图像中绿色区域可以产生较高降水插值。研究中忽略观测到的气候历史的影响，我们创建了 5 个随机气候历史来进行模拟。

牧户调查的结果来自 2010 年，这些数据是通过 Lesorogol 等人在 2000 年对该区域超过 10 年的年度访问中获取的。这些访问是时间纵向研究的一部分。调查中我们收集到一些受访家庭的空间位置（西亚姆布的 74 户中收集了 24 户，姆巴林贡的 83 户中收集了 33 户）。西亚姆布模型包括 240 户家庭（家庭数量与土地地块数量一致），姆巴林贡模型包括 370 户家庭。家庭的位置是通过谷歌地球（Google，Mountain View，CA，

USA）提供的高分辨率图像数字化获取的。在西亚姆布模型中，无论是否在高分辨率图像上可见，我们都确保每一块土地都包含一个家庭。鉴于大多数家庭调查地点未知，我们给 10 个家庭设置初始值。绘制出已知位置的家庭，并随机选择剩余的家庭，选择剩余家庭的位置并分配属性。总体而言，西亚姆布的牧户初始值有 1879 头牛、1278 只山羊和 3058 只绵羊。在姆巴林贡，有 3051 头牛、3463 只山羊和 8627 只绵羊，另外估计还有 100 头斑马和 300 只不同类型的羚羊。

7.5.7 情景

我们设置 8 种情景，用我们构建的模型进行模拟。这里我们讨论其中 2 个。第一种情景对海拔较高的西亚姆布和拥有更典型牧场的姆巴林贡两个区域都适用。这两个区域，特别是西亚姆布，在干旱期间为牲畜及其牧民提供避难所。在干旱期间，其他地区的动物会来西亚姆布，以利用这里仍然可进行生产的牧场。鉴于社会制度的互惠性质，这种分享是很普遍的。但是，西亚姆布的高海拔位置意味着当地居民更多的是自己提供饲料而不是依靠他人提供饲料。当西亚姆布东部地区干旱时，姆巴林贡也是动物的避难所。我们试图量化外来畜群对桑布鲁居民生计的影响。

在第一种情景模拟中，我们在每次模拟中设置第 7 年发生干旱，即将当年降水量设为低于年平均降水量一个标准偏差的中度干旱状况。按照不同家畜种类的相对放养比例将其他动物纳入 Savanna 模型。根据景观和动物行为特性，将这些动物进行合理分配并以恰当的方式进行饲养，而不是由单个家庭所有。在模拟中，我们在景观中额外添加了 5%、10%、15%、20% 和 25% 的其他动物。

第二种情景涉及野生动物种群，仅针对姆巴林贡（西亚姆布中的野生动植物不常见，且可能与生态无关）。长期来看，我们估计姆巴林贡研究区域有 100 只斑马和 300 只羚羊，它们的数量差异很大。居民注意到野生动物比过去少。野生动物也使用放牧牛、绵羊和山羊时利用的自然资源。例如，斑马（*Equus quagga* 和 *E. grevyi*）、汤氏瞪羚（*Eudorcas thomsonii*）和羚牛（*Litocranius walleri*）等野生动物也使用牛、绵羊和山羊等家畜所利用的牧场。部分野生动物或家养牲畜的变化会引起其他部分相应发生变化。我们计算出姆巴林贡可以承载的牲畜和野生动物的数量权衡。如果以社区为基础的旅游能够得以发展的话，我们还期望社区成员能因野生动物的存在增加收入。

运行过程中，我们将野生动物添加到 Savanna 模型，在 DECUMA 模型中添加野生动物与家畜的相互作用，来模拟第二种情景。在 Savanna 模型中斑马和羚羊种群可能发生变化，但它们会迅速改变自己的种群规模以适应牲畜和饲料的供应，这使得模拟结果分析变得更困难。相反，野生动物种群在 Savanna 模型中保持不变，家畜数量随之变化，这个结果相对容易分析。这可能被当地居民作为目标，那就是以旅游为目标维持一定数量的野生动物，然后在我们的模型中分析该规模的野生动物对家畜的影响。我们分析的野生动物数量从 0（无野生动物）到估测数量的 4 倍（即 0、100、200、300、400 只斑马和 0、300、600、900、1200 只羚羊）。一部分分析中家庭收入没有调整。另一部分分析中家庭收入会根据旅游收入的增加而改变。有些牧区土地出租，用于开展野生动物旅游，最高收入可能是每年每公顷 50 美元（Norton-Griffiths，2007），这是从马赛马拉国家野生动物保护区获取的数据。出租土地给旅游公司的平均价值为每公顷 10 美元（Norton-Griffiths，2007）。在该地区，重达 250kg 的食草动物（即称为"大型食草动物单位"）需要约 1.75hm^2 草地（Shaabani et al.，1992）。每只斑马的平均体量为 200kg，羚羊平均每只重 35kg，这相当于在模拟野生动物的最大密度时，斑马是 320 大型食草动物单位，羚羊是 168 大型食草动物单位。我们估计在该场景中，维持野生动物种群最大密度时需要 854hm^2 土地〔(320 + 168) × 1.75hm^2)〕。每公顷花费 10.2 美元，相当于整个地区每年需要 8711 美元，考虑到共有 370 个家庭以及当时美元和肯尼亚先令的汇率（1 美元 =72 肯尼亚先令），相当于每个家庭每月支付 141 肯尼亚先令。如果每公顷花费 50 美元，相当于每个家庭每月需支付 692 肯尼亚先令。对上述两种情况分别独立模拟 50 次，每次模拟生成 5 个天气历史记录并创建 10 个家庭分布的组合。以此得到不依赖于特定天气历史或家庭分布的模拟结果。

7.5.8 结果

中度干旱会导致牲畜数量适度下降，但现实中每个等效成年人的热带家畜单位（TLUs）小于 2.0（姆巴林贡每个等效成年人相当于 1.88 个 TLUs，西亚姆布每个等效成人相当于 2.0 个 TLUs）（图 7.6，左上及右上）。因此，相当每个等效成年人下降 0.1 个 TLUs 就会对家庭福利产生重大影响。一般来说，在干旱期间，在研究区增加多达 25% 的牲畜，会导致每个等效成人的 TLUs 数量下降 0.5 个百分点。姆巴林贡的模拟结果，家畜数量接近初始值，但是西亚姆布模拟出的家畜数量可能已经超过生态系统阈值。干旱期灌木总生物量略有下降（图 7.6，左下及右下）。但干旱期间大量草本植物被食用，使得干旱结束后灌木在与草本植物的竞争中更占优势，因此灌木的总生物量会上升并超过基线值。这种反弹在西亚姆布研究区最为极端。模拟结果显示，第 7 年的中度干旱明显影响家庭使用的奶源量（图 7.7，左上及右上），但研究区域外不同水平牲畜存栏量造成的差异并不明显。干旱期间，家庭所需的补充能量增加，但在几年后又恢复到接近基线水平（图 7.8，左下及右下）。

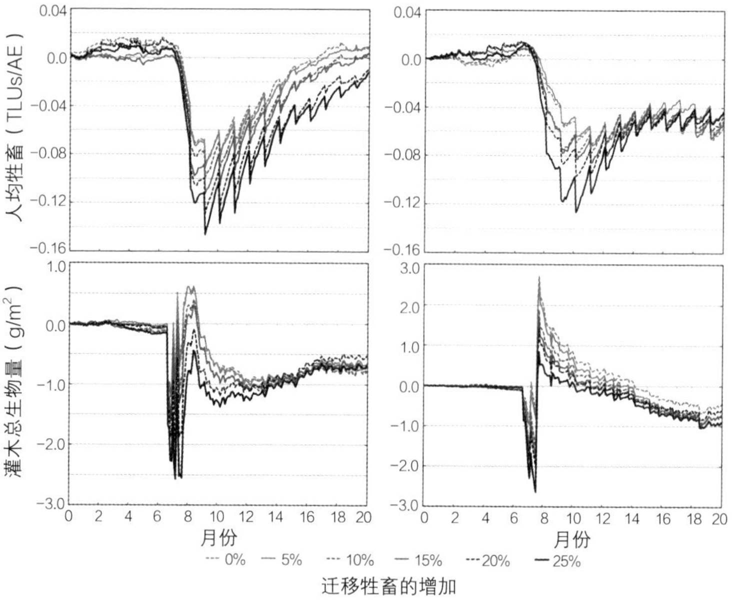

图 7.6　在经历第 7 年中度干旱以及干旱期间研究区域外使用该区域饲料的不同水平牲畜存栏量影响下姆巴林贡（左上）和西亚姆布（右上）每个成年的热带家畜单位（TLUs）的变化。姆巴林贡（左下）和西亚姆布（右下）的灌木总生物量（g/m^2）的变化

注：热带家畜单位可将不同物种牲畜的数量进行标准化，代表着 250kg 牲畜所需的生物量。使用成人等值量是将家庭大小进行标准化的一种类似方法，男性的分数为 1.0，女性的分数为 0.86，等等。AE 即为成人等值量，TLUs 即为热带家畜单位。

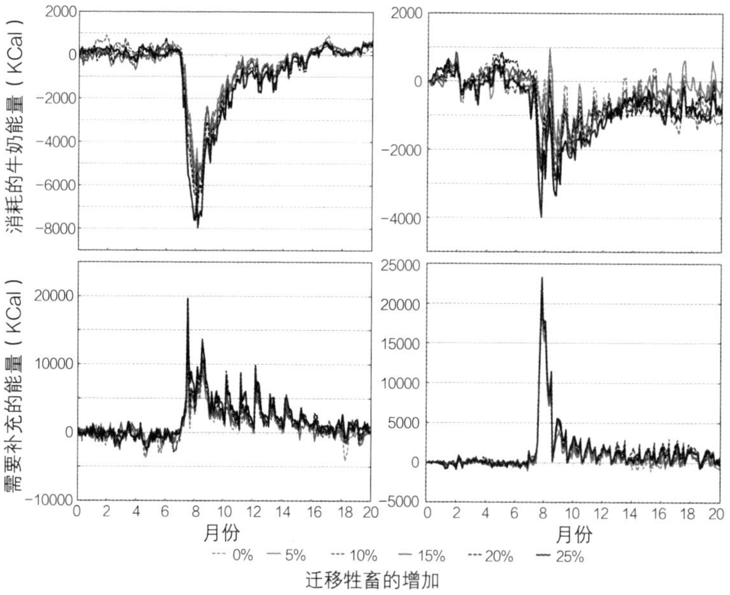

图 7.7　在经历第 7 年中度干旱以及干旱期间研究区域外使用该区域饲料的不同水平牲畜存栏量影响下姆巴林贡（左上）和西亚姆布（右上）奶源消耗量的变化；姆巴林贡（左下）和西亚姆布（右下）的家庭所需补充能量的变化

当姆巴林贡的野生动植物数量从 100 只斑马和 300 只羚羊的基线水平变化为其他值（即 0，0；200，600；300，900 和 400，1200）时，牲畜数量的变化与预期一致（图 7.8，左上）。然而，向家庭补偿支付的不同并没有导致结果出现较大差异，如牲畜数量只发生微小变化（图 7.8，左上）。这个结果是可以预见的，因为每月仅向家庭补偿支付几美元似乎并不足以改变家庭的福利或行为。在此情境下，牧养预设的野生动物量仅需要相对较少的土地，因此分给每个家庭的金额较小。当野生动植物数量高于当前状态时（图 7.8，左中），由于牲畜种群下降，野生动物无法做出补偿反应，草本生物量会略高。可能与羚羊群食用混合饲料有关，灌木生物量下降（图 7.8，左下）。当野生动物最丰富时，家庭收入（图 7.8，右上）下降了约 6000 肯尼亚先令。可通过向家庭补偿支付以减少家庭收入损失，但由于补偿太少，无法抵消牲畜减少造成的收入损失。而当野生动物增加使得家畜数量减少时，家庭从牲畜获取的牛奶和肉变少，他们生产的食物随之减少（图 7.8，右中），家庭所需要的补充食物量会增加（图 7.8，右下）。我们将这些情景及其模拟结果与西亚姆布和姆巴林贡的社区居民进行分享（图 7.9 和 7.10）。

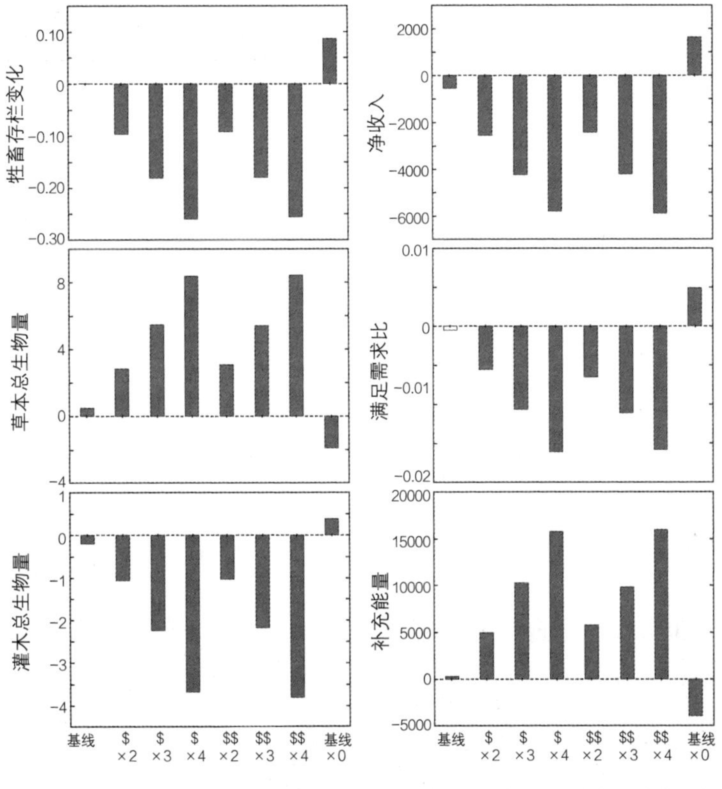

图 7.8　当野生动植物数量发生变化（并在给定的模拟中保持一致），**并且支付给家庭的费用相当于每公顷 0 美元**（即基线）、**每公顷 10 美元**（1 美元每户）、**或每公顷 50 美元**（2 美元每户），**Savanna-DECUMA 模型模拟响应的平均变化。牲畜蓄养量变化**（每个成年人的热带牲畜单位 / 成年当量；左上），**草本总生物量**（g/m^2；左中），**灌木总生物量**（g/m^2；左下），**净收入**（肯尼亚先令；右上），**家庭自己生产满足的热量需求比例**（右中）**和补充能量**（Cal；右下）

图 7.9　作者和其他人给西亚姆布和姆巴林贡的居民讲解模型模拟结果

图 7.10　卡罗琳·莱索罗戈向桑布鲁居民展示电脑上的信息

7.6　耦合系统建模的优势和挑战

耦合系统建模的主要优点在于它能够模拟相互关联的生态和社会系统的变化，而不是单纯地判断一个系统的变化如何影响另一个系统。例如，在研究的畜牧生态系统中，我们模拟了生态系统的变化，以及这些变化如何导致畜牧业产量的变化（Boone et al.，2002）。曾有人根据每人的牲畜数量来推断当时牧民的福祉状况（例如，完全的牧民生活需要每个成年人有 6~8 个大型食草动物单位；Galvin et al.，2002；见图 7.6 中图例的定义），因此可以得出有关牧民福祉的结论。但是，我们现在使用的耦合系统建模方法，可给出人均牲畜数量、预期收入、获得的能量来源、现金流、牲畜交易等，并且该方法十分重视自然和社会系统之间多种多样的相互联系。

耦合模型的第二个主要优势是，耦合系统方法允许系统中的元素相互作用并相互影响。在本案例中，耦合模型通过分配动物分布来影响植物生产，进而影响人的生产。耦合模拟能够比独立模型模拟结果更准确地推断变化情况。此外，链接模型中的不同输入集增加了该工具的灵活性，使其能适用于各种情景。情景分析通常是通过修改输入实现的，输入的多样性扩宽了可能解决的问题的类型。

耦合系统建模中面临的挑战与可持续性问题有关。如前文所提到的，参与耦合系统建模团队通常包括很多专业，团队成员之间的沟通可能需要一段时间的学习期。对有些团队成员来说将所学的知识转化为可编程的语言有点难度。当同时加入两个或更多的模拟时，常会遇到现实的和技术上的困难。模拟模型越复杂，其验证和评估的困难程度越大。我们借鉴了现在各种各样的家庭反应，但对其进行评估是颇具挑战性的。事实上，找到合适的参数设置，使得模型中的多种响应在一段时间内保持稳定也很有挑战，但这对结果的输出十分重要（Boone et al.，2011）。增加模型输出类型很简单，但是要知道这些输出结果是否被很好地模拟才更为重要。

另一个挑战也与此有关。在采用耦合系统观点的项目中，团队成员经常将建模工作视为整合和解决关键问题的核心工具。因此，建模者成为对于项目成果至关重要的人。但对于研究者来说，所有结果都来自模型预测是颇具风险的，这也造成了建模者的压力。为了防止这种情况发生，我们鼓励不同的子团队独立于集成建模团队来构建子模型，类似于构建传统的、非耦合模型。也就是说，建模是整合多个模型结果的好方法。因此，这项工作通常取决于该项目的一系列子模型。这使得最终成果取决于团队中其他人的进度，这可能也很有挑战。此外，由于这个原因，建模产品可能在项目执行的后期才能完成，支持与利益相关者外联资金可能已不再提供（例如，图 7.9 和 7.10）。

最后一个挑战来自可持续发展研究本身的性质，即研究所面对的问题既困难又紧迫，且根植于社会和政治环境中。在研究生工作中，学生可能会接受最先进的培训方法，以减少一些估计的变异性，花几个月的时间来对动物的某些属性（例如，觅食时的动物咬伤率）进行最佳估计。非洲的研究区可能会面临15年的人口加倍增长和迫切的生态问题。耦合系统建模的结果必须能适用于该环境，因此基础研究十分困难。

利益相关者通常向研究人员咨询，寻求可持续发展问题的解决方案。研究人员应该控制预期，并且明确指出，建模通常给出变化的方向和幅度，并不针对特定保持不变的场景。研究人员也必须承认，最终的结果很少能给出解决方案。在某种程度上，可持续性问题的解决方案通常是明确的，如减少污染、减少人口或减少放牧牲畜。但是，这忽视了可持续研究的真正挑战，即平衡许多不同利益集团与不同的权力集团。与其说是提供解决方案，不如说是告知决策。政策决策者可能会制定与耦合系统建模所提出的解决途径相抵触的政策。研究人员必须接受这一现实。

最后，可持续性研究的重点是解决迫切的现实问题，需要与土地管理者和其他利益相关方共享成果，这一点甚至比具体的研究更为重要。那些指导集成建模项目的人通常技术能力强，他们不善于将项目的相关结果传达给他人。这些技能可以通过学习和沟通得到改善，但是对于大型项目，我们鼓励引入一位沟通专家，他能够以最清晰、最引人瞩目的方式传达整合建模的结果。

7.7　耦合系统建模展望

在人类 - 自然系统的耦合模拟方面还有很大的快速增长空间，即对人类决策和行为的建模。研究人员在建立模拟人类行为的规则方面已获得部分成果。但这项工作仍然十分艰巨。首先，模拟人类系统的历史比模拟生态系统更为短暂（Boone et al.，2014），且方法还在不断发展。人们对行为基础的了解还不够深入，而要加强该部分的分析就意味着要在人与自然系统耦合研究的团队中增加一位研究人类学的专家，比如认知人类学家。心理学相关研究正在改进模型，以理解认知和确定行为感知（D'Andrade，1995）。我们提出的最后一个挑战是，人类系统中的低空间自相关性（Boone et al.，2014）。在生态建模中，对于森林而言，影响某特定树种的过程是相似的，生态学家在模拟中将这些元素视为一致，也就是说在生态建模中我们对树的规律判断可以直接应用于 1km 以外的一棵树。而人与人之间的差异很大。我们在同一社区中人们身上所看到的差异以及人类学家在模型中对待他们的差异都使得人类系统的模拟变得更具挑战。我们对一个人行为的了解并不能告诉我们生活在其隔壁的另一个人的行为。当然，这种制约与一个地区的文化异质性有关。正如我们在这个项目中所做的那样，通过与建模相结合的人种学研究，可以更好地了解个人和家庭的行为。例如，与桑布鲁研究参与者的讨论阐明了他们对土地利用的选择以及这些选择的原因（Lesorogol，2014；图 7.4、7.9 和 7.10）。这种理解有助于确定模型模拟的重点。然而，另一个挑战是将本地模型或决策模式转换为可以插入基于代理模型（例如，DECUMA）的规则。

模拟已经成为解决可持续性和弹性问题的一个常规方法，无论问题大小。随着数据可用性和计算能力增强，它的应用也不断扩展（Hampton et al.，2013）。模拟的空间和时间精度也在减少。例如，使用全球环流模式或综合结果预测的气候变化已经可针对局部区域进行模拟（Jones et al.，2013）。增强型和高性能的计算资源可以使大规模模拟更加有效，软件开发使分析更加直观，可供受众更广泛（Boone et al.，2011b；2013）。生态系统功能的基本过程已经被探索了几十年，当前正在研究更微妙的关系。研究者一直在探索新的过程，如我们目前的研究关注气候变化的影响。此外，我们模拟能力的提升，已经实现了在一个模拟中包含成千上万个代理，有望实现跨多尺度识别新的紧急模式。当模拟成百上千个代理时，通过代理交互的自下而上模式可能会到达不同的终点。

致谢：我们感谢参加研究的桑布鲁人、我们的研究助理和肯尼亚政府的研究许可。美国国家科学基金会 BCS-0822752 拨款为本章的编写提供了支持。

参考文献

AXELROD R, 2006. Agent-based modeling as a bridge between disciplines[M]// Tesfatsion L, Judd K L, (ed). Agent-based computational economics, vol 2, Handbook of computational econom-ics. Elsevier, Amsterdam: 1565-1584.

BAKER P T, LITTLE M A, 1976. Man in the Andes: multidisciplinary study of high-altitude Quechua[M]. Dowden, Hutchinson & Ross, Stroudsburg.

BATESON G, 1972. Steps to an ecology of mind[M]. Jason Aronson, Northvale.

Benson M H, GARMESTANI A S, 2011. Can we manage for resilience? The integration of resilience thinking into natural resource management in the United States[J]. Ecol Manage, 48: 392-399.

BOONE R B, 2000. Integrated management and assessment system training manual[D]. University of California, Davis.

BOONE R B, CONANT R T, HILINSKI T E, 2011b. G-Range: development and use of a beta global rangeland model[R]. Final report to the International Livestock Research Institute, Nairobi, Kenya.

BOONE R B, CONANT R T, SIRCELY J, 2013. Adjustment and sensitivity analyses of a beta global rangeland model[R]. Final report to the International Livestock Research Institute, Nairobi, Kenya.

BOONE R B, COUGHENOUR M B, GALVIN K A, et al., 2002. Addressing management questions for Ngorongoro Conservation Area using the Savanna modeling system[J]. Afr J Ecol, 40: 138-150.

BOONE R B, GALVIN K A, BURNSILVER S B, et al., 2011a. Using cou-pled simulation models to link pastoral decision making and ecosystem services[J/OL]. Ecol Soc, 16(2): 6[2016-01-09]. http://www.ecologyandsociety.org/vol16/iss2/art6/.

BOONE R B, GALVIN K A, 2014. Simulation as an approach to social-ecological integration, with an emphasis on agent-based modeling[M]// Manfredo M, Vaske J J, Rechkemmer A, et al., (ed). Understanding society and natural resources: forging new strands of integration across the social sciences. Springer, Dordrecht: 179-202.

BOYD R, RICHERSON P J, 2005. The origin and evolution of culture[M]. Oxford University Press, Oxford.

BRENNER T (ED), 1999. Computational techniques for modeling learning in economics[M]. Kluwer, Norwell.

BURNSILVER S, BOONE R B, GALVIN K A, 2003. Linking pastoralists to a heterogeneous landscape: the case of four Maasai group ranches inKajiado District, Kenya[M]// Fox J, Mishra V, Rindfuss R, et al., (ed). Linking household and remotely sensed data: methodological and practical prob-lems. Kluwer, Boston: 173-199.

CAROLYN K L, 2014. Redefining the Meaning of Land: Property Rights and Land Use in a Privatized Commons in Kenya[M]// Donald C W, (ed). Production, Consumption, Business and the Economy: Structural Ideals and Moral Realities (Research in Economic Anthropology, Volume 34) Emerald Group Publishing Limited: 211-233.

CARROLL M L, DIMICELI C M, SOHLBERG R A, et al., 2004. 250m MODIS normalized dif-ference vegetation index, collection 4[D]. University of Maryland, College Park.

CASE M, 2006. Climate change impacts on East Africa: a review of the scientific literature[R]. World Wildlife Fund for Nature, Gland.

COUGHENOUR M B, ELLIS J E, SWIFT D M, et al., 1985. Energy extraction and use in a nomadic pastoral population[J]. Science, 230: 619-625.

CRÉPIN A-S, 2007. Using fast and slow processes to manage resources with thresholds[J]. Environ Resour Econ, 36: 191-213.

D'ANDRADE R G, 1995. The development of cognitive anthropology[M]. Cambridge University Press, Cambridge.

ELLIS J, COUGHENOUR M B, 1998. The SAVANNA integrated modeling system[R]// Squires V, Sidahmed A, (ed). Drylands: sustainable use of rangelands in the twenty-first century. International Fund for Agricultural Development, Rome: 97-106.

ELLIS J E, GALVIN K A, 1994. Climate patterns and land-use practices in the dry zones of Africa[J]. Bioscience, 44: 340-349.

ELLIS J E, SWIFT D M, 1988. Stability of African pastoral ecosystems: alternative paradigms and implications for development[J]. J Range Manage, 41: 450-459.

EPSTEIN J M, 2008. Why model?[J/OL]. J Artif Soc Soc Simulat, 11(4): 12[2016-01-09]. http://jasss.soc.surrey.ac. uk/11/4/12.html.

EYAKUZE A, SALIM A I, 2013. The state of East Africa 2013: one people, one destiny?: the future of inequality in East Africa[R]. Society for International Development, Regional Office for Eastern Africa, Nairobi.

GALVIN K A, ELLIS J, BOONE R B, et al., 2002. Compatibility of pastoralism and conservation? A test case using integrated assessment in the Ngorongoro Conservation Area, Tanzania[M]// Chatty D, Colester M, (ed). Displacement, forced settlement, and conservation. Berghahn, Oxford: 36-60.

GALVIN K A, HOBBS N T, REID R S, et al., 2008. Fragmentation of pastoral rangelands. Consequences for human and natural systems[M]. Springer, Dordrecht.

GILBERT N, TERNA P, 2000. How to build and use agent-based models in social science[J]. Mind Soc, 1: 57-72.

GRIFFIN W A, 2007. Agent-based modeling for the theoretical biologis[J]. Biol Theory, 1: 404-409.

GRIMM V, 1999. Ten years of individual-based modelling in ecology: what have we learned and what could we learn in the future?[J]. Ecol Model, 115: 129-148.

GRIMM V, REVILLA E, BERGER U, et al., 2005. Pattern-oriented modeling of agent-based complex systems: lessons from ecology[J]. Science, 310: 987-991.

GUNDERSON L H, HOLLING C S, (EDS), 2002. Panarchy: understanding transformations in human and natural systems[M]. Island, Washington.

HAMPTON S E, STRASSER C A, TEWKSBURY J J, et al., 2013. Big data and the future of ecology[J]. Front Ecol Environ, 11: 156-162.

HOBBS N T, GALVIN K A, STOKES C J, et al., 2008. Fragmentation of rangelands: implications for humans, animals, and landscapes[J]. GlobEnviron Chang, 18: 776-785.

HOFFMAN T, VOGEL C, 2008. Climate change impacts on African rangelands[J]. Rangelands, 30: 12-17.

HUSTON M, DEANGELIS D, POST W, 1988. New computer models unify ecological theory[J]. Bioscience, 38: 682-691.

IANNOTTI L, LESOROGOL C, 2014. Animal milk sustains micronutrient nutrition and child anthropom-etry among pastoralists in Samburu, Kenya[J]. Am J PhysAnthropol, 155: 66-76.

INTERGOVERNMENTAL PANEL ON CLIMATE CHANGE, 2000. Emissions scenarios. Summary for policy-makers. A special report of Working Group III of the Intergovernmental Panel on Climate Change[R]. Intergovernmental Panel on Climate Change, Geneva.

JONES P G, THORNTON P K, 2013. Generating downscaled weather data from a suite of climate mod-els for agricultural modelling applications[J]. Agric Syst, 114: 1-5.

KAREIVA P M, ANDERSEN M, 1988. Spatial aspects of species interactions: the wedding of models and experiments[M]// Hastings A, (ed). Community ecology. Springer, New York: 38-54.

KATES R W, CLARK W C, CORELL R, et al., 2001. Environment and development: sustainability science[J].

Science, 292: 641-642.

KOHLER T A, GUMERMAN G J, (EDS), 1999. Dynamics in human and primate societies: agent based modeling of social and spatial processes. Santa Fe Institute studies in the sciences of complex-ityM]. Oxford University Press, Oxford.

LESOROGOL C, 2008. Land privatization and pastoralist well-being in Kenya[J]. Dev Change, 39: 309-31.

MCCABE J T, 2004. Cattle bring us to our enemies: Turkana ecology, politics, and raiding in a dis-equilibrium system[M]. University of Michigan Press, Ann Arbor.

MITCHELL T D, JONES P D, 2005. An improved method of constructing a database of monthly climate observations and associated high-resolution grids[J]. Int J Climatol, 25: 693-712.

NATIONAL SCIENCE FOUNDATION, 2014. Dynamics of coupled natural and human systems (CNH) program solicitation, NSF 14-601[R]. US National Science Foundation, Arlington.

NORTON-GRIFFITHS M, 2007. How many wildebeest do you need?[J]. World Econ, 8: 41-64.

OGUTU J O, PIEPHO H-P, REID R S, et al., 2010. Large herbivore responses to water and settlements in savannas[J]. Ecol Monogr, 80: 241-266.

ORLOVE B S, 1980. Ecological anthropology[J]. Annu RevAnthropol, 9: 235-273.

PECK S L, 2004. Simulation as experiment: a philosophical reassessment for biological modeling[J]. Trends Ecol Evol, 19: 530-534.

PRICOPE N G, HUSAK G, LOPEZ-CARR D, et al., 2013. The climate-population nexus in the East African Horn: emerging degradation trends in rangeland and pastoral livelihood zones[J]. Glob Environ Chang, 23: 1525-1541.

PRIESTLEY C H B, TAYLOR R J, 1972. On the assessment of surface heat flux and evaporation using large-scale parameters[J]. Mon Weather Rev, 100: 81-92.

RAILSBACK S F, GRIMM V, 2011. Agent-based and individual-based modeling: a practical introduc-tion[M]. Princeton University Press, Princeton.

REID R, NKEDIANYE D, SAID M, et al., 2009. Evolving models to support communities and policymakers with science: balancing pastoral-ism and wildlife conservation in East Africa[R]. Proc Natl Acad Sci U S A.

REID R S, 2012. Savannas of our birth: people, wildlife, and change in East Africa[M]. University of California Press, Oakland.

SHAABANI S B, WALSH M, HERLOCKER D J, et al., 1992. Range management handbook of Kenya, vol II, 2: Samburu District[R]. Republic of Kenya Ministry of Livestock Development, Nairobi.

STEWARD J H, 1955. Theory of culture change: the methodology of multilinear evolution[M]. University of Illinois Press, Urbana.

THORNTON P K, GALVIN K A, BOONE R B, 2003. An agro-pastoral household model for the rangelands of East Africa[J]. Agric Syst, 76: 601-622.

THORNTON P K, BURNSILVER S B, BOONE R B, et al., 2006. Modelling the impacts of group ranch subdivision on agro-pastoral households inKajiado, Kenya[J]. Agric Syst, 87: 331-356.

US FISH AND WILDLIFE SERVICE, 1981. Standards for the development of habitat suitability index models.